"十四五"职业教育国家规划教材

 "双高"建设规划教材

连续铸钢生产

主　编　曹　磊　王国连　黄伟青
副主编　马保振　韩立浩　邱国兴

扫一扫查看全书数字资源

北　京

冶金工业出版社

2023

内 容 提 要

　　本书作为冶金工程技术专业主干课程配套教材,系统地阐述了连铸过程的基本原理和工艺过程,介绍了连铸过程的新工艺、新设备和新技术。主要内容包括:认识连铸生产、连铸设备、连铸基础理论、连铸工艺与操作、连铸结晶器保护渣、连铸坯质量控制、连铸耐火材料、连铸工艺新技术发展与应用、连铸生产事故预防与处理等。各项目均附有内容要点及课后复习题,以及融媒体资源。本书内容突出了应用性与新颖性的特点,力求全面、实用,注重理论与实践相结合,着力反映现代连铸新工艺。

　　本书可作为高等学校教材,也可供从事钢铁生产的技术人员、管理人员以及相关专业的师生参考。

图书在版编目(CIP)数据

　　连续铸钢生产/曹磊等主编 . —北京:冶金工业出版社,2020.1
(2023.11 重印)

　　"双高"建设规划教材

　　ISBN 978-7-5024-8550-4

　　Ⅰ.①连… Ⅱ.①曹… Ⅲ.①连续铸钢—生产工艺—教材 Ⅳ.①TF777

　　中国版本图书馆 CIP 数据核字(2020)第 096665 号

连续铸钢生产

出版发行	冶金工业出版社	电　　话	(010)64027926
地　　址	北京市东城区嵩祝院北巷 39 号	邮　　编	100009
网　　址	www.mip1953.com	电子信箱	service@ mip1953.com

责任编辑　卢　敏　美术编辑　吕欣童　版式设计　禹　蕊
责任校对　王永欣　责任印制　窦　唯
三河市双峰印刷装订有限公司印刷
2020 年 1 月第 1 版,2023 年 11 月第 4 次印刷
787mm×1092mm　1/16;15 印张;365 千字;228 页
定价 42.00 元

投稿电话　(010)64027932　投稿信箱　tougao@cnmip.com.cn
营销中心电话　(010)64044283
冶金工业出版社天猫旗舰店　yjgycbs.tmall.com
(本书如有印装质量问题,本社营销中心负责退换)

"双高"建设规划教材
编 委 会

吉林电子信息职业技术学院	秦绪华
天津工业职业学院	张秀芳
天津工业职业学院	林　磊
邢台职业技术学院	赵建国
邢台职业技术学院	张海臣
新疆工业职业技术学院	陆宏祖
河钢集团钢研总院	胡启晨
河钢集团钢研总院	郝良元
河钢集团石钢公司	李　杰
河钢集团石钢公司	白雄飞
河钢集团邯钢公司	高　远
河钢集团邯钢公司	侯　健
河钢集团唐钢公司	肖　洪
河钢集团唐钢公司	张文强
河钢集团承钢公司	纪　衡
河钢集团承钢公司	高艳甲
河钢集团宣钢公司	李　洋
河钢集团乐亭钢铁公司	李秀兵
河钢舞钢炼铁部	刘永久
河钢舞钢炼铁部	张　勇
首钢京唐钢炼联合有限责任公司	王国连
河北纵横集团丰南钢铁有限公司	王　力

前　言

进入 21 世纪，连铸技术得到了不断发展，机型、工艺、设备得到了不断改进，品种质量得到了不断提升，信息技术的应用使连铸的技术水平得到了飞速发展，生产效率得到不断提高，已从单炉浇铸发展到多炉连浇，从连铸坯冷送到热送、直装、直轧，目前已经迈入无头轧制新时代。为了适应连铸技术的快速发展，更好地满足教学与生产需求，增强教材的时代感，我们编写了本书。

全书共分为 9 个项目，主要内容包括：认识连铸生产、连铸设备、连铸基础理论、连铸工艺与操作、连铸结晶器保护渣、连铸坯质量控制、连铸耐火材料、连铸工艺新技术发展与应用、连铸生产事故预防与处理。系统地阐述了连铸过程基本理论与工艺，结合现代连铸生产实践重点介绍了连铸基础理论、连铸工艺生产操作、连铸坯质量控制及连铸新技术应用，突出创新意识和技术应用能力的培养。

本书编写思路清晰，内容全面，简洁流畅，新颖实用，注重理论与实践相结合，着力反映现代连铸新技术、新工艺。为了增强本书的实践性、应用性，在连铸设备、连铸工艺与操作、连铸坯质量控制及连铸耐火材料等项目不仅增加了更加直观的钢铁企业生产的实物照片和现场视频，还融入了编者多年多个钢铁企业一线的连铸生产经验以及新知识、新工艺、新技术和新方法。同时，在全书的重点和难点方面，增加了 38 个微课视频和 15 个现场工艺操作视频，以飨读者。

本书由河北工业职业技术大学具有 9 年钢企工作经历的高级工程师曹磊、具有 13 年丰富教学经验的黄伟青副教授，以及一直奋斗在炼钢连铸生产一线的首钢京唐钢铁联合有限责任公司王国连部长担任主编。河北工业职业技术大学马保振、韩立浩，以及西安建筑科技大学邱国兴任副主编，参加编写的还有河北纵横集团丰南钢铁有限公司王力、重庆科技学院的王宏丹、山钢集团日照有限公司王玉民，河北工业职业技术大学高云飞、刘燕霞、石永亮、时彦林、齐素慈、关昕、付菁媛、刘浩、王素平等。

武汉科技大学李光强教授审阅了全书，提出了许多宝贵意见，在此谨致谢意。编写过程中参阅了一些文献资料，特此向有关作者致谢。

由于编者水平所限，书中不足之处，恳请同行和读者批评指正。

编　者

2020 年 1 月

目　录

项目一　认识连铸生产

本项目要点：

(1) 了解钢浇注的两种方法，模铸和连铸的工艺特点；

(2) 了解相对于模铸工艺，连铸工艺的优越性；

(3) 重点掌握连铸机的分类及不同机型的特点；

(4) 了解现代连铸技术的发展历程和重要的里程碑事件；

(5) 掌握连铸主要技术经济指标。

任务 1.1　钢的浇注概述

钢水经过初炼炉或者炉外精炼，其温度、成分以及洁净度合格之后，就可以进行浇注了。钢水的浇注方法主要有两种：一种是钢锭模浇注，即模铸工艺；一种是连续铸钢，即连铸工艺。

1.1.1　模铸

如图 1-1 所示，模铸是在间断情况下，把液态钢水浇注到钢锭模内部，经过冷却凝固形成固体钢锭，脱模之后经初轧机开坯得到钢坯的工艺过程。

扫码获取
数字资源

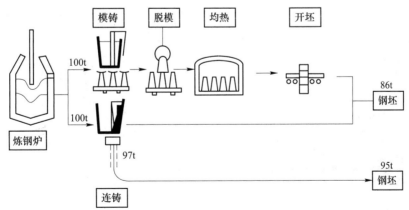

图 1-1　模铸与连铸工艺对比示意图

不同形状的钢锭模可以获得不同形状的钢锭，钢锭模的种类有扁锭模、方锭模、圆锭模、八角锭模、梅花锭模等。图 1-2 是某钢厂扁锭模的实物照片，图 1-3 和图 1-4 是某钢厂通过扁锭模和方锭模生产的扁钢锭与方形钢锭现场实物照片。

图 1-2　某钢厂扁锭模现场实物照片

图 1-3　某钢厂模铸扁钢锭现场实物照片

图 1-4　某钢厂模铸方钢锭现场实物照片

　　模铸法分为上注法和下注法两种。图 1-5 是上注法示意图，可以看出，上注法是钢包直接或者经过中间装置将钢液注入钢锭模内进行浇注的一种方法。上注法一次只能浇注一支钢锭，适用于浇注大型钢锭；开浇时钢水距离钢锭模底部较远，容易产生飞溅而造成结疤等表面缺陷；浇注时钢液直接冲刷模底，模底容易被侵蚀，使材料的消耗增加。

图 1-6 是下注法示意图，可以看出，钢液由钢包流经中注管、流钢砖，分别由钢锭模底部注入各个钢锭模。下注法优点是每次可以浇注多根钢锭，适用于单支重量较小的钢锭；钢液在模内上升平稳，钢锭质量好；生产率高，目前被广泛采用。缺点是准备工作比较复杂，每吨钢要额外增加 5~25kg 浇口、流钢通道钢的耗损，金属收得率低，生产成本增加，钢中非金属夹杂物多。

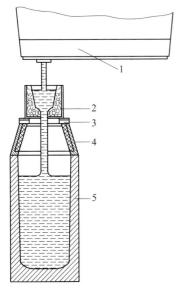

图 1-5 上注法
1—钢包；2—中间漏斗；3—底座；
4—保温帽；5—钢锭模

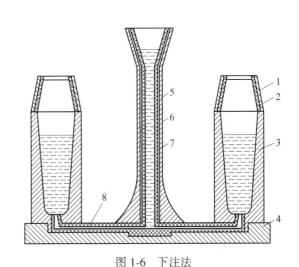

图 1-6 下注法
1—保温帽；2—绝热层；3—钢锭模；4—底盘；
5—中注管铁壳；6—石英砂；7—中注管砖；8—流钢砖（汤道）

模铸法生产钢锭已有 100 多年的历史，但是目前随着世界钢铁工业的迅猛发展，连铸已经逐渐取代模铸，成为钢液浇注的主要方法。仅仅在一些小型钢厂或者特殊钢厂还在采用模铸方法生产钢锭。

1.1.2 连铸

连续铸钢是钢铁工业发展过程中继氧气转炉炼钢后的又一项革命性技术。如图 1-7 所示，连铸是把液态钢水用连铸机浇注、冷凝、切割而直接得到铸坯的工艺，它是连接炼钢与轧钢的关键环节，是炼钢生产的重要组成部分，连铸生产的顺稳是炼钢厂生产稳定的基石，连铸坯质量的好坏直接影响轧材的质量和成材率。

扫码获取
数字资源

1.1.3 连铸的优越性

由图 1-1，可以看出模铸与连铸工艺之间最根本的区别在于模铸属于间断生产，而连铸属于连续生产。相比于模铸工艺，连铸工艺具有以下优越性：

（1）简化工序，缩短流程。连铸工艺省去了脱模、整模、钢锭均热、初轧开坯等工序，可节省基建投资费用约 40%，减少占地面积约 30%，节省劳动力约 70%。

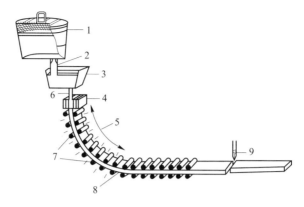

图 1-7　连铸工艺示意图

1—钢包；2—长水口；3—中间包；4—结晶器；5—二冷区；6—浸入式水口；7—支承辊；8—矫直；9—切割机

（2）提高金属收得率。采用模铸工艺，从钢水到钢坯，金属收得率为 84%～88%，而连铸工艺则为 95%～96%，金属收得率提高 10%～14%。

（3）降低能源消耗。采用连铸工艺比传统模铸工艺可节能 1/4～1/2，如果连铸坯采用热装技术或者直接轧制技术，能源消耗还会进一步降低，同时生产周期也会缩短。

（4）生产过程机械化、自动化程度高。设备和操作水平的提高，采用全过程的计算机控制管理，不仅从根本上改善了劳动环境，并大大提高了劳动生产率。

（5）提高质量，扩大品种。大部分钢种均可以采用连铸工艺生产，如硅钢、工具钢等 500 多个钢种都可以用连铸工艺生产，而且质量很好。

需要指出的是，虽然连铸工艺具有诸多优越性，但现阶段连铸工艺还不能完全取代模铸工艺。其主要原因在于，有些钢种的特性不适合于连铸生产，比如高锰钢，由于锰含量较高，钢水在凝固过程中收缩量比较大，连铸浇注很难控制，容易产生漏钢事故。另外对于一些小批量、大厚度高强度的钢材，连铸还是无法取代模铸。据报道，目前连铸机生产最大板坯厚度虽然已经达到了 700mm，但也很难轧制 200mm 以上的钢板，而且连铸坯厚度越厚，存在的生产问题与质量问题也越多。

1.1.4 • 连铸机的分类及特点

1.1.4.1　按结晶器是否移动分类

扫码获取
数字资源

（1）固定式结晶器（包括固定振动结晶器）：所谓固定式结晶器，是指结晶器"固定"不动，连铸坯与结晶器之间存在相对运动，如图 1-8 所示：立式连铸机、立弯式连铸机、弧形连铸机、椭圆形连铸机、水平式连铸机等。

（2）同步运动式结晶器：这种机型的结晶器与连铸坯同步移动，连铸坯与结晶器壁间无相对运动，适合于生产接近成品钢材尺寸的小断面或薄断面的铸坯，如图 1-9 所示：双辊式连铸机、双带式连铸机、单辊式连铸机、单带式连铸机、轮带式连铸机等。

1.1.4.2　按铸坯断面形状分类

（1）方坯连铸机：50mm×50mm～450mm×450mm；

（2）圆坯连铸机：ϕ40～600mm；

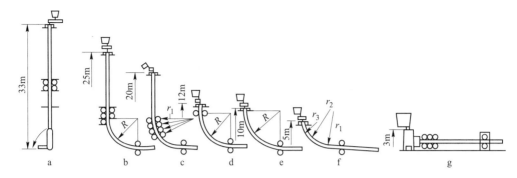

图 1-8　固定式结晶器的连铸机机型示意图

a—立式连铸机；b—立弯式连铸机；c—直结晶器多点弯曲连铸机；d—直结晶器弧形连铸机；
e—弧形连铸机；f—多半径弧形（椭圆形）连铸机；g—水平式连铸机

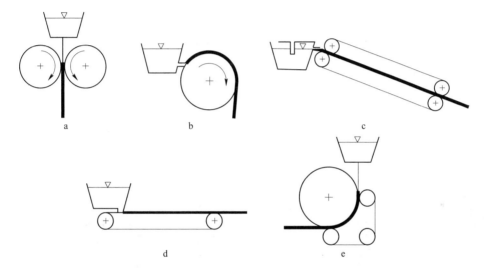

图 1-9　同步运动式结晶器的连铸机机型示意图

a—双辊式连铸机；b—单辊式连铸机；c—双带式连铸机；d—单带式连铸机；e—轮带式连铸机

（3）板坯连铸机：450mm×3100mm；

（4）矩形坯连铸机：50mm×108mm～400mm×630mm；

（5）异形连铸机：120mm×240mm（椭圆形）；$\phi450$mm×$\phi100$mm（中空形）；460mm×400mm×120mm、356mm×775mm×100mm（H 形）。

不同断面形状连铸机生产的铸坯实物照片如图 1-10 所示。

1.1.4.3　按钢水静压头分类

（1）高头型（$H/D>50$；立式、立弯式）；

（2）标准头型（$50>H/D>40$；带直线段的弧形）；

（3）低头型（$40>H/D>20$；弧形、椭圆形）；

（4）超低头型连铸机（$H/D<20$；椭圆形）。

钢水的静压头（H/D）是指连铸机高度（H）与铸坯厚度（D）的比值。连铸机高度是指从结晶器液面到出坯辊道表面的垂直高度。例如某钢厂连铸机高度是 13.5m，生产铸

图 1-10 不同断面形状连铸机生产的铸坯实物照片

a—小方坯；b—圆坯；c—板坯；d—矩形坯；e—H 形坯；f—中空形圆坯

坯厚度为 300mm，则钢水的静压头（H/D）为 45，属于标准头型连铸机。

1.1.4.4 按连铸机机构外形（机型）分类

A 立式连铸机

立式连铸机是 20 世纪 50 年代至 60 年代的主要机型，其主要特点是从中间包到切割装置等主要设备均布置在垂直中心线上，如图 1-11 所示。由于立式连铸机主要设备均布置在垂直中心线上，钢水静压力大，铸坯鼓肚、变形较突出；厂房建设高度高，投资大；铸坯的运输也不方便。但是立式连铸机也具有独特的质量优势，钢液在垂直结晶器和二次冷却段冷却凝固，钢液中非金属夹杂物易于上浮；铸坯四面冷却均匀，热应力小；不受弯曲矫直应力作用，产生裂纹的可能性较小；适于优质钢、合金钢和对裂纹敏感钢种。目前仍然有一些钢厂采用立式连铸机，相关介绍参见 8.4.7 节。

　　B　立弯式连铸机

　　为了解决立式连铸机设备高度高、钢水静压力大的问题，发展了立弯式连铸机。立弯式连铸机是连铸技术发展过程的一种过渡机型。

　　如图 1-12 所示：立弯式连铸机的上部与立式连铸机完全相同，不同的是待铸坯全部凝固后，用顶弯装置将铸坯顶弯 90°，在水平方向切割出坯，所以设备高度比立式连铸机降低约 25%。

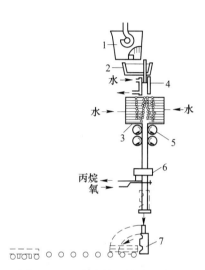

图 1-11　立式连铸机结构示意图

1—钢包；2—中间包；3—导辊；4—结晶器；
5—拉辊；6—切割装置；7—移坯装置

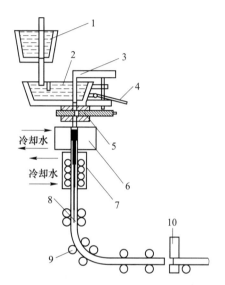

图 1-12　立弯式连铸机结构示意图

1—钢包；2—中间包；3—塞棒；4—压棒；5—滑动水口；
6—结晶器；7—上部导辊；8—拉辊；9—弯曲辊；10—切割机

　　由于此种机型上部与立式连铸机完全相同，所以它具备立式连铸机所有优点。但是此种机型是在铸坯完全凝固后才用顶弯装置顶弯 90°，并不适用于浇注大断面连铸坯，而主要适用于浇注小断面连铸坯。

　　C　弧形连铸机

　　弧形连铸机又分为全弧形连铸机和带直线段（直结晶器、垂直扇形段）的弧形连铸机。

　　与立式连铸机和立弯式连铸机不同的是，全弧形连铸机的结晶器、二次冷却段夹辊、拉坯矫直机等主要设备均布置在同一半径的 1/4 圆周弧线及水平延长线上；铸坯成弧形后再进行矫直，而后切成定尺，从水平方向出坯。矫直方式分为单点矫直和多点矫直，如图1-13 所示。

　　弧形连铸机的高度比立弯式连铸机又降低了许多，设备高度低，所以钢水静压力减小，从而降低了鼓肚所引起的内裂和偏析的几率。

　　但是与立式、立弯式连铸机相反的是，弧形连铸机浇注时夹杂物上浮受阻，容易向内弧侧富集，造成夹杂物分布不均。另一方面，弧形连铸机的铸坯要经过弯曲矫直，受到弯曲矫直机械外力的影响，铸坯容易产生裂纹缺陷。

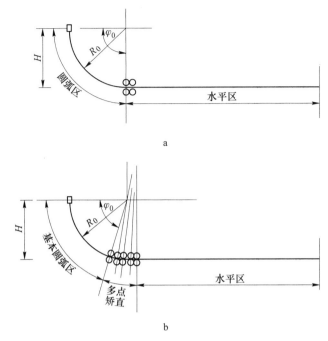

图 1-13 全弧形连铸机机型示意图

a—单点矫直全弧形连铸机；b—多点矫直全弧形连铸机

为了解决全弧形连铸机浇注时夹杂物上浮受阻导致的夹杂物分布不均匀问题，现代钢铁企业更多的使用一种带直线段的弧形连铸机。如图 1-14 所示，在弧形连铸机上采用直结晶器，在结晶器下口设 2~3m 垂直线段，带液芯的铸坯经多点弯曲，或逐渐弯曲进入弧形段，然后再进行多点矫直。垂直段可使液相穴内夹杂物充分上浮，有效改善了铸坯夹杂物的不均匀分布问题。

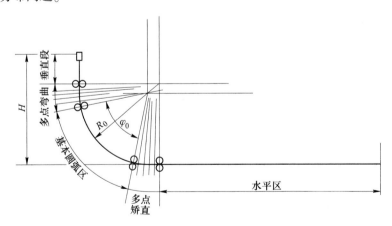

图 1-14 带直线段弧形连铸机机型示意图

D 椭圆形连铸机

如图 1-15 所示，结晶器、二次冷却段夹辊、拉坯矫直机等主要设备均布置在 1/4 椭圆形圆弧线上。椭圆形圆弧是由多个半径的圆弧线组成，其基本特点与全弧形连铸机相同。

此种机型又进一步降低了连铸机和厂房的高度，属于低头或者超低头连铸机。

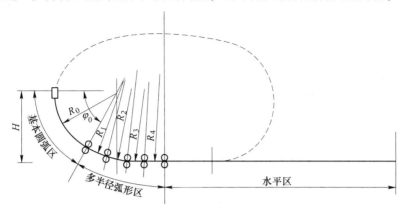

图 1-15　椭圆形连铸机机型示意图

E　水平式连铸机

结晶器、二次冷却区、拉矫机、切割装置等设备布置在水平位置上，见图 1-16。中间包与结晶器是紧密相连的，相连处装有分离环。拉坯时，结晶器不振动，而是通过拉坯机带动铸坯做拉—反推—停不同组合的周期性运动来实现拉坯的。

水平式连铸机的优点是高度低，投资省，设备维修方便，处理事故方便，钢水静压力小，避免了鼓肚变形，不受弯曲矫直作用，有利于特殊钢和高合金钢的浇注。缺点是受拉坯时惯性力限制，适合浇注 200mm 以下中小断面方、圆坯。另外，结晶器的石墨板和分离环价格贵。

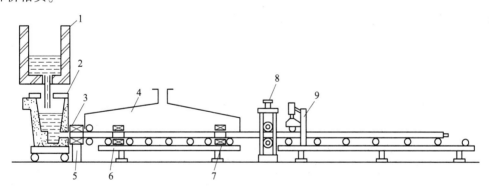

图 1-16　水平连铸机机型示意图

1—钢包；2—中间包；3—结晶器；4—二冷区；5~7—电磁搅拌器；8—拉坯机；9—测量辊

任务 1.2　现代连铸技术的发展历程

扫码获取
数字资源

钢水直接铸成接近最终产品尺寸的钢坯，这一想法经过 100 多年的努力探索，在 20 世纪 70 年代才在世界范围内发展起来，并逐步形成了今天的连铸技术。

自从工业性连铸机出现至今已有近 70 年，在这个过程中连铸技术得到了不断发展，机型、工艺、设备得到了不断改进，品种质量得到了不断提升，信息技术的应用使连铸的技术水平得到了飞速发展，生产效率得到不断提高，已从单炉浇注发展到多炉连浇，例如某钢厂的连浇炉次已经稳定达到 100 炉以上的控制水平；从连铸坯冷送到热送、直装、直轧，实现连铸连轧，目前已经迈入无头轧制新时代。

1.2.1　国外连铸技术的发展

1.2.1.1　早期尝试

最早提出将液态金属连续浇铸成型的设想可追溯到 19 世纪 40 年代。1840 年美国的塞勒斯（G. E. Sellers）、1843 年赖尼（J. Lainy）以及 1846 年英国的贝塞麦（H. Bessemer）提出了连铸浇注液体金属的设想。

最早提出以水冷、底部敞口固定结晶器为特征的常规连铸概念的是美国亚瑟（B. Atha）（1866 年）和德国土木工程师戴伦（R. M. Daelen）（1877 年）。

提出结晶器做往复振动想法的是 1913 年瑞典人皮尔逊，但真正将结晶器振动装置发展并付诸实践的是 1933 年德国人容汉斯（S. Junghans），从此奠定了连铸在工业上应用的基石。

20 世纪 30 年代开始，连铸成功应用于有色金属生产，主要是铝和铜的生产。

1.2.1.2　20 世纪 40 年代连续铸钢的试验开发

20 世纪 40 年代钢的连铸试验开发主要集中在美国和欧洲。虽然振动式结晶器是钢得以顺利连铸的开创性的技术关键，但真正有效防止坯壳与结晶器粘结的突破性进展的技术贡献，应当归功于英国人哈里德（Halliday），他提出了"负滑脱"概念，可以改善润滑、减少黏结，从而实现高速浇注。

1.2.1.3　20 世纪 50 年代开始步入工业化

初期的连铸设备大部分建在特殊钢生产厂，机型主要是立式连铸机。

世界上第一台工业连铸机是 1951 年在苏联红十月钢厂投产的立式双流板坯半连续式铸钢设备，生产铸坯断面尺寸 180mm×800mm。

作为连续式浇铸的铸机是 1952 年建在英国巴路钢厂的双流立弯式小方坯铸机，生产断面尺寸为 50mm×50mm～100mm×100mm。同年，在奥地利卡芬堡钢厂建成一台双流连铸机，它是多钢种、多断面、特殊钢连铸机的典型代表。1954 年投用的是加拿大阿特拉斯钢厂（Atlas）的方板坯兼用不锈钢连铸机。它可以生产一流的 168mm×620mm 板坯，也可以生产两流的 150mm×150mm 方坯。

整个 20 世纪 50 年代，连续铸钢技术尽管开始步入工业生产，但连铸机数量少，产量低。20 世纪 50 年代末，世界各地建成的连铸机不到 30 台，连铸坯产量仅仅 110 万吨左右，连铸比仅为 0.34%。

1.2.1.4　20 世纪 60 年代弧形铸机引发的一场革命

20 世纪 60 年代，连铸进入了稳步发展时期。世界上第一台弧形连铸机于 1964 年 4 月在奥地利百录厂建成投产。弧形连铸出现后，连铸技术的应用才实现了一次真正的突破，并很快发展成为一种主要机型，促进了连铸的推广应用。

在此期间，英国谢尔顿钢厂实现了全连铸生产，共 4 台连铸机，主要生产低合金钢和低碳钢，浇注断面尺寸为 140mm×140mm 和 432mm×632mm 的连铸坯。

从全球来看，到 20 世纪 60 年代末，铸机总数已达 200 多台，年生产铸坯能力达到 4000 万吨/年，连铸比达 5.6%。

1.2.1.5　20 世纪 70 年代两次能源危机推动连铸技术迅速发展

经历了 1973~1974 年第一次全球能源危机之后，积极采用连铸的势头更加强烈，1979 年的第二次能源危机成为推动连铸技术飞速发展的主要动力。先后出现了结晶器在线调宽、带升降装置的钢包回转台、多点矫直、气-水冷却、电磁搅拌、无氧化保护浇注等一系列新技术和新设备，连铸进入了迅速发展时期。1980 年连铸钢产量已逾 2 亿吨，相当于 1970 年产量的 8 倍，连铸比上升至 25.8%。

1.2.1.6　20 世纪 80 年代连铸技术日趋成熟

世界的连铸比由 1980 年的 25.8% 上升至 1990 年的 64.1%。连铸技术的进步主要表现为，在连铸质量设计和质量控制方面达到了一个新水平，总结出了完整的铸坯质量控制和管理技术，并逐步实现了连铸坯的热送和直接轧制，在薄板坯连铸和薄带钢连铸的研究和开发方面也取得了新的进展。

1.2.1.7　20 世纪 90 年代以后连铸技术又面临一场新的革命

20 世纪 90 年代后，近终形连铸受到了世界各国的普遍重视，薄板坯连铸连轧技术不断发展完善，带钢铸轧技术开始进行积极开发应用。

进入 21 世纪，连铸技术趋于成熟，连铸工厂主要围绕产品品种、产品质量、降低成本、提高生产操作的稳定性而展开。如图 1-17 所示，从 2000 年到 2018 年，世界粗钢产量由 8.47 亿吨增长到 18.17 亿吨，中国粗钢产量由 1.27 亿吨增长到 9.28 亿吨，中国粗钢产量 18 年间增长了 8.01 亿吨，中国以外的世界其他国家 18 年间粗钢产量只增加了 1.68 亿吨。2000 年中国的连铸比仅为 87.3%，到 2010 年增加到 98.1%，2018 年已达到了 98.7%。

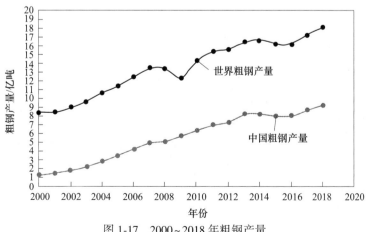

图 1-17　2000~2018 年粗钢产量

从 2000 年到 2018 年，连铸技术领域的重大事件大多发生在中国。

1.2.2　国内连铸技术的发展

我国连铸经历了起步晚、发展艰难、引进移植、自创体系、快速发展、高效化改造等阶段。近十几年来，我国连铸发展的速度已达到世界主要产钢国的增长水平，并且在连铸技术及装备的研究方面取得了突破性进展。1996 年连铸比首次突破 50%，2000 年连铸比突破 80%，连铸坯产量突破亿吨，2004 年连铸坯产量达到 2.6 亿吨，连铸比达到 95.66%，2009 年连铸坯突破 5 亿吨，连铸比达到 97.4%，2018 年连铸坯突破 9 亿吨，连铸比 98.7%。

在产量不断增长的同时，我国的连铸坯质量满足了包括高附加值产品在内的各类钢材的需要，而且在装备国产化方面有了更大的进步，连铸机的设计及制造已均能立足国内。

值得一提的是，我国的薄板坯连铸技术的发展更加突出。到 2019 年，我国已有 21 条薄板坯连铸连轧生产线投产，成为世界上近终形连铸生产能力最大的国家。此外，异型坯连铸也在国内得到了很大的发展，马钢、莱钢等厂先后建成投产了 H 型钢连铸生产线。马钢重型 H 型钢产线已于 2019 年 12 月 20 日投产，是我国第一条热轧重型 H 型钢生产线。

1.2.3　里程碑式的连铸装备关键技术

连铸装备关键技术的发展如表 1-1 所示，可以看出，近年来，连铸领域里程碑式的装备技术，都是在前人已有概念和已有低层次技术上不断实践、不断精细化、不断完善、提高并发展起来的，从而使连铸机达到了高效率、高质量、高可靠性生产。

从表 1-1 还可以看出，连铸装备关键技术，创新思想都产生于欧美、日本等国家，说明即使中国是目前钢铁产量最大的国家，在创新性贡献方面还远远落后，需要我们新一代钢铁人砥砺前行，创新发展。

表 1-1　连铸装备关键技术的发展

关键技术		主要发明者/实施者（年份）
（1）钢液供应与中间包操作		
钢包滑动水口		Benteler（1960）；美国钢铁公司-Gary（1961）
钙处理 Al 细化晶粒钢		Von Roll Gerlafingen（1980）
钢包加盖：罩式		新日铁和歌山厂（1969）
钢包长水口		SAFE Hagondange（1965）
钢包下渣检测装置		MPC（1980）；Amepa（1984）
中间包惰性气体保护		美国铁姆肯公司（1969）；Decazeville（1974）
中间包回转更换/连接浇铸		德国蒂森 Ruhrort 厂（1980）
中间包热循环		Maxhuette（1972）；ALZ（1976）；神户加古川（1989）；住友金属工业公司和歌山厂（1996）
中间包加热	热辐射式	美国铁姆肯公司（1969）
	感应式	Decazeville（1974）；川崎制铁千叶厂（1982）
	等离子式	新日铁广畑厂（1987）；神户加古川厂（1989）

关键技术		主要发明者/实施者（年份）
从中间包底部吹氧		历年来仅停留在试验阶段
中间包滑动水口		美国钢铁公司-Gary（1967）；住友金属工业公司和歌山厂（1971）
浸入式水口快速更换装置		美国钢铁公司-Gary（1967）；英国钢铁公司-Lackenby（1986）
（2）结晶器技术		
多锥度内腔结晶器		Benteler（1963）；UBC（1986）
结晶器保护渣润滑		Low Moor Alloy Steelworks（1960）
发热型开浇保护渣		德国曼内斯曼公司（1975）
结晶器保护渣自动供给装置		住友金属工业公司（1972）
结晶器液压振动装置		神户（1962）；三菱重工（1965）；NKK（1977）
双向流动的浸入式水口		曼内斯曼公司（1965）；迪林根冶金公司（1965）
多孔式浸入式水口		美国内陆钢铁和伯利恒钢铁（1968）
结晶器液面控制	用放射性元素	B&W（1948）；Barrow（1958）
	结晶器集成式传感器	MPC（1974）
	卷浮式传感器	NKK（1979）
结晶器电磁搅拌（MEMS）		阿尔贝德钢铁公司（1976）
结晶器电磁制动（EMBR）		川崎制铁/ASEA（1982）
热电偶结晶器仪表化	粘片监测	川崎制铁水岛厂（1982）
	表面质量预测	新日铁堺厂（1985）
直结晶器弧形连铸机	全凝固	Barrow（1958）；迪林根冶金公司（1964）
	带液芯	Olsson（1962）；奥钢联（1968）
双坯结晶器浇铸		Atlas Steels Welland（1954）
异型坯结晶器连铸机		Bisra（1964）；Algoma（1968）
板坯连铸在线热态调宽		新日铁名古屋厂（1974）；中国2011年7月应用于土耳其双流板坯连铸机，同年12月应用于新疆八一钢铁有限公司
（3）铸坯导向、出坯和后续加工		
厚钢板焊接扇形段上下框架		奥钢联，1999年后
气-水雾化冷却		曼内斯曼公司（1975）
二冷水动态控制		RheinstahlHattingen（1970）
分段辊支撑铸坯		奥钢联（1968）
渐进式铸坯弯曲		Okson（1960）
渐进式铸坯矫直		曼内斯曼公司（1964）
铸流电磁搅拌（SEMS）	大方坯/小方坯	SAFEHagondange（1975）
	板坯（插入式）	新日铁/安川（1973）
	板坯（辊式）	20世纪90年代，鞍钢投产的板坯连铸机已采用二冷区辊式电磁搅拌。2007年从武钢开始国产化后，得到快速推广
凝固末端电磁搅拌（FEMS）		神户制钢 Nadahama（1981）

续表 1-1

关键技术	主要发明者/实施者（年份）
铸流静态轻压下	NKK（1974）
铸流动态轻压下	达涅利 1995 年；奥钢联 1997 年；2005 年应用在宝钢中薄板坯连铸机上
宽板坯纵切	美国国家钢铁公司大湖分公司（1977）
铸坯在线定尺控制	Boehler/Demag（1967）
Al 处理钢在线淬火	住友电气（1982）
实时质量预测	奥钢联林茨钢厂（1986）
热表面检查（涡流法）	SollacFos（1988）
板坯压力定宽机	新日铁大分厂（1980）；川崎制铁水岛厂（1986）
热态直接轧制	Benteler（1962）；新日铁爆厂（1981）
薄板坯连铸连轧生产线出现	1989 年后，西马克、德马克、达涅利、奥钢联、住友重机等

任务 1.3　连铸技术经济指标

扫码获取
数字资源

连铸生产的主要技术经济指标包括：

（1）连铸比：是指全年生产合格连铸坯产量占总合格钢产量的百分比。

（2）连铸坯产量：是指在某一规定的时间内（一般以月、季、年为时间计算单位）合格铸坯的产量。

连铸坯产量(t)＝生产铸坯总量−检验废品量−轧后或用户退废量

（3）连铸坯合格率：是指合格铸坯产量占连铸坯产量百分数。

（4）连铸坯收得率：是指合格连铸坯产量占连铸浇注钢水总量的百分比。

例如，某钢厂 3 座 100t 转炉，两台板坯连铸机，2019 年 3 月，浇注钢水量 20.6 万吨，连铸机生产铸坯产量 20.2 万吨，当月铸坯检验判废产量 360t，当月轧制后退废 140t，那么某钢厂 2019 年 3 月份产量为 20.2−0.036−0.014＝20.15 万吨，连铸坯合格率为 20.15/20.2×100%＝99.75%，连铸坯收得率为 20.15/20.6×100%＝97.82%。

（5）连铸机作业率：是指铸机实际作业时间占总日历时间的百分比（一般可按月、季、年统计计算）。连铸机作业率是衡量一台连铸机生产稳定性的一项综合指标，连铸作业率越高，说明连铸机非计划停机、连铸机检修、生产事故越少，生产越稳定。

（6）连铸机达产率：是指在某一时间段内（一般以年统计），连铸机实际产量占该台连铸机设计产量的百分比。一般新建连铸机投产初期，连铸机达产率指标使用较多。

（7）连浇炉数：是指连续铸钢过程中上一次引锭杆可以连续浇注的炉数。是全连铸钢厂的重要技术指标，充分反映一个企业从炼铁到炼钢/连铸、轧钢，从设备到工艺操作，从技术到管理的综合水平。提高连浇炉数，可以提高连铸机生产能力和钢水收得率，节约耐火材料等，最终取得良好的经济效益。目前国内某钢厂的平均连浇炉数已经达到 100 炉以上的控制水平，据报道，国内某钢厂一台板坯连铸机 2019 年 11 月份连浇炉数突破 508 炉，连续浇注 16 天，371h，浇注长度达 26095m，共计浇注了 9 个钢种组，46 个钢种，42 次中间包快换，在线调宽 67 次，首次实现了硅钢与碳钢及高、中、低牌号无取向硅钢联合中间包快换。

（8）铸机溢漏率：指的是在某一时间段内连铸机发生溢漏钢的流数占该段时间内该铸机浇注总流数的百分比。连铸机溢漏钢是连铸生产工序最严重的生产事故，所以一般钢厂给连铸车间下达的连铸机溢漏率指标都为 0。

（9）连铸机的年产量：指的是连铸机一年生产合格连铸坯的产量。

课后复习题

1-1 名词解释

模铸；连铸；连铸比；连铸坯收得率。

1-2 填空题

（1）钢水的浇注方法主要有两种：_____和_____。

（2）模铸工艺主要有两种浇注方法：_____和_____。

（3）连铸机按照铸坯断面分类，可以将连铸机分为_____、_____、_____、_____。

（4）连铸机按照钢水静压头分类，可以将连铸机分为_____、_____、_____、_____。

（5）在弧形连铸机上采用直结晶器，设置垂直段的目的是_____。

1-3 判断题

（1）目前连铸工艺技术发展迅速，已经完全取代了模铸工艺。　　　　　　（　　）

（2）所有钢种都可以用连铸工艺生产。　　　　　　　　　　　　　　　（　　）

（3）立式连铸机，厂房建设高度高，投资大；铸坯的运输也不方便，目前已经完全被淘汰。（　　）

1-4 选择题

（1）下列机型属于固定式结晶器连铸机的是（　　　）。

　　A. 双辊式连铸机　　B. 双带式连铸机　　C. 单辊式连铸机　　D. 弧形连铸机

（2）某钢厂连铸机高度是 13.5m，生产铸坯厚度为 300mm，则钢水的静压头（H/D）为（　　　），属于（　　　）连铸机。

　　A. 90 高头型　　B. 45 低头型　　C. 45 标准头型　　D. 90 超高头型

（3）生产断面尺寸为 400mm×630mm 铸坯的连铸机是（　　　）。

　　A. 方坯连铸机　　B. 板坯连铸机　　C. 异型坯连铸机　　D. 矩形坯连铸机

1-5 问答与计算

（1）相对于模铸工艺，连铸工艺具有哪些优越性？

（2）连铸机按照连铸机机构外形分类可以分为哪几类？各有什么特点？

（3）某钢厂 2019 年 10 月，计划浇注钢水量 22 万吨，实际浇注钢水量 21.9 万吨，计划连铸坯产量 21.5 万吨，实际生产铸坯 21.4 万吨，当月铸坯检验判废产量 355t，当月轧制后退废 155t，那么某钢厂 2019 年 10 月份连铸坯产量、连铸坯合格率、连铸坯收得率分别是多少？

能量加油站 1

二十大报告原文学习：增强中华文明传播力影响力。坚守中华文化立场，提炼展示中华文明的精神标识和文化精髓，加快构建中国话语和中国叙事体系，讲好中国故事、传播好中国声音，展现可信、可爱、可敬的中国形象。深化文明交流互鉴，推动中华文化更好走向世界。

中国古代冶金技术：在中国古代，冶铁业的发展是农耕时代生产力进步的重要标志。我国古代炼铁工业长期领先于世界。西周时开始使用铁器；春秋战国时期，我国已掌握了脱碳、热处理技术方法，发明的铸铁柔化处理技术是世界冶铁史的一大成就，比欧洲早2000多年。那时候的炼铁方法是块炼铁，即在较低的冶炼温度下，将铁矿石固态还原获得海绵铁，再锻打成的铁块。冶炼块炼铁，一般采用地炉、平地筑炉和竖炉3种。据考证，我国在掌握块炼铁技术的不久，就炼出了含碳2%以上的液态生铁，并用以铸成工具。战国后期，又发明了可重复使用的"铁范"（用铁制成的铸造金属器物的空腹器）。在西汉初期时，就已经懂得用木炭与铁矿石混合高温冶炼生铁，煤也成为冶铁的燃料；人们还发明了淬火技术，领先于欧洲1000余年；发明了坩埚炼铁法、炒钢法。东汉光武帝时，发明了水力鼓风炉，即"水排"，大约比欧洲早100多年。汉代以后，发明了灌钢方法。《北齐书·美母怀文传》称为"宿钢"，后世称为灌钢，又称为团钢，这是中国古代炼钢技术的又一重大成就。南宋末年的工匠又掌握了用焦炭炼铁，而欧洲最早的英国直到500年后（相当于清朝乾隆末年），才掌握这一技术。

项目二 连铸设备

本项目要点：

（1）掌握连铸机的基本参数；

（2）掌握钢包和中间包的作用与冶金功能，了解钢包回转台和中间包车的类型与作用；

（3）重点掌握结晶器类型、构造及重要参数，了解结晶器的材质、润滑以及结晶器液位检测与控制的相关内容；

（4）重点掌握结晶器振动方式及振动参数；

（5）掌握方坯连铸机、板坯连铸机的铸坯导向装置和二次冷却装置的作用；

（6）掌握拉坯矫直装置的作用与要求；

（7）了解引锭装置、铸坯切割装置及后部工序设备的功能作用。

任务 2.1 连铸机的基本参数

2.1.1 规格的表示方法

台数：凡是共用一个钢包，浇注 1 流或多流连铸坯的 1 套连铸设备称为 1 台连铸机。

机数：凡具有独立传动系统和独立工作系统，当其他机组出现故障，本机组仍能照常工作的一组连铸设备，称之为 1 个机组。1 台连铸机可以由 1 个机组或多个机组组成。

流数：1 台连铸机能同时浇注连铸坯的总根数称之为连铸机的流数。

1 台连铸机有 1 个机组，又只能浇注 1 根连铸坯，称为 1 机 1 流；若 1 台连铸机有多个机组，又同时能够浇注多根连铸坯，称为多机多流；若 1 台连铸机有 1 个机组能够同时浇注 2 根连铸坯，称为 1 机 2 流。

在生产中，有 1 机 1 流、1 机多流和多机多流 3 种形式的连铸机。

弧形连铸机规格表示方法为：aRb-C。

a——组成 1 台连铸机的机数，机数为 1 时可以省略；

R——机型为弧形或椭圆形连铸机；

b——连铸机的圆弧半径，m，若椭圆形连铸机为多个半径之乘积，其也标志可浇连铸坯的最大厚度：坯厚 = $b/(30 \sim 36)$ mm；

C——连铸机拉坯辊辊身长度，mm，也标志可容纳连铸坯的最大宽度：坯宽 = $C -$

（150~200）mm。

例如：

（1）3R5.25-240，表示此台连铸机为 3 机，弧形连铸机，其圆弧半径为 5.25m，拉坯辊辊身长为 240mm。

（2）R10-2300，表示此连铸机为 1 机，弧形连铸机，其圆弧半径为 10m，拉坯辊辊身长度为 2300mm，浇注板坯的最大宽度为 2300-（150~200）= 2150~2100mm。

2.1.2 连铸机几个重要参数

2.1.2.1 铸坯断面的尺寸规格

现用连铸机可以生产的铸坯断面范围可以参考 1.1.4 部分。

确定铸坯断面形状和尺寸需要考虑轧材的规格以及对轧制压缩比的需求，为了使轧制后钢材的组织致密并具有良好的物理性能，钢材一般要求压缩比要大于 2.5；有些特殊要求的钢材需要更大压缩比以满足钢材的质量需求。另外还要综合考虑炼钢炉的容量、连铸机的生产能力以及轧材的规格。

2.1.2.2 拉坯速度（浇铸速度）

拉坯速度是指每分钟拉出铸坯的长度，单位是 m/min，简称拉速，用 v_c 表示；浇注速度是指每分钟每流浇注的钢水量，单位是 t/（min·流），简称注速，用 q 表示。两者之间关系为：

$$v_c = \frac{1}{\rho a D} q \tag{2-1}$$

式中　ρ——钢水密度，t/m^3；

　　　a——铸坯宽度，m；

　　　D——铸坯厚度，m。

例如：某单流板坯连铸机浇注连铸坯断面为 250mm×2000mm，拉速 v_c = 1.1m/min，则浇注速度，即每分钟浇注钢水量为 4.18t/min。

拉坯速度是连铸生产过程中非常重要的工艺参数，确定拉坯速度的方法主要有以下几种方式：

（1）参考铸坯断面确定拉速。

$$v_c = \xi \frac{l}{A} \tag{2-2}$$

式中　l——铸坯断面周长，mm；

　　　A——铸坯断面面积，mm^2；

　　　ξ——断面形状速度系数，m·mm/min。ξ 的经验值：小方坯 ξ = 65~85m·mm/min；大方坯 ξ = 55~75m·mm/min；圆坯 ξ = 45~55m·mm/min。

（2）用铸坯的宽厚比确定拉速。

铸坯厚度对连铸拉速影响最大，对于宽厚比较大的板坯连铸机，可采用如下经验公式确定拉速：

$$v_{\mathrm{c}} = \frac{\xi}{D} \tag{2-3}$$

式中　D——铸坯厚度，mm；

　　　ξ——断面形状速度系数，m·mm/min。不同铸坯厚度，系数 ξ 取值不同，一般来说，铸坯断面越小，系数 ξ 越大。

不论是根据铸坯断面确定的拉速还是根据铸坯的宽厚比确定拉速，在实际生产过程中都仅仅作为实际连铸生产过程中拉速的参考，实际拉速的选择确定受到多种因素的影响，比如钢种、浇注温度、保护渣性能、生产周期匹配、连铸坯质量控制等。

（3）最大拉坯速度。

最大拉坯速度限制主要有两方面的因素：一是铸坯出结晶器下口坯壳的安全厚度；二是冶金长度限制。

坯壳安全厚度限制：对于小断面连铸坯安全厚度一般要求不小于 8mm；对于大断面板坯安全厚度应不小于 15mm。

根据凝固理论，板坯出结晶器下口时的坯壳厚度可以按下式进行计算：

$$\delta = K_{\mathrm{m}} \sqrt{\frac{L_{\mathrm{m}}}{v_{\max}}} \tag{2-4}$$

式中　$v_{\max}$——最大拉坯速度，m/min；

　　　L_{m}——结晶器有效长度（结晶器长度-100mm）；

　　　K_{m}——结晶器内钢液凝固系数，$\mathrm{mm/min}^{\frac{1}{2}}$；

　　　δ——坯壳厚度，mm。

由式（2-4）可以得

$$v_{\max} = \frac{K_{\mathrm{m}}^2 L_{\mathrm{m}}}{\delta^2} \tag{2-5}$$

根据式（2-5）可以计算受结晶器出口坯壳安全厚度限制而得到的最大拉速。

冶金长度限制：确定最大拉速后，对应的液心长度不能大于连铸机的冶金长度。

2.1.2.3　液相穴深度和冶金长度

如图 2-1 所示，液相穴深度是指从结晶器液面开始到铸坯中心液相凝固终了的长度，也称为液心长度，记为 $L_{液}$。

$$L_{液} = v_{\mathrm{c}} t \tag{2-6}$$

凝固时间 t 可以根据凝固理论计算：

$$D = 2K_{凝} \sqrt{t} \tag{2-7}$$

由式（2-6）与式（2-7）可得液相穴深度

$$L_{液} = \frac{D^2}{4K_{凝}^2} v_{\mathrm{c}} \tag{2-8}$$

根据最大拉速确定的液相穴深度为冶金长度。冶金长度是连铸机的重要参数，决定着连铸机的生产能

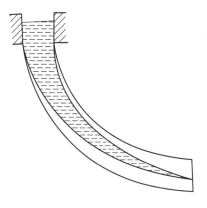

图 2-1　连铸坯液相穴深度示意图

力，也决定了铸机半径或高度。

$$L_{\text{冶}} = \frac{D^2}{4K_{\text{凝}}^2}v_{\max} \tag{2-9}$$

连铸机长度是从结晶器上口到最后一对拉矫辊之间的实际长度，这个长度应该是冶金长度的 1.1~1.2 倍。

$$L_{\text{机}} = (1.1 \sim 1.2)L_{\text{冶}} \tag{2-10}$$

2.1.2.4 圆弧半径

连铸机圆弧半径 R 是指铸坯外弧曲率半径，单位为 m。它是确定铸机总高度的重要参数，也标志所能浇铸连铸坯厚度范围的参数。

可根据经验公式确定基本圆弧半径，也是连铸机最小圆弧半径：

$$R \geqslant cD \tag{2-11}$$

式中　R——连铸机圆弧半径，m；

　　　D——铸坯厚度，m；

　　　c——系数，小方坯取 30~40；大方坯取 30~50；板坯取 40~50。

设计时要考虑弧形铸坯矫直时所允许的表面伸长率 ε。如图 2-2 所示，表面伸长率的计算过程如下：

$$\varepsilon = \frac{AA'}{AB} \times 100\% = \frac{A'B - AB}{AB} \times 100\%$$

因为　　　　　　　　　　　$\triangle OAB \approx \triangle AA'C'$

所以　　　　$\varepsilon = \frac{AA'}{AB} \times 100\% = \frac{A'C'}{OB} \times 100\% = \frac{0.5D}{R - D} \times 100\%$

因为连铸机半径 R 远远大于铸坯厚度 D，所以

$$\varepsilon \approx \frac{0.5D}{R} \times 100\% \tag{2-12}$$

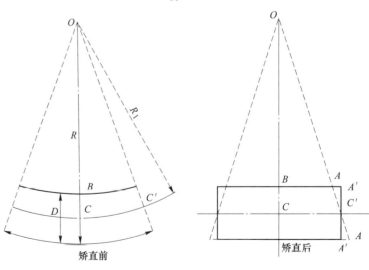

图 2-2　连铸坯矫直前后变形示意图

任务 2.2　钢包及钢包回转台

扫码获取
数字资源

2.2.1　钢包

图 2-3 是某钢厂 300t 钢包现场实物照片。钢包又称为盛钢桶、钢水包、大包等，主要作用是盛装、运载、精炼、浇注钢水。

图 2-3　某钢厂 300t 钢包现场实物照片

2.2.1.1　钢包容量以及尺寸形状确定

钢包的容量应与炼钢炉的最大出钢量相匹配。由于转炉出钢量存在一定程度的波动，所以钢包容量在设计时需要留有 10% 的余量以及一定炉渣量。另外，钢包作为精炼钢水的容器，钢包上口还应留有一定的净空，如果仅仅作为 LF 精炼容器，净空大约 200mm 以上即可，但是如果钢厂配备有真空处理设备，比如 RH、VD 炉，为了防止真空处理时，钢水溢出钢包，则要留有更大净空。如图 2-4 所示，某钢厂配备有真空处理炉，钢包净空达到 800mm 以上。

钢包形状：减少散热，便于夹杂物上浮，易于顺利倒出残钢、残渣。包壁应该有 5%~15% 倒锥度，平均内径与高度之比，一般选 0.9~1.1。为了减少钢包浇注末期剩余钢水量，越来越多的钢厂在设计时，将钢包底部设计成向水口方向倾斜 3%~5%，或者设计成阶梯形包底。

钢包各部位尺寸及关系计算可参照图 2-5 和表 2-1，钢包主要系列参数见表 2-2。

图 2-4　某钢厂钢包净空实物照片

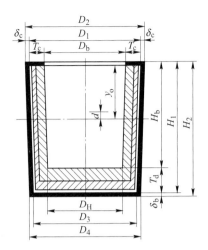

图 2-5　钢包各部位尺寸

表 2-1　钢包各部位尺寸关系计算

$D_b = H_b = 0.667\sqrt[3]{P}$	$D_H = 0.567\sqrt[3]{P}$	$V = 0.673D_b^3$
$D_1 = 1.14D_b$	$D_H = 1.1D_b$	$\delta_c = 0.01D_b$
$D_2 = 1.16D_b$	$H_2 = 1.112D_b$	$\delta_b = 0.012D_b$
$D_3 = 0.99D_b$	$T_c = 0.07D_b$	$W_1 = 0.533D_b$
$D_4 = 1.01D_b$	$T_d = 0.1D_b$	$W_2 = 0.376D_b$
$Q = 0.27P + W' + W''$	$Q' = 1.535P + W' + W''$	$\gamma_0 = 0.539D_b$
$d = 200 \sim 400$		

注：1. P—正常出钢量；V—总体积；Q—钢包重；Q'—超载 10% 时的总重；W_1—衬重；W_2—壳重；W'—注流控制机械重；W''—腰箍及耳轴重；其他符号对应图 2-5。

　　2. 表中单位：重量为 kg，尺寸为 mm。

　　3. 本表为简易计算。

表 2-2　钢包主要系列参数

容量/t	容积/m³	金属部分重量/t	包衬重量/t	总重/t	上部直径/mm	直径与高度比	锥度/%	耳轴中心距/mm	包壁钢板厚度/mm	包底钢板厚度/mm	钢包高度/mm
25	4.65	6.64	4.89	11.53	2140	0.98	10.0	2600	18	22	2316
50	9.16	15.47	6.75	22.22	2695	1.01	10.0	3150	22	26	2652
90	15.32	18.69	16.40	35.09	3110	0.96	10.0	3620	24	32	3228
130	20.50	29.00	16.50	45.5	3484	0.96	7.5	4150	26	34	3860
200	30.80	40.60	29.00	69.60	3934	0.85	8.2	4050	28	38	4659
260	40.20	47.50	32.00	79.50	4450	0.94	6.5	5100	28	38	4750

2.2.1.2　钢包的结构

钢包的结构如图 2-6 所示。

（1）钢包外壳。钢包的外壳一般由锅炉钢板焊接而成，包壁和包底钢板厚度分别为 15~30mm 和 22~40mm 之间。为了方便在烘烤时排除耐火材料中的湿气，一般在钢包外壳上钻有一些直径 8~10mm 的小孔。

（2）加强箍。为了保证钢包的坚固性和刚度，防止钢包使用过程中变形，在钢包外壳

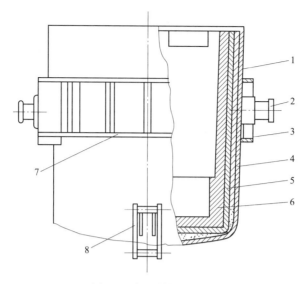

图 2-6　钢包结构示意图

1—包壳；2—耳轴；3—支撑座；4—保温层；5—永久层；6—工作层；7—加强箍；8—倾翻吊环

焊有加强箍和加强筋。

（3）耳轴。在钢包两侧各装一个耳轴，用于天车调运钢包，为了保证钢包在吊运、浇注过程中保持稳定，耳轴位置一般比钢包满载时重心高 200~400mm。

（4）注钢口。在钢包底部一侧设置注钢口，又称钢包水口，用于钢水浇注。

（5）倾翻装置。天车的两个主钩挂住两个耳轴，天车的副钩挂住钢包的倾翻装置，相互配合，可以实现钢包翻转，以完成倒渣作业。如图 2-7 所示为某钢厂的倒渣作业实物图。

图 2-7　钢包倒渣作业实物图

（6）支座。为了保持钢包的平稳放置，在钢包底部一般设置 3 个支座。

（7）钢包盖。为了减少钢水在运送、浇注过程中的温降，现在越来越多的钢厂配置了钢包盖。

（8）氩气配管。现在钢厂使用的钢包一般都具备底吹氩气功能，所以在钢包外壳上设置有氩气配管以及与钢包车上的氩气管线连接的设备，比如蘑菇头、快速接头。

（9）钢包内衬。如图 2-8 所示，正在砌筑中的钢包可以清楚看到内衬由保温层、永久层和工作层组成。保温层紧贴外壳钢板，厚 10~15mm，主要作用是减少热损失，常用石棉板砌筑。永久层厚 30~60mm，一般由有一定保温性能的黏土砖或高铝砖砌筑；工作层直接与钢液和炉渣接触，可根据钢包的工作环境砌筑不同材质、厚度

图 2-8　砌筑中钢包内衬实物照片

的耐火砖，可使内衬各部位损坏同步，这样从整体上提高钢包的使用寿命。如图 2-9 所示，已经砌筑好的钢包内衬实物照片，渣线位置耐火砖材质为耐侵蚀的镁碳砖。

图 2-9　砌筑完毕钢包内衬实物照片

2.2.1.3　钢包清理操作

一炉钢水浇注完毕后，钢包需要进行清理后才能再次使用，具体作业过程包括以下几方面：

（1）首先将钢包内剩余的钢水及残渣倒尽，如图 2-7 所示。

（2）钢包横卧，清理包口冷钢残渣以及包底冷钢，如图 2-10 所示。

（3）检查钢包渣线、包底、座砖损坏情况，及时进行修补维护。如果损坏严重，不能

进行修补完好，则不能再次使用，需要离线维修。

（4）更换滑板、水口，一般滑板、水口使用次数 2~4 次，根据使用次数与损坏状况及时更换，避免因滑板、水口损坏导致的穿钢事故。

（5）在清理余钢残渣及检查确认钢包内衬、滑板、水口正常后，钢包烘烤待用。

图 2-10　清理钢包作业实物照片

2.2.2　钢包回转台

2.2.2.1　钢包回转台的作用

将钢包从精炼跨运送到浇注跨，并在浇注过程中起支承作用。如图 2-11 和图 2-12 所示，钢包回转台能够在转臂上同时承放两个钢包，在浇注跨一侧的用于浇注，在精炼跨一侧的用于承接精炼合格的钢水。当浇注跨的钢包内钢水浇注完毕后，钢包回转台旋转180°，将精炼跨一侧的精炼合格的钢水旋转至浇注跨进行浇注，同时浇注完毕后的钢包用天车吊走，从而实现钢水的异跨运输，实现多炉连浇。

图 2-11　钢包回转台

图 2-12 某钢厂 100t 钢包回转台

2.2.2.2 钢包回转台的类型

按臂的结构形式可分为直臂式和双臂式两种。图 2-13a 所示两个钢包坐在直臂的两端，同时做升降和旋转运动，称为直臂整体旋转升降式；双臂式回转台又分为整体旋转单独升

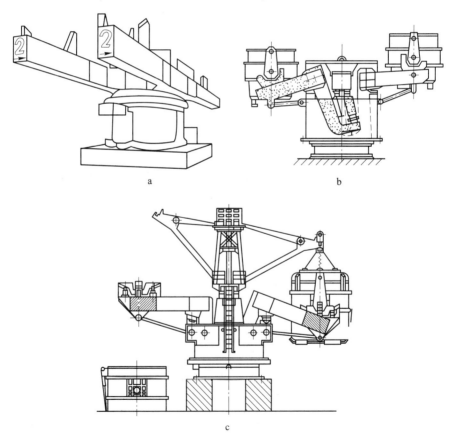

图 2-13 不同类型钢包回转台结构
a—直臂整体旋转升降式；b—整体旋转单独升降式；c—单独旋转单独升降式

降式（图 2-13b）和单独旋转单独升降式（图 2-13c）。目前使用最多的蝶形钢包回转台，属于双臂整体旋转单独升降式，其结构如图 2-14 所示。

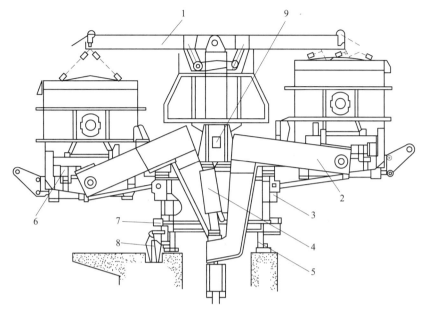

图 2-14　蝶形钢包回转台结构

1—钢包盖装置；2—叉型壁；3—旋转盘；4—升降装置；5—塔座；
6—称量装置；7—回转环；8—回转夹紧装置；9—背撑梁

钢包回转台设有独立的称量系统，用于称量并反馈钢包内剩余钢水的重量，为连铸生产提供参考，比如控制钢包浇注余钢。为了在浇注过程中减少钢水降温，有的大包回转台配置了钢包盖，但是随着钢包全程加盖技术的发展，回转台上的钢包盖处于备用状态。随着对连铸钢水质量的要求越来越高，有些钢包回转台增加了钢包底吹氩装置。

钢包回转台的驱动装置是由电机机构和事故气动机构构成的。正常操作时，由电力驱动；发生故障时，启动气动马达工作，以保障生产安全。转臂的升降可采用机械或液压驱动。为了保证回转台定位准确，驱动装置还设有制动和锁定机构。

2.2.2.3　钢包回转台主要参数

钢包回转台主要参数包括承载能力、回转速度、回转半径、升降行程、升降速度等。表 2-3 是某钢厂蝶形钢包回转台的技术参数。

表 2-3　某钢厂钢包回转台技术参数

形式	蝶形，2 个钢包支撑臂单独升降，共同旋转	旋转角度	360°无限制
单臂承载	约 355t/0t	提升高度	992mm
双侧承载	约 355t/355t	提升速度	25mm/s
旋转半径	6.0m	称重设备	称重梁
主驱动	电机驱动	供电方式	滑环
事故驱动	气动马达驱动	锁紧装置	液压控制的锁紧销
旋转速度	主驱动 1r/min，事故驱动 0.33r/min		

任务 2.3　中间包及中间包车

2.3.1　中间包

图 2-15 所示中间包简称中包，是位于钢包与结晶器之间用于钢液浇注
的装置，接受钢包注入的钢水，然后将钢水注入结晶器进行冷却凝固。中间包在连铸过程
中起着减压、稳流、去夹杂、贮钢、分流及中间包冶金等重要作用。具体来说包括：

（1）中间包高度比钢包高度低，所以钢水静压力减小，注流稳定。

（2）钢水在中间包内停留的过程中，有利于夹杂物上浮至中间包渣面，起到去夹杂、
净化钢液作用。

（3）如果是多流连铸机，中间包还可以起到钢水分配器的作用，将钢包内钢水分配到
多个结晶器内进行多流浇注。

（4）多炉连浇的情况下，因为中间包存有一定量的钢水，更换钢包时不会停浇。

（5）为了进一步提高钢水的洁净度与质量水平，近年来发展了中间包吹氩、感应加
热、去夹杂等中间包冶金技术。

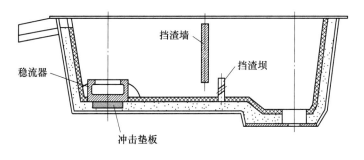

图 2-15　中间包结构示意图

2.3.1.1　中间包的主要参数

（1）中间包容量：中间包的容量是钢包容量的 20%～40%。在通常浇注条件下，钢液
在中间包内停留时间应大于 8min，才能起到去除夹杂物的作用，为此，中间包目前是朝大
容量和深熔池方向发展，容量可达 60～80t，熔池深为 1000～1200mm。表 2-4 是某钢厂的
中间包的设计参数。

中间包容量应该大于更换钢包期间连铸机所需要的钢水量，以保证足够的更换钢包时
间，推荐一个计算公式

$$G_{中} = 1.3\rho DB(t_1 + t_2 + t_3)v_c n \tag{2-13}$$

式中　$G_{中}$——中间包的容量，t；

　　　ρ——铸坯密度，t/m³；

　　　D——铸坯厚度，m；

B ——铸坯宽度，m；

t_1 ——关闭水口、浇完的空钢包撤离所需要时间，min；

t_2 ——满载钢包回转至浇注位置所需要时间，min；

t_3 ——机械手挂长水口、打开钢包水口所需要时间，min；

v_c ——拉坯速度，m/min；

n ——铸机流数。

表 2-4 某钢厂中间包设计参数

中间包正常容量/t	46	溢流液位/mm	1300
中间包溢流容量/t	49	耐火材料内衬厚度/mm	200
塞棒侧工作液位/mm	1240		

根据中间包所需存储量，可以计算出中间包容量，以确定中间包各部位尺寸。

（2）中间包高度：取决于钢水在包内深度要求。

（3）中间包长度：主要取决于中间包水口位置，水口应距离包壁端部 200mm 以上。单流连铸机中间包长度取决于钢包水口位置与中间包位置水口之间的距离，多流连铸机中间包长度则与连铸机流数、水口间距有关系。

（4）中间包宽度：与中间包的容量、高度和长度有关。

（5）中间包内壁斜度：内壁斜度为 10%~20%。

（6）中间包水口直径：根据最大拉速所需要钢流量来确定。根据中间包水口流出的钢水量与结晶器拉出的钢水量相等的原则，水口直径可由下式计算确定：

$$d = 0.073 \times \sqrt{\frac{abv}{c_D \sqrt{H}}} \tag{2-14}$$

式中 d ——水口直径，mm；

ab ——结晶器断面面积，mm^2；

c_D ——水口流量系数，对镇静钢取 0.86~0.97；

H ——中间包钢水深度，m。

（7）水口间距：即结晶器间的中心距，一般为了便于操作，至少应为 600~800mm。

2.3.1.2 中间包构造

（1）中间包的包体结构形状。中间包应具有最小的散热面积以及良好的保温性能，常用的中间包断面形状，如图 2-16 所示，有 B、V、T、C、H 等形状。中间包的外壳用钢板焊成，壳体外部焊有加固圈和加强筋，防止热变形；设计预留排气孔供设备干燥时使用；在两侧和端头焊有锻钢耳轴，用来支撑和吊运中间包；耳轴下面还有坐垫，以稳定地坐在中间包小车上。另外还设有溢流槽，主要用于中间包排渣。

（2）中间包内衬。其由绝热层、永久层和工作层组成。绝热层紧贴包壳钢板，以减少散热，一般可用石棉板、保温砖或轻质浇注料砌筑；永久层与绝热层相邻，用黏土砖砌筑或者整体浇注成型；工作层与钢液直接接触，可用高铝砖、镁质砖砌筑，也可用绝热板组装砌筑，还可在工作层砌筑表面喷涂 10~30mm 的一层涂料。为增加钢水在中间包内停留时间，促使非金属夹杂物上浮，要在中间包内砌筑挡渣墙、坝等。

（3）中间包包盖。中间包盖采用整体焊接钢结构，带耐火材料内衬，放置在中间包上面起保温作用。中间包盖上有开孔，用来进行预热中间包、加入覆盖剂、插入塞棒和测温，如图 2-17 所示。

2.3.1.3　中间包使用基准

（1）中间包修砌完毕后超过 7 天不得使用；

（2）中间包内洁净无杂物；

（3）中间包水口与快速更换浸入式水口对中偏差不大于 2mm；

（4）烘烤结束后中间包内温度不低于 1000℃；

（5）无大面积脱落（大于 200mm×200mm），中间包工作层无明显的裂纹；

（6）中间包使用寿命以与厂家签订的技术协议为准，不低于 800min；

（7）中间包烘烤，开浇前 2~3h，一般需要先小火烘烤 30min，然后再大火烘烤 90min 以上。水口塞棒快速烘烤至 1000℃ 以上，中间包烘烤余热可以用于烘烤浸入式水口。

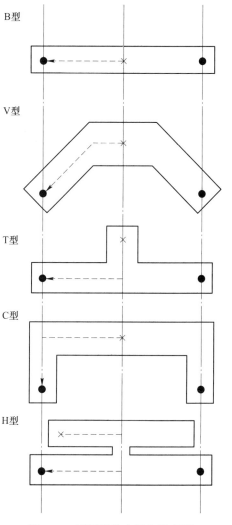

图 2-16　不同形状中间包示意图

扫码获取
数字资源

图 2-17　中间包及包盖实物照片

2.3.2　中间包车

2.3.2.1　中间包车的作用

图 2-18 所示中间包车是中间包的运载设备，设置在连铸浇注平台上，一般每台连铸机配备两台中间包车，用一备一。在浇注前将烘烤好的中间包运至结晶器上方并对准浇注位置，浇注完毕或发生事故时，将中间包从结晶器上方运走。生产工艺要求中间包小车具有横移、升降调节和称量功能。

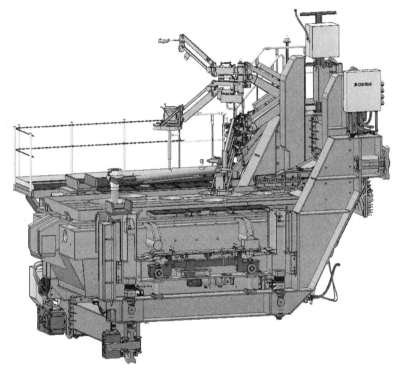

图 2-18　中间包车

2.3.2.2　中间包车类型

中间包车按中间包水口、中间包车的主梁和轨道的位置，可分为悬吊式和门式两种类型。

A　悬吊式中间包车

悬吊式中间包车又分为悬臂型和悬挂型两种类型。

悬臂型中间包车又称半悬挂式，它的中间包水口伸出车体之外，浇注时中间包车位于结晶器的外弧侧。其结构是一根轨道在高架梁上，另一根轨道在地面上（见图 2-19）。悬臂型中间包车的特点是：小车行走迅速，同时结晶器上面供操作的空间比较大，操作工视线范围广，便于观察结晶器内钢液面，操作方便。

如图 2-20 所示，悬挂型中间包车特点是两根辊道都在高架梁上，对浇注平台影响最小，操作方便。

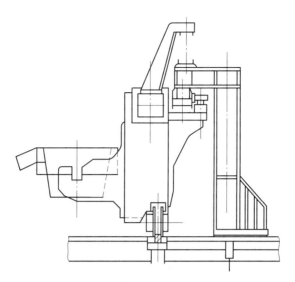

图 2-19　悬臂型中间包车

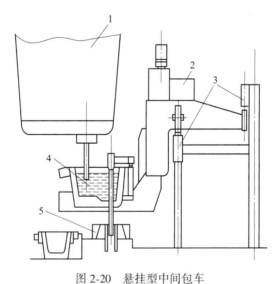

图 2-20　悬挂型中间包车

1—钢包；2—悬挂型中间包车；3—辊道梁及支架；4—中间包；5—结晶器

B　门式中间包车

门式中间包车又分为门型和半门型。

门型中间包车的辊道布置在结晶器两侧，重心处于车况中，安全可靠（图 2-21）。

半门型中间包车如图 2-22 所示，它与门型中间包车的最大区别是，其布置在靠近结晶器内弧侧浇注平台上方的钢结构辊道上。

2.3.2.3　中间包车的结构

中间包小车的结构由车架走行机构、升降机构、对中装置及称量装置等组成。

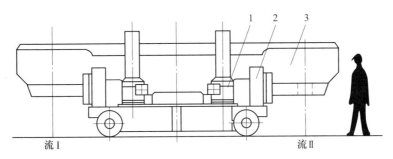

图 2-21   门型中间包车
1—升降机构；2—走行机构；3—中间包

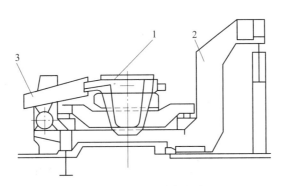

图 2-22   半门型中间包车
1—中间包；2—中间包车；3—溢流槽

中间包车行走机构一般是两侧单独驱动，并设有自动停车定位装置。行走速度设有快速和慢速两挡。快速挡用于中间包车的快速移动，速度为 10~20m/min；而慢速主要用于中间包车在浇注位时浸入式水口的对中，所以速度较慢，只有 1~2m/min。如表 2-5 所示，快速挡速度为 20m/min，慢速挡速度只有 1.2m/min。

中间包的升降机构有电动和液压驱动两种，升降速度约 30mm/s。两侧升降一定要同步，应设有自锁定位功能，并且中间包车的前后左右四个液压油缸位置要处于同一水平面，否则容易引起浸入式水口在结晶器内倾斜，从而影响结晶器内的流场。另一方面，中间包车升降动作应该与钢包回转台的高低位具有联锁保护，即当钢包回转台处于低位时，中间包车严禁提升，防止与钢包或钢包回转台碰撞。

中间包车还设有电子称量系统，用于中间包内钢水重量的精确称量。

表 2-5 是某钢厂中间包车的技术参数。

表 2-5   某钢厂中间包车的技术参数

空包重量/t	22	数量/台	2
包盖重量/t	4	承载能力/t	76（包体+盖+钢水+塞棒系统）
中间包称重误差/t	±0.2	驱动运行	液压
浇注区域/烘烤区范围/mm	±150	提升运动	液压
浇注位置范围/mm	±20	对中运动	单液压缸
形式	半悬挂式（悬臂型）	行走速度/m·min⁻¹	快速20、慢速1.2

提升速度/mm·s⁻¹	30	对中行程/mm	±75
对中速度/mm·s⁻¹	5	中间包称重	称重梁
升降行程/mm	600	公辅设施及供电	电缆拖链

任务 2.4　结 晶 器

扫码获取
数字资源

结晶器是连铸机非常重要的部件，称之为连铸机的"心脏"。钢液在结晶器内初步冷却凝固成一定坯壳厚度的铸坯外形，并被连续地从结晶器下口拉出，进入二冷区。结晶器应具有良好的导热性和刚性，不易变形和内表面耐磨等优点，而且结构要简单，便于制造和维护。图 2-23 是某钢厂组合式结晶器的实物外观。

图 2-23　某钢厂组合式结晶器的实物外观

2.4.1　结晶器的类型与构造

2.4.1.1　按结晶器的外形分类

按结晶器的外形可分为直结晶器和弧形结晶器。直结晶器用于立式、立弯式及直弧形连铸机，而弧形结晶器用在全弧形和椭圆形连铸机上。

2.4.1.2　按结构分类

从结构来看，有管式结晶器和组合式结晶器。小方坯及小断面矩形坯多采用管式结晶器，而大方坯、大断面矩形坯和板坯多采用组合式结晶器。

（1）管式结晶器：结构如图 2-24 所示。其内管为冷拔无缝铜管，如图 2-25 所示，外面套有钢质外壳，钢套与铜管之间留有约 7mm 的缝隙通以冷却水，即冷却水缝。铜管与钢套可以制成弧形或直形。铜管的上口通过法兰用螺钉固定在钢质的外壳上，铜管的下口一般为自由端，允许热胀冷缩，但上下口都必须密封，不能漏水。结晶器外套是圆形的。外套中部有底脚板，将结晶器固定在振动框架上。

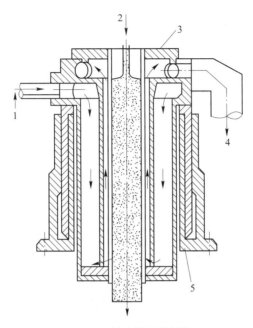

图 2-24　管式结晶器结构

1—冷却水入口；2—钢液；3—夹头；4—冷却水出口；5—液压缸

图 2-25　管式结晶器铜管

　　管式结晶器取消水缝，直接用冷却水喷淋冷却，则为喷淋式管式结晶器，如图 2-26 所示。

　　（2）组合式结晶器：由 4 块复合壁板组合而成。每块复合壁板都是由铜质内壁和钢质外壳组成。在与钢壳接触的铜板面上铣出许多沟槽形成中间水缝，见图 2-27。复合壁板用双螺栓连接固定，如图 2-28 和图 2-29 所示。冷却水从下部进入，流经水缝后从上部排出。4 块壁板有各自独立的冷却水系统。

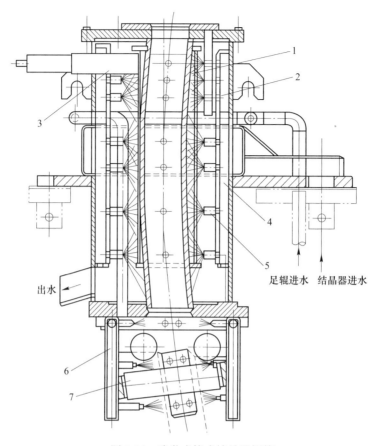

图 2-26　喷淋式管式结晶器铜管

1—结晶器铜管；2—放射源；3—闪烁计数器；4—结晶器外壳；5—喷嘴；6—足辊架；7—足辊

图 2-27　结晶器水缝实物照片

对于弧形结晶器来说，两块窄边复合板是平的，内外弧复合板是弧形的；而直结晶器的四面壁板都是平的。

对于板坯连铸机，目前都是采用宽度可调的结晶器，如图 2-30 所示。

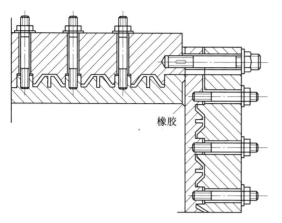

图 2-28　铜板与钢板的螺钉连接形式

橡胶

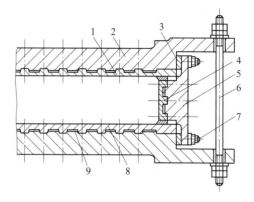

图 2-29　组合式结晶器结构
1—外弧内壁；2—外弧外壁；3—调节垫块；
4—侧内壁；5—侧外壁；6—双头螺栓；
7—螺栓；8—内弧内壁；9—一字形水缝

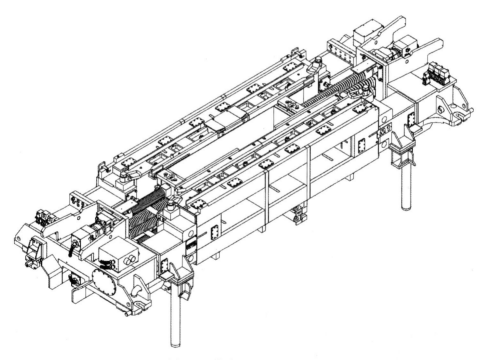

图 2-30　宽度可调板坯结晶器

（3）多级结晶器：随着连铸技术的不断发展进步，连铸机的拉速不断提高，出结晶器下口时坯壳的厚度越来越薄，为了避免因坯壳厚度过薄导致漏钢等恶性事故，在结晶器下口安装足辊、冷却板或冷却格栅，称为多级结晶器。

1）足辊：在结晶器铜板的下口，四面装配多对密排夹辊，其直径较小且具有足够的刚度，辊间设有喷嘴喷水冷却，这些密排夹辊称为足辊。一般宽面装配 2 对，窄面装配 4 对；厚度≥400mm 结晶器，为了防止窄边铸坯鼓肚变形，可以装配 5~6 对足辊，比如国内某钢厂400mm厚连铸机结晶器，窄面足辊有5对。

为了防止足辊对铸坯造成横向应力，足辊的安装位置必须与结晶器铜板严格对中。

2）冷却板：在结晶器下口四面各安装一块铜板，并在铸坯角部喷水冷却，铜板靠弹簧支承紧贴坯壳表面，保证了铸坯的均匀冷却。这种装置拉坯阻力稍微大一些，但是冷却效果好。

3）冷却格栅：它是一种带有许多方孔的铜板，也称为格板。冷却水通过方孔直接喷射到铸坯表面。这种装置冷却效果好，但是拉坯阻力略大，发生漏钢后清理困难。

多级结晶器中，带足辊的多级结晶器使用较为广泛。

扫码获取
数字资源

2.4.2　结晶器的重要参数

2.4.2.1　长度

作为一次冷却，结晶器长度是一个非常重要的参数，它是保证连铸坯出结晶器时能否具有足够安全坯壳厚度的重要因素。如果长度太短，出结晶器下口时铸坯厚度达不到安全厚度，容易产生漏钢事故；如果长度太长，拉坯阻力大，加工也困难。所以，确定结晶器长度的主要依据是铸坯出结晶器下口时的坯壳最小安全厚度，具体计算过程如下：

由出结晶器下口时坯壳的厚度，可以根据凝固定律导出钢水在结晶器内停留时间：

$$\delta = K_m \sqrt{t}$$

即
$$t = (\delta / K_m)^2 \tag{2-15}$$

式中　δ——出结晶器下口坯壳厚度，mm；

　　　K_m——结晶器内钢液凝固系数，$mm/min^{1/2}$；

　　　t——钢水在结晶器内停留时间，min。

则结晶器有效长度（结晶器实际容纳钢水的长度）

$$L_m = v_c t = v_c (\delta / K_m)^2 \tag{2-16}$$

式中　L_m——结晶器有效长度，m；

　　　v_c——拉坯速度，m/min。

在实际生产过程中，钢液面距离结晶器上口留有100mm左右的距离，故结晶器的长度为：

$$L = L_m + 100 \tag{2-17}$$

根据大量的理论研究和实践经验，结晶器长度一般在700~900mm比较合适。目前大多数倾向于把结晶器长度增加到900mm，以适应高拉速的需要。

2.4.2.2　结晶器倒锥度

由于铸坯在结晶器内凝固的同时伴随着体积的收缩，因此，结晶器铜板内腔必须设计成上大下小的形状，即所谓的结晶器倒锥度。这样可以减少因收缩产生气隙，改善结晶器的导热。结晶器倒锥度常见有两种计算方法，一种是适用于方圆坯结晶器的公式：

$$\varepsilon_1 = \frac{S_上 - S_下}{S_上 L} \times 100\% \tag{2-18}$$

式中 ε_1——结晶器每米长度的倒锥度,%/m;

　　$S_上$——结晶器上口断面面积,mm^2;

　　$S_下$——结晶器下口断面面积,mm^2;

　　L——结晶器长度,m。

方坯结晶器的倒锥度推荐值见表 2-6。

表 2-6　方坯结晶器的倒锥度推荐参考值

断面边长/mm	倒锥度/% · m^{-1}
80~110	0.4
110~140	0.6
140~200	0.9

采用保护渣浇注的圆坯结晶器,倒锥度通常是 1.2%/m。

另一种方法是针对板坯结晶器的,因为板坯的宽厚比悬殊,所以板坯结晶器的倒锥度分宽面倒锥度和窄面倒锥度。其中宽面倒锥度按下式计算:

$$\varepsilon_1 = \frac{B_上 - B_下}{B_上 L} \times 100\% \tag{2-19}$$

式中 ε_1——结晶器每米长度的倒锥度,%/m;

　　$B_上$——结晶器上口宽度,mm;

　　$B_下$——结晶器下口宽度,mm;

　　L——结晶器长度,m。

板坯结晶器宽面倒锥度在 0.9~1.3%/m。

因为板坯厚度方向的凝固收缩比宽度方向收缩要小得多,所以一般情况下,板坯结晶器宽边设计成平行的,即窄面倒锥度为 0%。当然,随着板坯连铸机厚度规格越来越大,厚度不小于 250mm 的结晶器,窄面倒锥度可以设计成固定的 1~3mm,即结晶器上口开口度比结晶器下口开口度大 1~3mm。如表 2-7 所示,国内某钢厂结晶器厚度方向有 2~3mm 的倒锥度。

表 2-7　国内某钢厂结晶器顶部与底部厚度尺寸设定值　　　　　　(mm)

250	顶部	260.75
	底部	258.75
300	顶部	317.50
	底部	315.50
400	顶部	420.50
	底部	417.50

除了常规的直板结晶器外,现在有些钢厂的结晶器加工成了双锥度、多锥度甚至抛物线型锥度,以便更符合钢液凝固时体积的变化规律,但是这种结晶器加工困难,使用并不普遍。

实际生产过程中要根据铸坯断面、拉速和钢的高温收缩率综合选定合适的结晶器倒锥度,如果倒锥度选取过小,则坯壳与结晶器铜板之间的气隙过大,可能导致铸坯变形,产生角部纵裂纹等缺陷；如果倒锥度选取过大，会增加拉坯阻力，容易产生横裂纹。

【例2-1】 某钢厂方坯连铸机，结晶器上口尺寸230mm×230mm，下口断面为229mm×229mm，结晶器长度为0.9m，求这个结晶器的倒锥度。

解：连铸机为方坯连铸机，采用式（2-18）计算

$$\varepsilon_1 = \frac{S_{\text{上}} - S_{\text{下}}}{S_{\text{上}} L} \times 100\% = \frac{230 \times 230 - 229 \times 229}{230 \times 230 \times 0.9} \times 100\% = 0.96\%/\text{m}$$

【例2-2】 某钢厂200mm厚板坯连铸机，结晶器上口尺寸206.75mm×2010mm，下口断面为206.75mm×1990mm，结晶器长度为0.9m，求这个结晶器的倒锥度。

解：连铸机为板坯结晶器，厚度方向两块结晶器平行，倒锥度为0。宽度方向倒锥度采用式（2-19）计算

$$\varepsilon_1 = \frac{B_{\text{上}} - B_{\text{下}}}{B_{\text{上}} L} \times 100\% = \frac{2010 - 1990}{2010 \times 0.9} \times 100\% = 1.1\%/\text{m}$$

2.4.2.3 结晶器断面

冷态铸坯的断面尺寸为公称尺寸，结晶器断面尺寸应根据铸坯的公称尺寸确定。由于铸坯冷却凝固收缩，结晶器的内腔断面尺寸应比铸坯公称尺寸略大些。

可以根据经验公式确定结晶器断面尺寸，不同形状结晶器断面尺寸如下：

（1）圆坯结晶器：

$$D_{\text{下}} = (1 + 2.5\%) D_0 \tag{2-20}$$

式中　$D_{\text{下}}$——结晶器下口内腔直径，mm；

D_0——铸坯公称直径，mm。

（2）矩形坯和方坯结晶器：

矩形坯结晶器考虑到铸坯有可能被压缩与延展，可参考下式确定：

$$D_{\text{下}} = (1 + 2.5\%) D_0 + c \tag{2-21}$$

$$B_{\text{下}} = (1 + 2.5\%) B_0 - c \tag{2-22}$$

式中　$D_{\text{下}}$——结晶器下口内腔厚度，mm；

D_0——铸坯公称厚度，mm；

$B_{\text{下}}$——结晶器下口内腔宽度，mm；

B_0——铸坯公称宽度，mm；

c——修正值，mm，按照铸坯断面尺寸大小选取，断面厚度小于160mm时，$c = 1$mm；否则 $c = 1.5$mm。

方坯结晶器内腔尺寸可参考下式确定：

$$D_{\text{下}} = (1 + 2.5\%) D_0 \tag{2-23}$$

$$B_{\text{下}} = (1 + 2.5\%) B_0 \tag{2-24}$$

另外，对于管式结晶器，其内腔还应有合适的圆角半径。

（3）板坯结晶器：

1）结晶器宽边，因为受到连铸机是否具有动态轻压下、压下量以及不同钢种收缩特性的影响，实际生产过程中一般需要根据测量实际冷态铸坯宽度尺寸对结晶器下口宽度尺寸进行不断的优化调整，最终形成适合某台连铸机的结晶器下口宽度尺寸标准。表2-8和

表 2-9 分别是某钢厂不采用动态轻压下与采用动态轻压下的连铸机结晶器下口宽度尺寸标准。可以看出，对于普碳钢，不使用轻压下时，结晶器下口宽度尺寸比公称宽度小 2mm，而使用轻压下时，结晶器下口宽度尺寸则比公称宽度小 15mm。

表 2-8　某钢厂未使用动态轻压下的连铸机结晶器下口尺寸标准　　　　（mm）

断面	结晶器上口/下口宽度					
	中碳系列普碳钢			低碳钢、包晶钢		
	上口	下口	单侧锥度	上口	下口	单侧锥度
250×1600	1613	1598	7.7	1619	1604	7.7
250×1700	1714	1698	8.2	1720	1704	8.2
250×1800	1815	1798	8.7	1821	1804	8.7
250×2000	2017	1998	9.6	2023	2004	9.6
250×2200	2219	2198	10.6	2225	2204	10.6
250×2300	2320	2298	11.1	2326	2304	11.1
250×2400	2421	2398	11.6	2427	2404	11.6

表 2-9　某钢厂使用全程动态轻压下的连铸机结晶器下口尺寸标准　　　　（mm）

断面	结晶器上口/下口宽度					
	中碳系列普碳钢			低碳钢、包晶钢		
	上口	下口	单侧锥度	上口	下口	单侧锥度
300×1620	1621	1605	8	1621	1605	8
300×1700	1702	1685	8.5	1702	1685	8.5
300×1800	1803	1785	9	1803	1785	9
300×2000	2007	1985	11	2007	1985	11

2）结晶器窄边，与结晶器的辊缝制度以及动态轻压下工艺密切相关，不同连铸机差别很大，所以无法推荐普遍适用的计算公式。对于具有全程动态轻压下连铸机，结晶器窄边设定可以参考表 2-7。

2.4.2.4　结晶器冷却水缝总截面积

影响结晶器冷却强度的因素主要是结晶器内壁的导热性能、结晶器内冷却水的流速和流量。而冷却水的流速与流量与冷却水缝截面积有关，所以必须确定合理的冷却水缝截面积，它与结晶器冷却水流量存在以下关系：

$$A = \frac{10000Q_{结}}{36v} \qquad (2-25)$$

式中　　A ——结晶器冷却水缝总截面积，mm^2；

　　　$Q_{结}$ ——结晶器冷却水流量，m^3/h；

　　　v ——冷却水缝内冷却水流速，m/s。

表 2-10 是某钢厂结晶器冷却水缝设计尺寸。

表 2-10　某钢厂结晶器冷却水缝设计尺寸

宽面水缝尺寸		6(宽)mm×11(深)mm×102 条	6(宽)mm×15(深)mm×36 条
窄面水缝 尺寸	250mm 厚	6(宽)mm×11(深)mm×8 条	6(宽)mm×15(深)mm×4 条
	300mm 厚	6(宽)mm×11(深)mm×10 条	6(宽)mm×15(深)mm×8 条

2.4.3　结晶器的材质与寿命

2.4.3.1　结晶器内壁材质

由于结晶器内壁直接与高温钢液接触，要求内壁材质必须具有以下特性：导热系数高、膨胀系数低，高温下具有足够的强度和耐磨性，且塑性好、易于加工。

目前使用的结晶器内壁材质主要有两大类：

（1）铜合金。纯铜材质内壁导热性能好，易于加工，但是耐磨性很差，寿命较低。而铜合金材质的内壁，可以提高强度、耐磨性，延长使用寿命。比如铜-银合金、铜-铬合金、铜-铬-锆-镁合金等。

（2）铜板镀层。为了进一步增加结晶器内壁的耐磨性，提高结晶器寿命，越来越多的钢厂使用铜板镀层。镀层有单一镀层和复合镀层，单一镀层主要采用铬或镍；复合镀层采用镍-铁、镍-钴、镍-镍合金-铬三层镀层，复合镀层比单一镀层使用寿命提高 5~7 倍。镀层厚度一般 0.3~2mm，由于结晶器底部磨损比顶部磨损严重，所以一般结晶器上部镀层厚度比底部薄。例如某钢厂宽边新铜板厚度 45mm，镀层厚度顶部（0.3±0.1）mm，底部（1.5±0.1）mm；窄边新铜板厚度 45mm，镀层厚度顶部（0.3±0.1）mm，底部（2±0.1）mm。

2.4.3.2　结晶器使用寿命

所谓结晶器使用寿命是指结晶器内腔保持原设计尺寸和形状能够浇注钢坯的长度、重量或炉数。不同企业，因为使用结晶器镀层不同，浇注钢种差别很大，所以结晶器使用寿命差别也比较大，使用寿命短的仅仅可以浇注 3 万~4 万吨，而使用寿命长的可以达到 10 万吨左右。

2.4.4　结晶器断面调宽装置

现在板坯连铸机广泛采用宽度可调的结晶器，宽度调整方法分为两种，一种是在冷态下调整，即在不浇钢的时候调整；一种是在热态下调整，即在正常浇钢的时候调整。宽度调整的方式有手动、电动或液压驱动调整。

在正常浇钢的时候调整，两个侧窄边多次分小步向外或向内移动，一直调到预定的宽度要求为止。如图 2-31 所示，调节宽度时，铸坯宽度方向呈 Y 形，故称 Y 形在线调宽。调节装置可以调节宽度也可以调节锥度，以适应不同断面、不同钢种序列的生产需求。每次调节量为初始倒锥度的 1/4，调节速度是 20~50mm/min。调节是由每个侧边的上下两套同步机构实现的，用计算机控制，由液压或者电机驱动。

2.4.5　结晶器的润滑

结晶器润滑的作用主要有防止铸坯坯壳与结晶器内壁粘结、减少拉坯阻力、减少铸坯

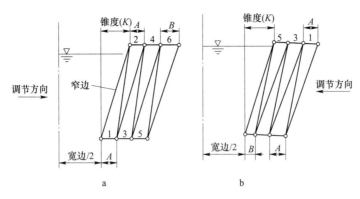

图 2-31 结晶器 Y 形在线调宽原理图

a—每次平行移动的调整步距；b—最后一次调整步距

对结晶器内壁的磨损以及改善结晶器内传热从而提升连铸坯表面质量。结晶器润滑的方式有两种，一种是植物油或矿物油等润滑油润滑，这种方式在连铸发展初期阶段敞开浇注时期用得比较多；另一种是保护渣润滑，目前现代连铸机采用全保护浇注后，大多采用保护渣润滑的方式，保护渣加入方式有人工加入和振动给料器自动加入。

2.4.6 结晶器液位检测与控制

连铸生产过程中，结晶器钢水液位检测和控制起着举足轻重的作用，如果结晶器钢水液位波动大，会影响连铸坯的表面质量，甚至产生漏钢事故。提高结晶器钢水液位检测和控制精度，不仅能避免以上问题，还能提高连铸生产效率，降低操作人员劳动强度。

目前结晶器钢水液位检测方式中，可以根据检测原理分为以下几种，如图 2-32 所示。

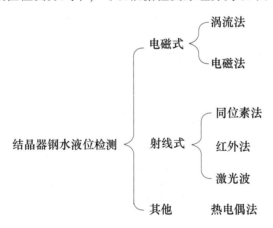

图 2-32 结晶器钢水液位检测方法

板坯和大方坯连铸大都使用涡流法，小方坯及薄板坯连铸因结晶器尺寸小难以安装涡流传感器而多采用放射性法。以下将介绍这两种主要的结晶器液位检测方法。

2.4.6.1 同位素法测量结晶器钢水液位

放射源通常采用 ^{60}Co 或者 ^{137}Cs 两种放射性元素，同位素法测量结晶器钢水液位的原理示意图见图 2-33。在结晶器一侧装设同位素辐射源，结晶器另一侧装设闪烁计数器。放射源不断射出 γ 射线，当结晶器内有钢水时，γ 射线部分被钢水遮挡，部分被闪烁器接收。闪烁计数器接收的射线强度随液面的增高成比例减弱，这样就可以测得液面高度。

这种方法具有结构简单、测量精度高、性能可靠稳定等优点，但是放射性同位素的射线对人体是有害的，因此在安装、维护、使用过程中要注意安全，做好防护。

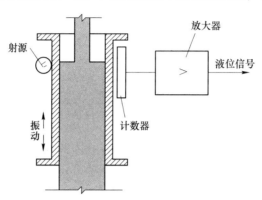

图 2-33 同位素法测量结晶器钢水液位示意图

2.4.6.2 涡流法测量结晶器钢水液位

测量原理见图 2-34。检测器由 3 个匝数相同的绕组构成，当 50kHz 的高频电压 Eout 加在差动感应线圈 P 上时，在结晶器钢水中产生涡流，受涡流影响的两个次级线圈（S_1，S_2）产生的感应电动势 $V_1 - V_2$ 的值随结晶器钢水液位的高低（距离 h）而变化。

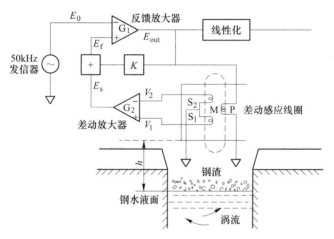

图 2-34 涡流法液位测量仪原理图

供大型板坯连铸机使用的传感器的结构见图 2-35，近年来已推出外径为 28mm 的传感器，可供小方坯连铸机使用。为安全起见，传感器采用风冷方式。涡流传感器的特性和被测金属及其邻近的结晶器盖板和铜板、中间包等有关，如更换传感器造成位置变化以及结晶器宽度变化等都会影响其输出特性，故要选定一固定基准面进行校正并记忆下来，如有变化，自动校正增益，使输出特性回到原先值。有关传感器的安装见图 2-36。

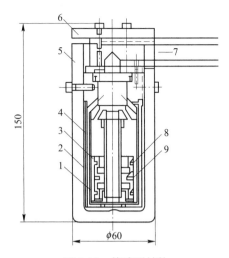

图 2-35 传感器结构

1，8—二次线圈；2，4—空气通道；3—线圈架；5—陶瓷外壳；

6—陶瓷盖；7—冷却空气；9——次线圈

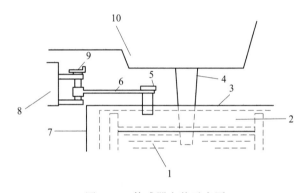

图 2-36 传感器安装示意图

1—钢水；2—保护渣；3—结晶器盖板；4—浸入式水口；5—传感器；

6—回转臂；7—结晶器；8—中间包车横梁；9—垂直位移；10—中间包

任务 2.5 结晶器振动

扫码获取

数字资源

2.5.1 结晶器振动的目的

结晶器振动装置用于支撑结晶器，并使其上下往复振动以防止坯壳因与结晶器黏结而拉裂，起到"脱模"作用。"脱模"工艺原理：如图 2-37a 所示，结晶器内初生坯壳的正常形成过程，铸坯会连续不断地被拉出结晶器，同时也会不断形成新的初生坯壳。在实际生产过程中由于各种原因导致示意图中 A 段坯壳与结晶器内壁黏结，在 A 段下方的 C 处坯壳如果比较薄，其抗拉强度小于 A 段坯壳与结晶器内壁的黏结力和摩擦力，则 C 处坯壳会在拉坯力的作用下被拉断。如果结晶器是固定不动的，A 段坯壳会继续黏结在结晶器内壁上，B 段坯壳会在拉坯力作用下以拉坯速度向下运行，A 段与 B 段坯壳中间会被新的未凝固的钢液填充从而形成新的坯壳（如图2-37b所示），从而把A、B两段坯壳重新连接起来。如果新形成的坯壳连接强度足以克服A段的黏结力和摩擦力，则A段会被拉下，坯壳断裂处便可实现愈合，不影响后续拉坯。但是大多数情况下，新形成的坯壳厚度比A、B段坯壳厚度薄，强度弱，无法使拉断的A、B两段坯壳短时间内牢固连接起来，所以当B段坯壳运行至结晶器下口时，钢水会在静压力作用下冲破新形成的坯壳，从而造成漏钢事故，如图2-37c所示。如果有了结晶器往复振动，即使A段坯壳与结晶器内壁发生黏结，结晶器向上振动，则黏结部分和结晶器一起上升，坯壳被拉裂，未凝固钢液会立即填充到坯壳拉裂处，形成新的凝固层；等结晶器向下振动且振动速度大于向下拉坯速度时，坯壳处于受压状态，拉裂处会被重新愈合，断裂的坯壳会被强制连接起来，强制消除黏结，起到强制"脱模"作用。

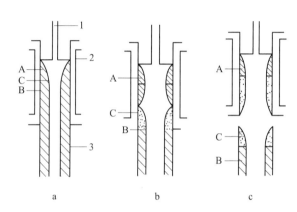

图2-37　结晶器内坯壳拉断和黏结消除过程
a—结晶器内坯壳正常形成过程；b—黏结消除过程；c—坯壳黏结拉断漏钢
1—钢水注流；2—结晶器；3—坯壳

结晶器周期性的上下往复振动，可以改变钢液面与结晶器内壁的相对位置，有利于钢液表面液态的保护渣或者润滑油向结晶器内壁与初生坯壳之间渗透，从而改善润滑条件，减少拉坯摩擦力，降低黏结的几率，保障连铸的顺利进行。

2.5.2　结晶器的振动方式

根据结晶器振动的运动轨迹可将振动方式分为正弦振动和非正弦振动两大类。

2.5.2.1　正弦振动

所谓正弦振动指的是，结晶器上下运动的速度与时间的关系是呈一条正弦曲线，如图2-38中2所示。正弦振动的特点如下：

（1）结晶器上下振动的时间相等，上下振动的最大速度相等。

（2）铸坯与结晶器内壁之间始终存在相对运动。

（3）结晶器下降过程中，存在一小段时间的"负滑脱"，可以防止和消除坯壳与结晶器内壁间的黏结，并对拉裂的坯壳起到愈合作用。

（4）加速度按余弦规律变化，过渡比较平缓，冲击小。

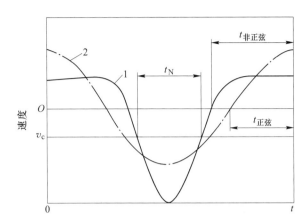

图 2-38　正弦振动和非正弦振动速度-时间曲线

1—非正弦振动；2—正弦振动；

t_N—负滑脱时间；$t_{非正弦}$—非正弦振动向上振动时间；$t_{正弦}$—正弦振动向上振动时间

2.5.2.2　非正弦振动

非正弦振动与正弦振动相对应，正弦振动方式下，结晶器向上运动时间和向下运动时间相等，而非正弦振动方式下，结晶器向上振动时间大于向下振动时间，目的是缩小铸坯与结晶器向上振动的相对速度，如图 2-38 中 1 所示。非正弦振动具有以下特点：负滑脱时间短，正滑脱时间长，结晶器向上振动与铸坯间的相对运动速度减小。

2.5.3　结晶器的振动参数

2.5.3.1　振幅和振频

振动曲线半波的行程，或上下运行总行程的 1/2，称为振幅，常用字母 A 表示，单位 mm。振幅小，则结晶器液面稳定，浇注易于控制，铸坯表面比较平滑，有利于减少坯壳被拉裂的危险。

1min 内结晶器振动的次数，称为振频，常用 f 表示，单位次/min。振频越高，则结晶器与坯壳间的相对滑移量大，有利于强制脱模。

2.5.3.2　波形偏斜率

如图 2-39 所示，A_1 与 A_0 的比值称为波形偏斜率，用 α 表示：

$$\alpha = \frac{A_1}{A_0} \times 100\% \tag{2-26}$$

波形偏斜率是非正弦振动特有的一个参数，正弦振动的波形偏斜率=0%。

2.5.3.3　负滑脱时间和负滑脱率

结晶器向下振动速度大于铸坯向下运动速度称为负滑脱。在一个振动周期内，负滑脱时间用 t_N 表示。

$$t_N = \frac{60(1-\alpha)}{\pi f}\arccos\left[\frac{1000(1-\alpha)v_c}{2\pi fA}\right] \tag{2-27}$$

一般情况下，$t_N = 0.10 \sim 0.25 \mathrm{s}$。

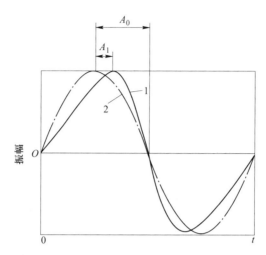

图 2-39　正弦振动和非正弦振动振幅-时间曲线
1—非正弦振动；2—正弦振动

负滑脱率有两种表示方法，一种是速度负滑脱率 NS，一种是时间负滑脱率。
速度负滑脱率：

$$NS = \frac{v_m - v_c}{v_c} \times 100\% \tag{2-28}$$

式中　　v_m——结晶器向下振动最大速度，$\mathrm{m/min}$；

v_c——拉坯速度，$\mathrm{m/min}$。

时间负滑脱率 NSR 为负滑脱时间 t_N 与半周期 $\frac{T}{2}$ 的比值：

$$NSR = \frac{2(1-\alpha)}{\pi}\arccos\left[\frac{2}{\pi(1-NS)}\right] \tag{2-29}$$

负滑脱有助于脱模，但是负滑脱时间如果过长，振痕深度会加深，增加铸坯表面横裂纹的产生几率。

2.5.3.4　正滑脱时间

在一个振动周期内，结晶器向上振动时间与向下振动速度小于拉坯速度的时间和是正滑脱时间，用 t_p 表示，$t_p = T - t_N$。正滑脱时间是影响结晶器保护渣消耗量的主要因素。

2.5.3.5　结晶器上振最大速度与下振最大速度

结晶器下振最大速度一般用 v_m 表示：

$$v_{\mathrm{m}} = K_1 \frac{fA}{1 - \alpha} \qquad (2\text{-}30)$$

式中　K_1——常数，与振动波形曲线的形状有关，正弦振动时，$K_1 = 2$，$v_{\mathrm{m}} = 2fA$。

结晶器上振最大速度一般用 v_{m}' 表示：

$$v_{\mathrm{m}}' = K_2 \frac{fA}{1 + \alpha} \qquad (2\text{-}31)$$

式中　K_2——常数，与振动波形曲线的形状有关，正弦振动时，$K_2 = 2$，$v_{\mathrm{m}}' = 2fA$。

2.5.3.6　振痕间距

振痕间距用 p 表示，$p = \dfrac{v_{\mathrm{c}}}{f}$，即振痕间距取决于拉速和振频。拉速越大，振痕间距越大，振频越小振痕间距越大。

2.5.3.7　结晶器振动参数的选择

A　正弦振动

正弦振动时，波形偏斜率 $\alpha = 0$。振频 f 增加，振痕深度和振痕间距均减少，所以铸坯表面振痕浅而密集，同时，v_{m}' 增加，结晶器摩擦阻力增加，坯壳黏结率增大。如果振频 f 减小，振痕深度和振痕间距均增加，所以铸坯表面振痕比较深，同时 v_{m}' 降低，坯壳黏结率下降。所以正弦振动通过振频控制振痕深度与坯壳黏结时相互矛盾的，振动参数选择受到限制，难以适应高速连铸。

B　非正弦振动

非正弦振动由于增加了波形偏斜率，所以非正弦振动参数的选择自由度更大。

（1）振幅 A、振频 f、拉速 v_{c} 固定不变情况下，增加波形偏斜率 α，负滑脱时间减少，振痕深度减小；正滑脱时间增加，保护渣消耗增加；振痕间距保持不变；向上振动最大速度减少，结晶器摩擦阻力减小，黏结概率降低。这样不仅可以有效控制振痕深度，又可以起到降低黏结概率的效果。因此，在这种选择方式下，波形偏斜率 α 越大，结晶器振动工艺效果越好。但是 α 增加，会导致结晶器向下振动最大加速度提高，振动装置受到冲击力增加，使其稳定性受到影响。

（2）在振幅 A、拉速 v_{c} 不变情况下，增加波形偏斜率 α，同时降低振频 f，保持 $\dfrac{f}{1 - \alpha} = K_4$ 不变，即保持结晶器下振速度曲线不变，仅仅改变结晶器上振速度曲线。此时，负滑脱时间不变，振痕深度不变；振痕间距增加；正滑脱时间增加，保护渣消耗量增加，结晶器摩擦阻力减小；向上振动最大速度下降，坯壳黏结率下降。同时避免了结晶器振动最大加速度增加的问题。

早先的板坯机采用振幅为 5 ~ 8mm，振频最大不超过 120 次/min，负滑脱率一般取 40%。目前大多采用高振频小振幅，振幅一般为 2 ~ 4mm，振频达到 200 次/min，负滑脱率取 20% ~ 40%。有特殊需要，振幅可进一步减小到 1 ~ 2mm，振频最高可达到 400 次/min。

任务 2.6　铸坯导向、二次冷却装置

通常，我们把钢水在连铸结晶器内的冷却称为一次冷却，一次冷却的钢水在结晶器内仅仅形成厚度 10~20mm 的初生坯壳，初生坯壳内部还存在未凝固的钢水。未完全凝固的铸坯拉出结晶器后还需要进一步冷却，称之为二次冷却。对未完全凝固坯壳实施二次冷却的装置称为二次冷却装置或二次冷却区，简称二冷区。

2.6.1　铸坯导向、二次冷却装置的作用

铸坯导向、二次冷却装置的作用是：

（1）向铸坯表面直接喷水或气-水冷却铸坯，使铸坯快速凝固。

（2）对未完全凝固的铸坯起支撑、导向作用，防止铸坯的变形。

（3）在上引锭杆时对引锭杆起支撑、导向作用。

（4）弯曲、矫直作用。直结晶器或者带直线段的弧形连铸机，二冷区装置还要把直铸坯弯曲成弧形铸坯；再将弧形铸坯矫直成水平直铸坯。

（5）设置驱动辊，拉坯运行。

2.6.2　二次冷却喷嘴

2.6.2.1　喷嘴的类型

二冷喷嘴的类型主要有压力喷嘴和气-水雾化喷嘴两种类型。喷嘴类型的好坏评价标准有是否可以使冷却水充分雾化；是否具有一定的喷射速度足以穿透铸坯表面上升的水蒸气；喷出的水雾是否可以均匀地分布于铸坯表面。另外一个在实际生产中非常重要的指标是结构要简单，不易堵塞。使用过程中，一旦喷嘴发生堵塞，二次冷却不均匀，铸坯表面容易产生裂纹，堵塞严重时，尤其是靠近结晶器下方的喷嘴一旦堵塞，连铸坯冷却不充分，容易产生漏钢事故。

A　压力喷嘴

压力喷嘴又称水雾喷嘴，是利用冷却水本身的压力作为能量将水雾化成水滴。常用的压力喷嘴的喷雾形状如图 2-40 所示，有扁平形、圆锥形和矩形。

压力喷嘴的流量特性和结构简单，运行费用低，但是这种类型的喷嘴具有明显的缺陷，即冷却效率低，而且冷却效率与供水量不成正比。原因如下：从喷嘴喷出的水滴以一定速度射到铸坯表面，靠水滴与铸坯表面之间的热交换，将铸坯热量带走。研究表明：当铸坯表面温度低于 300℃时，水滴与铸坯表面润湿，冷却效率高达 80% 左右；若铸坯表面温度高于 300℃时，水滴到达铸坯表面破裂，冷却效率只有 20%。而实际生产中，二冷区铸坯表面的实际温度远高于 300℃，所以冷却效率较低。虽然可以提高冷却水压力，增加供水量，但冷却效率与供水量不成正比；同时雾化水滴较大，平均直径在 200~600μm，因而水的分配也不均匀。

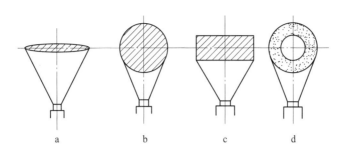

图 2-40　压力喷嘴喷雾形状

a—扁平；b—圆锥（实心）；c—矩形；d—圆锥（空心）

B　气-水雾化喷嘴

气-水雾化喷嘴是使高压空气和水从不同地方向进入喷嘴内或喷嘴外汇合，利用高压空气的能量将水雾化成极细小的水滴；这是一种高效冷却喷嘴，有单孔型和双孔型两种，如图 2-41 所示。

气-水雾化喷嘴相对于压力喷嘴，虽然结构比较复杂，但是也有很多优点。首先气-水雾化喷嘴雾化水滴直径小于 $50\mu m$，远远小于压力喷嘴的水滴直径，在喷淋铸坯时还有 20%~30% 的水分蒸发，因而冷却效率高，冷却均匀，有利于铸坯表面质量的控制；其次，气-水雾化喷嘴喷孔口径比较大，不易堵塞，可以通过调节二冷水压力、气体压力和气水之间比例的方法在较大范围内调节水流量，进而控制冷却效率。

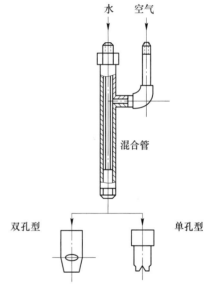

图 2-41　气-水雾化喷嘴结构示意图

2.6.2.2　喷嘴的布置

喷嘴布置的原则是保障铸坯冷却均匀，防止因冷却不均匀产生质量缺陷。在整个注流方向上，随着凝固坯壳厚度的增加，所需要的冷却强度要降低，各冷却段所需要的冷却水量随着冷却段与钢液面距离的增加而减少，所以喷嘴的数量沿着铸坯长度方向由多变少。

不同机型喷嘴的布置不同：

（1）小方坯连铸机普遍采用压力喷嘴，足辊部位多采用扁平形喷嘴，喷淋段则采用实心圆锥形喷嘴，二冷区后段可采用空心圆锥形喷嘴，其喷嘴布置见图 2-42。

（2）大方坯连铸机可采用单孔气-水雾化喷嘴进行冷却。

（3）大板坯连铸机多采用双孔气-水雾化喷嘴进行冷却，有单喷嘴布置（如图 2-43 所示）和多喷嘴布置（如图 2-44 所示）。

（4）随着连铸机热装和直装技术的开发应用，要求连铸坯温度越高越好，可采用干式冷却，即不喷水冷却，仅依靠夹持辊导热和空气辐射传热方式冷却。

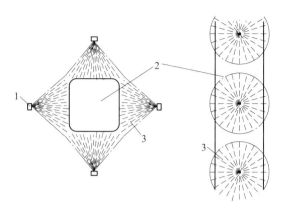

图 2-42　小方坯喷嘴布置

1—喷嘴；2—方坯；3—充满圆锥的喷雾形式

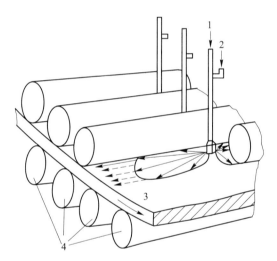

图 2-43　双孔气-水雾化喷嘴单喷嘴布置

1—水；2—空气；3—板坯；4—夹辊

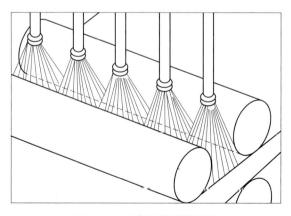

图 2-44　二冷区多喷嘴布置

2.6.3　方坯连铸机的铸坯导向装置

2.6.3.1　小方坯连铸机铸坯导向装置

由于小方坯连铸机的断面小，出结晶器后便形成了具有足够厚度和强度的坯壳，足以应对钢水静压力产生的铸坯变形，所以很多小方坯连铸机只在弧形段上半部分喷水冷却，下半部分不设喷嘴；整个弧形段只设少量夹辊和导向辊，一般用来上引锭，如图 2-45 所示。

图 2-45　小方坯连铸机弧形段铸坯导向

2.6.3.2　大方坯连铸机铸坯导向装置

与小方坯连铸机不同，大方坯连铸机断面较大，连铸坯出结晶器后形成的初生坯壳厚度和强度不足以应对钢水静压力产生的鼓肚变形，所以大方坯连铸机铸坯导向装置分为两部分，上部四周采用密排夹持辊支撑，喷水冷却，防止鼓肚变形，如图 2-46 铸坯导向装置第一段结构图，沿着铸坯上下水平布置若干夹辊 1 用于支撑导向，布置若干对侧导辊 2 用于防止铸坯鼓肚和偏移，夹辊箱体 4 通过滑块 5 支撑在导轨 6 上。当二冷区下部铸坯坯壳厚度达到一定程度，强度足以应对鼓肚变形时，可以不设夹辊。

2.6.4　板坯连铸机的铸坯导向装置

板坯的宽度和断面尺寸较大，容易产生鼓肚变形，所以在铸坯的导向装置和拉矫装置上安装的是密排小辊径夹辊和拉辊。板坯连铸机的导向装置一般分为两部分：扇形 0 段和扇形段。

2.6.4.1　扇形 0 段

扇形 0 段位于结晶器以下，二次冷却区的最上端。连铸坯出结晶器后形成的初生坯壳厚度和强度不足以应对钢水静压力产生的鼓肚变形，所以它的四周都要加以支撑，一般安装有密排足辊或冷却格栅。扇形 0 段一般与结晶器及其振动装置安装在同一框架上，能够

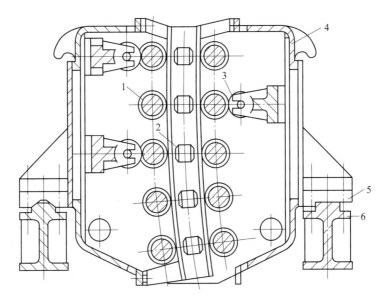

图 2-46　大方坯连铸机铸坯导向装置第一段结构图

1—夹辊；2—侧导辊；3—支承辊；4—箱体；5—滑块；6—导轨

整体更换，保证结晶器、扇形 0 段的对弧精度。

图 2-47 是扇形 0 段结构示意图，由外弧、内弧、左侧、右侧 4 个框架和辊子及气-水雾化冷却系统等部分组成。其中外弧框架固定，内弧框架可根据不同的铸坯厚度，通过更

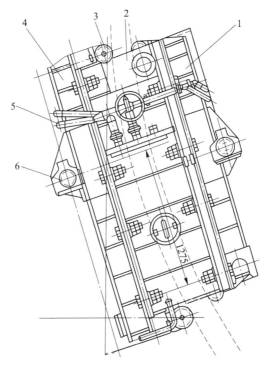

图 2-47　扇形 0 段结构示意图

1—内弧框架；2—左右侧框架；3—辊子装配；4—外弧框架；5—气-水雾化冷却系统；6—支承设备

换垫板的方式进行调整。4 个框架靠键定位，螺栓固定。内外弧框架上装有若干对实心辊子。辊子的支撑轴承采用双列向心球面辊子轴承，轴承一端固定，另一端浮动。

扇形 0 段支承在结晶器振动设备的支架上，在内外弧框架上分别设置两个支承座。在左右侧框架上各设有一个快速接水板，当扇形 0 段安放到快速更换台上时，二冷水管和压缩空气管自动接通，气-水分别由各自管路供给，在喷嘴里混合后喷出，对铸坯进行冷却。

2.6.4.2　扇形段

连铸坯经过扇形 0 段冷却后，坯壳渐厚，窄边可以不装夹辊进行支撑。扇形 0 段以后一般设置 4~12 个扇形段，其作用是引导铸坯从扇形 0 段拉出，并对铸坯进一步冷却。

如图 2-48 和图 2-49 所示，扇形段多为六组统一结构组合机架，多为整体且可以互换。各个扇形段的结构、数量以及夹辊的辊径和辊距，根据连铸机机型、浇注品种以及铸坯断面的不同有很大差别。

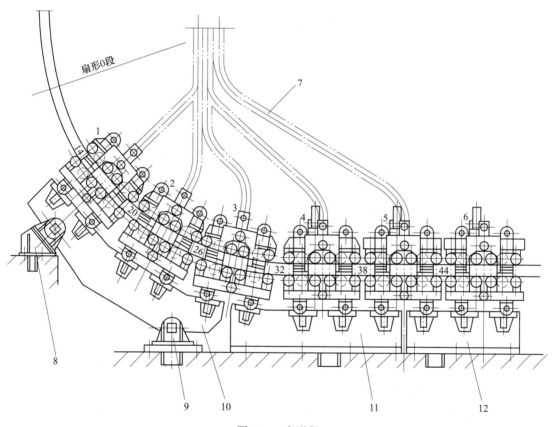

图 2-48　扇形段
1~6—扇形段；7—更换导轨；8—浮动支座；9—固定支座；10~12—底座

扇形段主要由以下几部分组成：夹辊及其轴承座、上下框架、辊缝调节装置、夹辊的压下装置、冷却水配管、给油脂配管等。

扇形段设有动力装置，称为拉矫机，用于拉坯和矫直。拉矫机一般采用直流电动机，通过星型齿轮减速箱带动。

图 2-49　板坯连铸机扇形段

扇形段辊缝调节装置一般采用液压机构，扇形段进口、出口的左右两侧分别安装位置传感器，用于扇形段辊缝的控制。

扇形段的辊缝及结晶器-扇形 0 段-扇形段之间的对弧精度必须严格控制，这是保障良好连铸坯内外部质量的关键控制点，表 2-11 和表 2-12 是某钢厂板坯连铸机的辊缝控制标准及对弧精度要求。

表 2-11　扇形段辊缝控制标准

辊缝允许误差		辊缝允许误差	
垂直段		扇形段	
新段、备件/mm	±0.3	新段、备件/mm	±0.3
使用寿命内的扇形段/mm	±0.5	使用寿命内的扇形段/mm	±0.5

表 2-12   扇形段接弧控制标准

结晶器-垂直段		垂直段-弯曲段		弯曲段-扇形段-矫直段-水平段	
允许误差/mm	±0.3	允许误差/mm	±0.3	允许误差/mm	±0.5

在下列情况下，必须使用辊缝仪进行辊缝和基弧的检测，一个是每次检修前后；另一种情况是铸坯存在内部质量问题时。在实际生产过程中，一般钢厂都要求每个浇次取铸坯进行内部质量检验，用来分析判断连铸机设备运行精度。

2.6.5   二次冷却区快速更换装置

为了便于设备的检修和更换，在连铸机上都会设有二次冷却区快速更换装置。

扇形 0 段常常随同结晶器和结晶器振动装置整体更换。如图 2-50 所示，结晶器、结晶器振动机构及扇形 0 段三部分设备安装在一个台架上，称为快速更换台架，可以实现结晶器、结晶器振动以及扇形 0 段的整体更换，保证三部分设备的对弧精度。扇形段的更换方式有多种，导向槽、更换小车及专用吊车等。

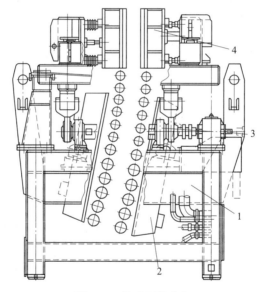

图 2-50   快速更换台架

1—框架；2—扇形 0 段；3—四偏心振动机构；4—结晶器

任务 2.7   拉坯矫直装置

2.7.1   拉坯矫直装置的作用与要求

因为铸坯的运行需要外力将其拉出，所以连铸机都装有拉坯机。拉坯机实际上是具有驱动力的辊子，也叫拉坯辊。弧形连铸机的铸坯需矫直后从水平方向拉出，连铸机的拉坯和矫直工作通常由一个机组完成，称为拉坯矫直机，也叫拉矫机。

现代板坯连铸机都采用多辊拉矫机，驱动辊已经伸向弧形区和水平段，每一个扇形段都有一对驱动辊用于拉坯，所以拉坯传动分散到每个扇形段内，形成驱动辊列系统。

拉坯矫直机的作用主要包括拉坯、矫直、穿送引锭、处理事故（漏钢、冻坯），以及配合辊缝仪检测设备进行设备精度的检测。

拉坯矫直机应具有以下要求：

（1）应该具有足够的拉坯力，足以克服结晶器、二次冷却设备、矫直辊以及切割小车等对铸坯的一系列阻力，将连铸坯顺利拉出。

（2）应该具有较宽的拉速调节范围，适应工艺要求以及快速穿引锭的拉速要求。

（3）应该具有足够的矫直力，以满足浇注最大生产断面连铸坯和生产低温连铸坯的矫直要求。

2.7.2 方坯连铸机的拉坯矫直装置

2.7.2.1 小方坯连铸机拉坯矫直

从弧形连铸机弧形段拉出的连铸坯是弯曲的，必须进行矫直。如果铸坯经过一次矫直，由弯坯变为直坯，称为单点矫直。由图 2-51a 可以看出，一点矫直一般由内弧 2 个辊子和外弧 1 个辊子共 3 个辊子完成。

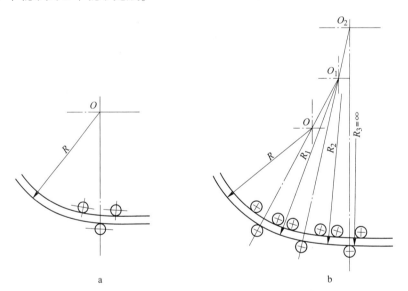

图 2-51 矫直配辊方式
a—单点矫直；b—多点矫直

小方坯连铸机是在铸坯完全凝固后进行拉矫的，且拉坯阻力小，通常采用 4~5 辊拉矫机进行拉矫。图 2-52 是整体框架五辊拉矫机，用在小方坯连铸机上。它由结构相同的两组二辊钳式机架和一个下辊及底座组成，前后两对为拉辊，中间为矫直辊。第一对拉辊布置在弧线的切点上，其余三个辊子布置在水平线上。三个下辊为从动辊，上辊为主动辊。

拉矫机长时间处于高温状态下运行，各个部件都需要冷却，所以配有 4 路冷却系统，分别为冷却机架的立柱和横梁、上辊轴承、下辊轴承和减速机箱体。

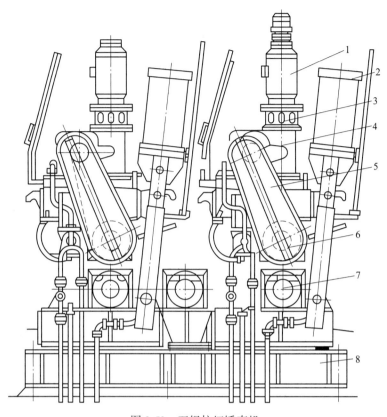

图 2-52　五辊拉坯矫直机

1—立式直流电动机；2—压下气缸；3—制动器；4—齿轮箱；5—传动链；6—上辊；7—下辊；8—底座

拉矫机上辊的摆动是通过气缸完成的，气缸是由专用的空气压缩机供气，工作压力一般为 0.4~0.6MPa。

2.7.2.2　大方坯连铸机拉坯矫直

大方坯在二冷区内运行阻力大于小方坯，其拉矫装置应具有较大的拉力。铸坯带液心拉矫时，辊子的压力不能太大，应采用较多的拉矫辊。

图 2-53 是一台七辊拉矫机，用于多流大方坯弧形连铸机上。左边第一对拉辊布置在弧线区内，第二对拉辊布置在弧线的切点上，剩下右侧的三个辊子布置在直线段上。

2.7.3　板坯连铸机的拉坯矫直装置

2.7.3.1　多点矫直

对弧形连铸机，从二次冷却段出来的铸坯是弯曲的，必须矫直。若通过两次以上的矫直称多点矫直。如图 2-51b 所示（图中只画出矫直辊，未画出支撑辊），每 3 个辊为一组，每组辊为一个矫直点，一般矫直点取 3~5 点。采用多点矫直的优点是可以将原本集中在一点的矫直应变量分散到多点完成，从而减少每一点处的矫直应变量，降低铸坯因矫直应力过大导致的铸坯裂纹，可以实现铸坯带液心矫直。

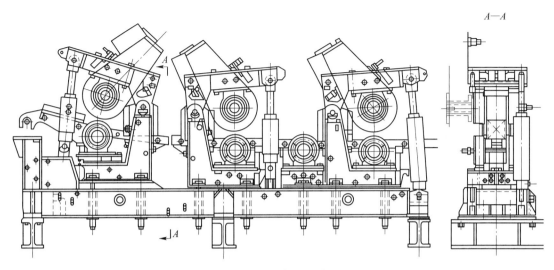

图 2-53 七辊拉坯矫直机

多点矫直拉矫机布置在弧形段内，如图 2-54 所示。图 2-54 中第 3 扇形段和第 4 扇形段的 28 号辊、30 号辊、33 号辊和 35 号辊为矫直辊，它们的曲率半径分别为 5700mm、7200mm、11000mm 和无限大。

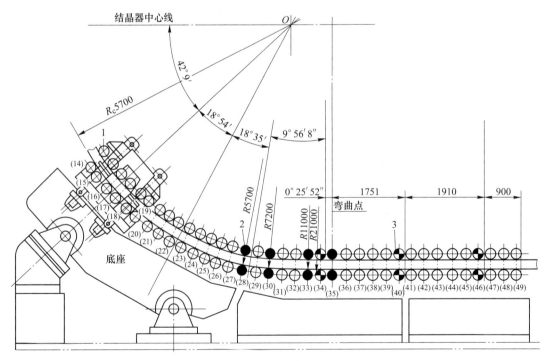

图 2-54 多点矫直拉矫机
1—自由辊；2—矫直辊；3—驱动辊

合理计算各矫直点的曲率半径和安排各矫直点的位置，把矫直的总应变量合理分配到各矫直点，是设计多点拉矫机的关键，既矫直铸坯，又保证铸坯不产生内裂纹。多点拉矫机的矫直辊分配在各扇形段，位于基本半径弧内的扇形段，各辊子的弧形半径是相等的，而在拉矫区内扇形段的矫直辊的弧形半径是不相同的，在结构上二者是完全一样的。

2.7.3.2　连续矫直

多点矫直虽然能够将原本集中在单点的矫直应变量分散到多点，降低了铸坯在每个矫直点的矫直应力，但是每一点处的矫直变形都是在矫直辊处瞬间完成的，应变率仍然较高，所以铸坯的变形在铸流方向上是断续进行的。为了克服多点矫直方式的技术缺点，连续矫直技术应运而生。基本原理是使铸坯在矫直区内变形连续进行，这对改善铸坯质量非常有利。

连续矫直的配置及铸坯应变见图 2-55，图中 A、B、C、D 是 4 个矫直辊，连铸坯从 B 点到 C 点之间承受恒定的弯曲力矩，在近 2m 的矫直区内，铸坯两相区界面的应变值是均匀的，极大地改善了铸坯受力状况，有利于提高铸坯质量。

另外，连续矫直方式中还有一种渐近矫直技术，拉矫机以恒定的低应变速率矫直铸坯的技术，称为渐近矫直技术。

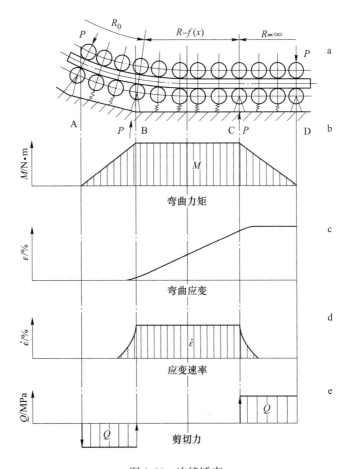

图 2-55　连续矫直

a—辊列布置；b—矫直力矩；c—矫直应变；d—应变速率；e—剪应力分布

2.7.4 压缩浇注

压缩浇注技术的基本原理是：在矫直点前面有一组驱动辊给铸坯一定推力，在矫直点后面布置一组制动辊给铸坯一定的反推力，铸坯在处于受压状态下被矫直；通过控制对铸坯的压应力可使内弧中拉应力减小甚至为零，实现对带液芯铸坯的矫直，达到拉高拉速，防止内裂的目的，如图 2-56 所示。

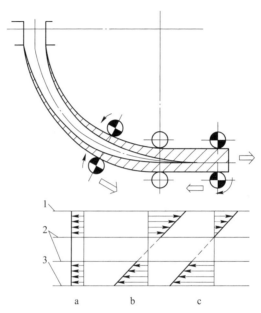

图 2-56 压缩浇注及坯壳应力图
1—内弧表面；2—两相界面；3—外弧表面；
a—驱动辊与制动辊在铸坯中产生的压应力；b—矫直应力；c—合成应力

任务 2.8 引 锭 装 置

2.8.1 引锭装置的作用与组成

引锭杆是结晶器的"活底"，开浇前用它堵住结晶器下口，浇铸开始后，结晶器内的钢液与引锭杆头凝结在一起，通过拉矫机的牵引，铸坯随引锭杆连续地从结晶器下口拉出，直到铸坯通过拉矫机，与引锭杆脱钩为止，引锭装置完成任务，铸机进入正常拉坯状态。引锭杆运送至存放处，留待下次浇注时使用。

引锭杆由引锭头和引锭杆本体两部分构成。引锭头从结构类型上可以分为燕尾槽式和钩头式两种。引锭头尺寸要与结晶器断面尺寸相互配合，断面尺寸要小于结晶器下口尺寸，避免穿引锭过程中对结晶器内壁造成划伤。一般情况下，引锭头厚度比结晶器下口厚度尺寸小 10mm 左右，浇注不同厚度的连铸坯，需要提前更换配套厚度的引锭头；引锭头的宽度一般比结晶器下口宽度小 15~20mm，浇注不同宽度的连铸坯时，不需要更换引锭头，可以通过在引锭头的两侧以增减垫片的方式调整引锭头的宽度。

引锭杆从结构上分刚性和挠性两种。挠性引锭杆一般制成链式结构，链式引锭杆又有短节距和长节距之分。

长节距链式引锭杆由若干节弧形链板铰接而成，引锭头和弧形链板的外径与连铸机的曲率半径相同，每一节长度 800~1200mm。短节距链式引锭杆的节距比较小，约 200mm，节距短，加工方便，使用不变形，适用多辊拉矫机，如图 2-57 所示。

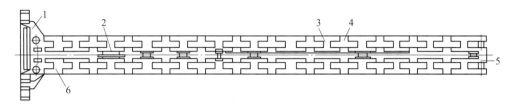

图 2-57　短节距链式引锭杆

1—引锭头连接链；2—辊缝测量设备；3—主链节；4—辅链节；5—尾链节；6—连接链节

刚性引锭杆实际上是一根带钩头的实心弧形钢棒，适用于小方坯连铸机。图 2-58 是罗可普小方坯连铸机使用的刚性引锭杆，其有可拆卸的引锭头。刚性引锭杆存放占地面积大，为了解决其占地大的问题，日本神户制铁开发了半钢半挠引锭杆，即前半部分是刚性的，后半部分是挠性的，存放时挠性部分可以卷起来。综合了挠性和刚性引锭杆的优点，克服了它们各自缺点。

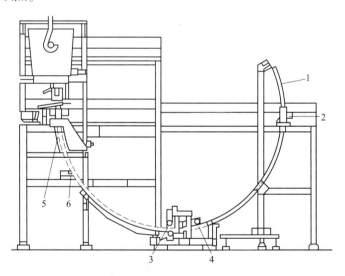

图 2-58　刚性引锭杆

1—引锭杆；2—驱动装置；3—拉辊；4—矫直辊；5—二冷区；6—托坯辊

2.8.2　引锭杆的装入

引锭杆的装入方式有两种，分上装引锭方式和下装引锭方式。

所谓上装引锭杆是引锭杆从结晶器上口装入；引锭装置包括引锭杆、引锭杆车、引锭杆提升和卷扬、引锭杆防落装置、引锭杆导向装置和脱引锭杆装置等。当上一个浇次的尾坯离开结晶器一定距离后，就可以从结晶器上口送入引锭杆。装引锭杆与拉尾坯可以同时进行，大大缩短了生产准备时间，提高了连铸机作业率，同时上装引锭杆送入时不易跑偏。

所谓下装引锭杆是从结晶器下口装入引锭杆，通过拉坯辊反向运转输送引锭杆；设备简单，但浇钢前的准备时间较长。

2.8.3 脱引锭装置

常用的钩头式引锭头装置可以通过引锭头与拉矫直机的配合实现脱钩，如图 2-59 所示，当引锭头通过拉矫辊后，上矫直辊压下第一节引锭杆尾部，引锭头与铸坯便可以脱开。

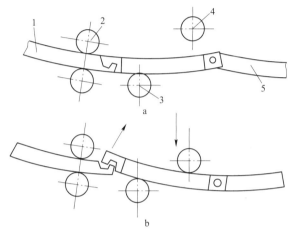

图 2-59　大节距引锭杆脱钩示意图

a—铸坯进入拉矫机，b—引锭杆脱钩

1—铸坯；2—拉辊；3—下矫直辊；4—上矫直辊；5—引锭链

对于小节距链式引锭杆，经常采用液压脱锭装置进行脱引锭。液压脱引锭装置位于出扇形段之后，一次切割设备之前，当引锭头通过最后一对扇形段夹辊后，液压缸带动脱锭头上升，将引锭头顶起，从而实现引锭与铸坯之间的脱离，如图 2-60 所示。

扫码获取
数字资源

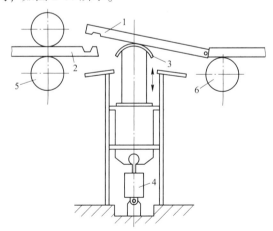

图 2-60　液压式脱引锭示意图

1—引锭头；2—铸坯；3—顶头；4—液压缸；5—拉矫辊；6—辊道

任务 2.9　铸坯切割装置

目前连铸机所用切割装置有：火焰切割和机械剪切两种类型。

2.9.1　火焰切割装置

火焰切割是用氧气和燃气产生的火焰来切割铸坯。图 2-61 所示为现场一切实物照片。燃气有乙炔、丙炔、天然气和焦炉煤气等，生产中多用煤气。切割不锈钢或某些高合金铸坯时，还需向火焰中喷入铁粉、铝粉或镁粉等材料，使之氧化形成高温，以利于切割。有些钢厂，比如河南济源钢铁公司采用连铸坯氢氧切割技术，采用的燃气是水电解氢氧气。

图 2-61　某钢厂板坯连铸机一次切割

火焰切割装置包括切割小车、切割定尺系统、切割专用辊道等。

不同的钢厂对铸坯定尺要求不同，当需要切割短定尺时，需要增加二次切割装置。一次切割时，将铸坯切割成三倍尺或双倍尺寸，然后经过二次切割，将倍尺坯切割成目标尺寸的单倍尺铸坯。

2.9.1.1　切割小车

火焰切割小车由切割枪、同步机构、返回机构以及电、水、燃气、氧气等介质管线组成。

（1）切割枪：

切割枪又称为割炬，一般由枪体和切割嘴组成。切割嘴是切割枪的核心部件。切割枪又分为外混式和内混式，如图 2-62 所示。

一般一台切割车两侧各有一支切割枪，实际生产过程中可以根据切割辊道长度、切割速度、以及拉坯速度进行测算是使用单枪切割还是使用双枪切割。如果经过测算，可以使用单枪切割，优先使用单枪切割，一方面可以节约燃气消耗降低成本，另一方面切割缝比较整齐，不会存在因双枪对不齐切割导致的切割豁口。双枪切割时，务必要保证两支切割枪在同一条直线上运行。

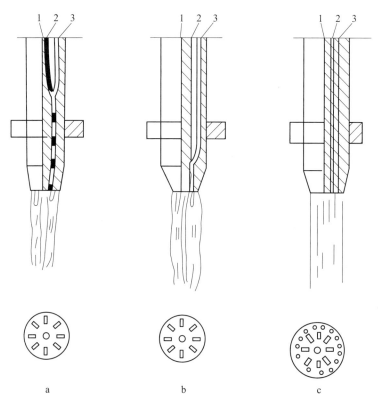

图 2-62　切割嘴的三种形式

a—枪内混合式；b—嘴内混式；c—嘴外混式

1—切割枪；2—预热氧；3—丙烷

（2）同步机构：

在连续生产过程中，被切割铸坯是以拉坯速度不断向前运行的，所以如果切割车与铸坯不能保证同步运行，那么切割后的铸坯形状不是规则的长方体，切割线是倾斜的。所以，切割车在切割时必须要与连铸坯同步运行，以保证铸坯切缝整齐。同步机构有夹钳式、压紧式、坐骑式和背负式四种。目前越来越多的切割车采用压紧式同步机构。

2.9.1.2　铸坯定尺自动测量装置

常用的定尺测量装置有机械式、脉冲式和光电式三种。

（1）机械式：小方坯连铸机常采用机械式定尺装置，结构简单，比较直观，但是占用空间比较大。

（2）脉冲式：如图 2-63 所示，气缸推动测量辊，使之固定在铸坯下表面，靠摩擦力使测量辊转动，利用脉冲发生器发出脉冲信号并转化成铸坯长度，当达到规定长度时，计数器发出脉冲信号，开始切割铸坯。这种测量系统的关键问题是保证测量轮与铸坯可靠接触。

（3）光电式：在定尺的位置安装一个光电管，利用铸坯达到一定位置后光线的变化发出信号，即铸坯通过时，遮住光纤，使电源终止，控制切割机构动作；或者利用铸坯自身的红光聚焦引起光电管得电，发出剪切信号，达到定尺切割目的。

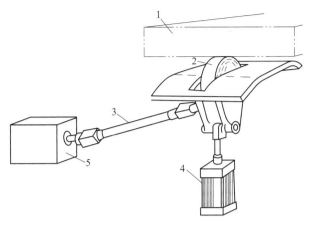

图 2-63 自动定尺设备简图
1—铸坯；2—测量辊；3—万向联轴器；4—气缸；5—脉冲发生器

2.9.2 机械切割装置

机械剪切设备又称为机械剪或剪切机，由于是运动过程中完成铸坯剪切的，因而也称为飞剪。机械剪切设备较大，但是建设速度快，剪切时间短，定尺精度高，在小方坯上经常使用。目前薄板坯连铸连轧生产线上也使用机械剪切设备。

机械剪切按照驱动方式不同，又分为机械飞剪和液压飞剪。通过电机系统驱动的是机械飞剪，通过液压系统驱动的是液压飞剪。两者虽然驱动方式不同，但是都是通过上下平行的刀片做相对运动来完成对运行中铸坯的剪切。

任务 2.10　后部工序设备

铸坯热切后的热送、冷却、精整、出坯等工序称为连铸机的后部工序。后部工序中设备主要与铸坯切断以后的工艺流程、车间布置、所浇钢种、铸坯断面及对其质量要求有关。

小断面连铸机，铸坯切断后，直接由输出辊道送往冷床，或由集料装置吊运精整工段堆冷，并进行人工精整。后部工序设备有输送辊道、铸坯横移设备、冷床或集料装置等。

现代化大型板坯连铸机，后道工序设备比小连铸机要复杂些。除了输送辊道，铸坯横移设备和各种专用吊具外，还应有板坯冷却装置、板坯自动清理装置、翻板机和垛板机等。此外，如打号机、去毛刺机、自动称量装置等都是连铸机后部工序的必备设备。

2.10.1 出坯辊道

2.10.1.1 切割辊道

切割车运行区域的辊道称为切割辊道，起着支撑高温铸坯和输送高温铸坯的作用。为了避免火焰切割时，切割火焰损坏辊道，常采用的方法有增加辊道间距、采用升降辊道或者移动辊道。升降辊道的每个辊子都有独立的可以实现升降的装置。当切割枪接近升降辊道时，辊道自动下降，一般下降位置为铸坯厚度的两倍，并喷水冷却防止辊道黏渣；切割枪通过后，辊道自动上升至原来位置继续支撑输送高温铸坯。移动辊道原理与升降辊道原理类似，当切割枪接近辊道时，辊道可以自动前后窜动，避免被切割损坏。

2.10.1.2 输出辊道

输出辊道作用是快速地将切割后的铸坯输出。输出辊道一般分为多个输出段，每个输出段有一套传动机构驱动。

输出辊道的辊子有光辊和花辊两种，输送板坯时多采用花辊；辊身长度与拉坯辊相当；辊道的辊面与拉坯辊辊面相当，水平布置；辊间距确定时需要考虑最小切割定尺坯的尺寸，辊间距不能大于最小切割定尺坯的一半；辊道的输送速度应大于拉坯速度。

随着连铸坯热送热装和直接轧制工艺的实施应用，为了减少高温铸坯的温降，应在输出辊道上或者铸坯侧面安装保温或者温度补偿加热装置。

2.10.2 其他设备

（1）推钢机或拉钢机：用于铸坯的水平移动，从辊道上移动到辊道外。

（2）垛板机：用于收集板坯，根据板坯厚度以及天车夹钳的承重范围，确定每次收集的铸坯块数，便于天车一次调运。

（3）翻坯机：将铸坯翻转，实现对连铸坯下表面质量的检查和清理。

（4）打号机：用于铸坯打印坯号。

（5）铸坯冷却设备：用于铸坯冷却。

（6）去毛刺机：用刀具刮除或用锤刀旋转去除铸坯切缝下边缘存在的毛刺。

（7）称量装置：用于称量铸坯重量。

（8）铸坯缓冷坑或缓冷罩：对钢中气体要求比较高或者一些特殊品种的连铸坯需要进行缓冷，需要设置缓冷坑或者缓冷罩。

（9）火焰清理设备：主要用于连铸坯表面清理，缺陷检查处理。主要包括火焰清理枪和扒皮机。

课后复习题

2-1 名词解释

连铸机台数、机数、流数；1 机 2 流；拉速；注速；液相穴深度；冶金长度；连铸机长度；多级结晶器；正弦振动；非正弦振动；振幅；振频；负滑脱；单点矫直；多点矫直；连续矫直；压缩浇注。

2-2 填空题

（1）R10-2300 表示：＿＿＿＿。

（2）某单流板坯连铸机浇注连铸坯断面为 250mm×2000mm，$v_c = 1.1$m/min，则浇注速度为＿＿＿＿。

（3）最大拉坯速度限制主要有两方面的因素：＿＿＿＿和＿＿＿＿。

（4）根据凝固理论，板坯出结晶器下口的坯壳厚度计算公式＿＿＿＿。

（5）连铸机圆弧半径 R 是指铸坯＿＿＿＿曲率半径，单位为 m。

（6）钢包的容量应与＿＿＿＿相匹配。

（7）为了减少钢包浇注末期剩余钢水量，可以将钢包底部设计成_____，或者_____。

（8）钢包内衬三层结构从外向内分别是_____、_____和_____。

（9）烘烤结束后中间包内温度不低于_____。

（10）中间包车按中间包水口、中间包车的主梁和轨道的位置，可分为_____和_____两种类型。

（11）中间包小车的结构由_____、_____、_____及_____等组成。

（12）结晶器按照结构分类，可以分为_____和_____。

（13）目前使用的结晶器内壁材质主要有两大类_____和_____。

（14）目前现代连铸机采用全保护浇注后，大多采用_____润滑的方式。

（15）结晶器振动装置能使结晶器上下往复振动以防止坯壳因与结晶器粘结而拉裂，起到_____作用。

（16）二冷喷嘴的类型主要有_____和_____两种类型，小方坯连铸机普遍采用_____；大板坯连铸机多采用_____。

（17）板坯连铸机导向装置分为2部分，通常称为_____和_____。

（18）引锭杆从结构上分_____和_____两种。

（19）引锭杆的装入方式有两种，_____和_____。

（20）目前连铸机所用切割装置有_____和_____两种方式。

2-3 判断题

（1）连铸机的冶金长度小于液相穴深度。　　　　　　　　　　　　　　　　　　（　　）

（2）钢包回转台可以实现钢水的异跨运输，实现多炉连浇。　　　　　　　　　　（　　）

（3）中间包车的行走速度和升降速度有快速和慢速两挡。　　　　　　　　　　　（　　）

（4）对于板坯连铸机，目前都是采用宽度可调的组合结晶器。　　　　　　　　　（　　）

（5）结晶器的内腔断面尺寸应比铸坯公称尺寸略小些。　　　　　　　　　　　　（　　）

（6）一般结晶器上部镀层厚度比底部厚一些。　　　　　　　　　　　　　　　　（　　）

（7）非正弦振动方式下，结晶器向上振动时间小于向下振动时间。　　　　　　　（　　）

（8）方坯连铸通常只在弧形段上半部分喷水冷却，下半部分不喷水；整个弧形段的夹辊数量也较少。　　　　　　　　　　　　　　　　　　　　　　　　　　　　　　　　　　　　（　　）

（9）扇形0段一般与结晶器及振动装置安装在同一框架上，但不能整体更换。　　（　　）

（10）刚性引锭杆实际上是一根带钩头的实心弧形钢棒，适用于板坯连铸机。　　（　　）

2-4 选择题

（1）仅仅经过LF炉处理钢包净空为220mm，则经过RH处理时钢包净空比较合理的是（　　）。

　　A. 200mm　　　　B. 220mm　　　　C. 600mm　　　　D. 100mm

（2）钢包渣线位置的材质是（　　）。

　　A. 铝碳砖　　　B. 高铝砖　　　C. 镁碳砖　　　D. 黏土砖

（3）目前使用最多的蝶形钢包回转台属于（　　）。

　　A. 直臂整体旋转升降式　　　　B. 整体旋转单独升降式

　　C. 单独旋转单独升降式

（4）下列不属于钢包结构部件的是（　　）。

　　A. 耳轴　　　B. 支座　　　C. 溢流槽　　　D. 底吹氩装置

（5）（多选题）中间包使用之前要进行检查确认，包括（　　）。

　　A. 中间包内清洁无杂物　　　　B. 内衬无大面积脱落

　　C. 内衬无明显裂纹　　　　　　D. 烘烤温度达到800℃以上

（6）一般情况下，下列哪种连铸机常采用管式结晶器（　　）。

    A. 小方坯连铸机   B. 大方坯连铸机

    C. 大断面矩形坯连铸机   D. 板坯连铸机

（7）目前大多连铸机采用的振动参数是（   ）。

    A. 低频低幅   B. 低频高幅   C. 高频低幅   D. 高频高幅

（8）扇形段的辊缝以及结晶器-零段-扇形段之间的对弧精度必须严格控制，这是保障良好连铸坯内外部质量的关键控制点，一般要求（   ）。

    A. ≤1.0mm   B. ≤1.5mm   C. ≤0.5mm   D. ≤0.3mm

2-5 问答与计算

（1）某台连铸机圆弧半径为11.2m，浇注连铸坯厚度为300mm，求连铸坯矫直时表面伸长率。

（2）简述中间包的作用。

（3）某钢厂方坯连铸机，结晶器上口尺寸220mm×220mm，下口断面为219mm×219mm，结晶器长度为0.9m，求这个结晶器的倒锥度。

（4）某钢厂250mm厚板坯连铸机，结晶器上口尺寸258.75mm×2210mm，下口断面为258.75mm×2190mm，结晶器长度为0.9m，求这个结晶器的倒锥度。

（5）简述铸坯导向、二次冷却作用。

能量加油站 2

    二十大报告原文学习：建设现代化产业体系。坚持把发展经济的着力点放在实体经济上，推进新型工业化，加快建设制造强国、质量强国、航天强国、交通强国、网络强国、数字中国。加快发展数字经济，促进数字经济和实体经济深度融合，打造具有国际竞争力的数字产业集群。

    人类社会进入数字时代，数据成为关键生产要素，数据分析成为解决不确定性问题的最有效的新方法。习近平总书记提出："加快建设数字中国"。钢铁本身就是一个数字系统，在数字经济时代，提高企业的数据管理能力尤为重要，企业可以通过数据去洞悉生产运营情况，评估生产绩效，实现降本增效。

    钢铁产业与数字技术深度融合，充分发挥钢铁行业海量数据和丰富应用场景优势，创建钢铁企业数字化创新基础设施，依靠数据分析、数据科学的强大数据处理能力和放大、倍增、叠加作用，加快建设"数字钢铁"，以数据驱动、软件定义为主导，对钢铁生产线进行数字化改造，只立不破、多立少破，赋能钢铁行业转型升级，打造出国际领先的钢铁行业数字化产业集群。

一、"数字钢铁"是做强钢铁产业的关键步骤

    钢铁作为大型复杂的现代流程工业，虽然具有先进的数据采集系统、自动化控制系统和研发设施等先天优势，但全流程各工序具有多变量、强耦合、非线性和大滞后等特点，实时信息的极度缺乏、生产单元的孤岛控制、界面精准衔接的管理窠白等问题交织构成工艺生产"黑箱"，形成了钢铁生产的"不确定性"。这种"不确定性"严重制约钢铁生产的效率、质量和价值创造，直接影响企业产品竞争力、盈利水平和原材料供应链安全。

    新一代信息数字技术为解决钢铁生产的"不确定性"提供了新的方法路径。在工业互联网、大数据、云计算、5G网络等技术的支撑下，运用大数据与机器学习/深度学习等数据科学技术，构建具有自学习、自适应、自组织能力的高保真度模型，精准描述输

入、输出之间的相关性关系，能够有效快速地解析钢铁生产过程"黑箱"。运用人工智能、信息物理系统等技术，实现控制手段和生产资源的优化配置，解决流程工业普遍存在的"不确定性"难题，从而推动钢铁企业智能绿色高效高质发展。

当前，国际上大型钢铁企业已经在"数字钢铁"领域取得重要进展。浦项制铁建设了大数据基础设施PosFrame，取得了高炉数字化的突破，达沃斯经济论坛上被命名为"灯塔工厂"。日本JFE成立了信息物理系统研发部与数字转换中心，一年时间完成该公司日本国内8座大型高炉的数字化改造。

二、建设钢铁企业创新基础设施是"数字钢铁"的核心

建设"数字钢铁"，推动钢铁企业数字化转型，重点在于建设钢铁企业创新基础设施。主要任务包括：一是要补齐数字采集和执行机构，消除缺项和短板；二是要攻克边缘数字化核心平台，让模型更精准；三是建立资源配置管理云平台，让配置更优化；四是完善网络通讯设施，让执行更迅速。

1. 补齐数字采集短板。钢铁工业实现数字化转型，基础在于完备、可靠、性能优良的数据采集系统，提供精准齐全的材料成分设计、实时操作数据等输入数据与材料外形尺寸、组织性能、表面质量等输出数据，以达成具有足够响应性和实时性的过程控制与物理系统实时交互，完成自动化控制任务并奠定数字化工作基础。但当前，在全流程生产中存在部分数据采集和执行机构的采集短板。补齐短板，构建数字基座，成为加快"数字钢铁"首要任务。

2. 攻克边缘数字化核心平台。边缘数字化平台承担钢铁生产过程的高实时性控制任务，是行业关注的核心和重点。钢铁行业的全流程"黑箱"位于边缘，传统的边缘主要使用基础理论模型、经验模型，以完成过程设定计算和基础自动化控制。但由于生产过程复杂性，传统边缘对全流程"黑箱"的复杂动态过程适用性很差，预报精度不高，难以准确透视工艺、设备、质量等关键参数之间的复杂关系。攻克边缘数字化核心平台，通过设置边缘数据中心与"大数据/机器学习平台（D/M平台Ⅰ）"，运用数据科学、人工智能等技术解析建立和优化数字孪生模型，自适应地反映生产过程真实规律，代替传统的机理模型，实现全过程动态设定与控制，从而保障钢铁全流程生产质量。

3. 建立资源配置管理云平台。资源配置管理平台负责生产计划、调度、质量、效率、稳定性等生产活动，以及原料、供应、能源、介质、排放、物流、人力资源、财务、成本、技术创新与开发等的资源配置和管理，是"边缘部分"设定、运行、调度的强大支撑部分。通过配置企业大数据中心和"大数据/机器学习解析平台（Ⅱ）"（D/M平台Ⅱ），分析生产、设备、能源、物流等各方面的大数据，实现各类资源管理与优化配置，支撑和保证整个生产与管理系统的最优化运行。

4. 完善网络通讯设施。通过完善系统的通讯和网络，整合光纤与5G通讯优势，强化在垂直方向上实现轧制等快过程的短时延交互反馈，流程方向上实现各单元之间的顺畅、无缝的优化衔接。

（摘自《数字钢铁》）

项目三　连铸基础理论

本项目要点：

（1）重点掌握钢液的结晶过程和特点；

（2）掌握连铸凝固传热特点和热平衡；

（3）重点掌握结晶器、二冷区的传热机理及影响因素；

（4）掌握连铸坯的凝固组织结构及其控制方法。

任务 3.1　钢液凝固结晶理论

扫码获取

数字资源

3.1.1　钢液的结晶过程

钢液浇注过程实际上是完成钢从液态转变为固态的过程，这一过程称为钢的凝固，由于凝固后的金属通常是晶体，所以又将这一转变过程称为结晶。

钢液的结晶需要满足两个条件，即热力学条件：需要一定的过冷度；动力学条件：晶核形成和长大。

3.1.1.1　结晶热力学条件

为什么液态金属在理论结晶温度下不能结晶，而必须在一定的过冷条件下才能进行呢？这是由热力学条件决定的。热力学第二定律指出：在等温等压条件下，物质系统总是自发地从自由能较高的状态向自由能较低的状态转变。那么对结晶过程而言，结晶能否发生，取决于固相的自由能是否低于液相自由能。如果液相的自由能高于固相的自由能，那么液相将自发地转变为固相，即金属发生结晶，从而使系统的自由能降低，处于更为稳定的状态。液相金属和固相金属的自由能之差，就是促使这种转变的原始驱动力。

由热力学得知，系统的吉布斯自由能 G 可以表示为：

$$G = H - ST = U + PV - ST \qquad (3-1)$$

式中　　H——系统的焓；

S——系统的熵；

T——热力学温度；

U——系统的内能；

P——系统的压力；

V——系统的体积。

G 的全微分为：

$$dG = dU + PdV + VdP - SdT - TdS \qquad (3\text{-}2)$$

根据热力学第一定律

$$dU = TdS - PdV \qquad (3\text{-}3)$$

将式 (3-3) 代入式 (3-2)

$$dG = VdP - SdT \qquad (3\text{-}4)$$

由于结晶一般是在等压条件下进行的，所以 $dP = 0$，所以

$$dG = -SdT \quad 或 \quad \frac{dG}{dT} = -S \qquad (3\text{-}5)$$

熵的物理意义在于它是表征系统中原子排列混乱程度的参数，温度升高，原子的活动能力提高，因而原子的排列混乱程度增加，即熵值增加，系统的自由能也就随着温度的升高而降低。图 3-1 是液-固两相自由能随温度变化示意图，由图可知，液相和固相的自由能随着温度升高都降低。由于液态金属原子排列的混乱程度比固相的大，所以液相自由能降低得更快一些。换句话说，两条曲线的斜率不同，液相斜率更大，同时两条曲线也必然在某一温度相交，此时的液、固相自由能相等，$G_L = G_S$，它表示两相可以同时存在，具有同样稳定性，既不熔化也不结晶，处于热力学平衡状态，这一温度就是理论结晶温度 T_m。

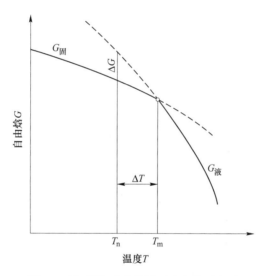

图 3-1　液-固相自由能随温度变化示意图

从图 3-1 可以看出，只有当温度低于 T_m 的某一温度 T_n 时，固态金属的自由能才低于液态金属的自由能，液态金属才会自发的转变为固态金属。由此可知，液态金属要结晶，其实际结晶温度 T_n 一定要低于理论结晶温度 T_m，此时固态金属的自由能小于液态金属的自由能，两者自由能之差构成了金属结晶的驱动力。

金属的理论结晶温度与实际结晶温度之差称为过冷度，以 ΔT 表示，$\Delta T = T_m - T_n$。过冷度越大，则实际结晶温度越低。对于某一固定的金属，过冷度大小主要取决于冷却速度，冷却速度越大，过冷度越大，即实际结晶温度越低。反之，冷却速度越慢，则过冷度越小，实际结晶温度越接近理论结晶温度，但是不论冷却速度多么缓慢，也不可能在理论结晶温度进行结晶。

现在分析当液相向固相转变时，单位体积自由能变化 ΔG_V 与过冷度 ΔT 的关系。

在一定温度下，单位体积自由能变化为：

$$\Delta G_V = G_S - G_L$$

由式（3-1）可知：

$$\Delta G_V = H_S - TS_S - (H_L - TS_L) = H_S - H_L - T(S_S - S_L) = -(H_L - H_S) - T\Delta S$$

式中，$H_L - H_S = \Delta H_f$ 为熔化潜热，且 $\Delta H_f > 0$。因此

$$\Delta G_V = -\Delta H_f - T\Delta S \tag{3-6}$$

当结晶温度 $T = T_m$ 时，$\Delta G_V = 0$，此时

$$\Delta S = -\frac{\Delta H_f}{T_m} \tag{3-7}$$

当结晶温度 $T < T_m$ 时，由于 ΔS 变化小，可以视为常数。将式（3-7）代入式（3-6）得到：

$$\Delta G_V = -\Delta H_f + T\frac{\Delta H_f}{T_m} = -\Delta H_f\left(\frac{T_m - T}{T_m}\right) = -\Delta H_f\frac{\Delta T}{T_m} \tag{3-8}$$

对于给定的金属，ΔH_f 与 T_m 均为定值，所以 ΔG_V 仅仅与 ΔT 有关。ΔT 越大，结晶驱动力 ΔG_V 越大，液相结晶的趋势越大。为得到结晶所必需的过冷度，必须使液态金属的温度降低，将结晶潜热释放出去，其结晶过程是一个放热过程。

3.1.1.2　结晶动力学条件

结晶过程分为形核和晶核长大两部分。

A　形核过程

在过冷液体中形成固态晶核时，有两种形核方式：一种是均质形核，又称自发形核；另一种是非均质形核，又称异质形核或非自发形核。若液相中各个区域出现新相晶核的几率都是相同的，这种形核方式即为均质形核；反之，新相优先出现于液相中的某些区域称为非均质形核。前者是液态金属绝对纯净，无任何杂质，也不和器壁接触，只是依靠液态金属的能量变化，由晶胚直接生核的过程。显然这是一种理想状况，在实际金属结晶过程中，总是存在某些杂质，因此晶胚常常依附于这些固态杂质质点（包括型壁）上形成晶核，所以实际金属的结晶主要按非均质形核方式进行。

a　均质形核

在过冷的金属液体中，并不是所有的晶胚都可以转变为晶核，只有那些等于或者大于某一临界尺寸的晶胚才能稳定的存在，并自发的长大。为什么过冷金属液体形核要求晶核具有一定的临界尺寸？这需要从形核时的能量变化进行分析：在一定过冷度条件下，过冷金属液体中出现晶胚时，一方面原子从液态转变为固态，系统自由能降低，这是结晶驱动力；另一方面，由于晶胚构成新的表面，形成表面能，系统自由能增加，这是结晶的阻力。晶胚能否转变为晶核实质上要看驱动力和阻力的综合作用，如果驱动力大于阻力，那么晶胚可以转变为晶核，否则无法转变为晶核。

假设晶胚的体积 V，表面积 S，固液两相单位体积自由能差为 ΔG_V，单位面积表面能 σ，则系统自由能的总变化为：

$$\Delta G = -V\Delta G_V + S\sigma \tag{3-9}$$

为了方便计算，假设过冷金属液中出现的晶胚是半径为 r 的球状晶胚，它所引起的自

由能变化为：

$$\Delta G = -\frac{4}{3}\Pi r^3 \Delta G + 4\Pi r^2 \sigma \qquad (3-10)$$

由式（3-10）可以得到晶粒半径与系统总自由能变化的关系图 3-2，由图可知，系统自由能随着半径的变化先增加后减小，当半径为 r_K 时，系统自由能达到最大值，当 $r < r_K$ 时，随着晶胚尺寸的增加，系统自由能增加，所以这个过程并不能自发进行，这种晶胚自然不能成为稳定的晶核，而是瞬时形成瞬时消失。当 $r > r_K$ 时，随着晶胚尺寸的增加，系统自由能降低，这一过程可以自发进行，晶胚可以自发的长大成为稳定的晶核。当 $r = r_K$ 时，这种晶胚既可能消失也可能长大成稳定的晶核，因此把半径为 r_K 的晶胚称为临界晶核，r_K 称为临界晶核半径。

对式（3-10）进行微分并令其等于零，就可以求出临界晶核半径 r_K：

$$r_K = -\frac{2\sigma}{\Delta G_V} \qquad (3-11)$$

将式（3-8）代入式（3-11），可以得到：

$$r_K = \frac{2\sigma T_m}{\Delta H_f \Delta T} \qquad (3-12)$$

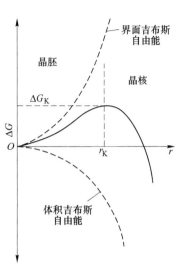

图 3-2　晶粒半径与系统
总自由能变化的关系图

表明临界半径与过冷度 ΔT 成反比，过冷度越大，则临界晶核半径越小，如图 3-3 所示。

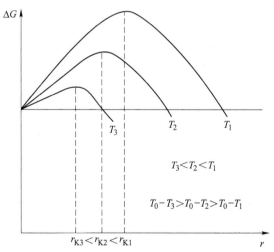

图 3-3　临界晶核半径与过冷度的关系

b　非均质形核

非均质形核的规律与均质形核规律一样，也需要过冷，在一定过冷度下也有一定的临界晶核尺寸。过冷度越大，晶核的临界半径越小，形核率也越高。不同的是非均质形核是依附于杂质的表面，而且与均质形核相比所需要的表面能较小。在实际生产条件下，钢液内部悬浮着许多高熔点固态质点，可以称为非均质形核的核心；非均质形核不需要太大过冷度，只要过冷度达到20℃所以就能形成稳定的晶核。

    B   晶核长大

钢液中率先形成晶核后开始迅速长大。长大方式有定向生长和等轴生长两种方式。钢液注入结晶器时，与器壁接触的过冷液体中产生大量结晶核心，开始它们可以自由生长，但垂直于器壁方向散热最快，使垂直于器壁方向生长的晶体优先向铸坯中心长大，从而形成了垂直于器壁的单方向生长的柱状晶（树枝晶）。树枝晶的形成过程见图3-4。在柱状晶长到一定长度后，沿器壁的定向散热减慢，温度梯度逐渐减小，柱状晶停止发展，处于铸坯中心的液体温度下降且无明显的温度梯度，此时进行的是等轴生长，形成等轴晶。

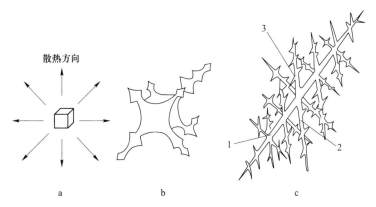

图 3-4 树枝状晶体形成过程示意图

a—晶核初期；b—晶核棱角优先增长；c—树枝晶形成

1——一次晶轴；2——二次晶轴；3——三次晶轴

钢的结晶速度以及由此形成的晶粒度取决于形核数量和晶核长大速度。设形核数量为 N，晶核长大速度为 V，N 和 V 与过冷度 ΔT 的关系见图3-5，由图可知，当 ΔT 增大时，

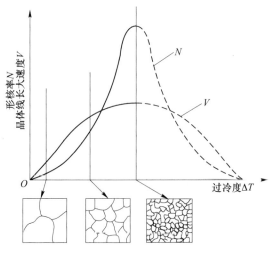

图 3-5 N 和 V 与过冷度 ΔT 的关系

形核数量增加的速度比晶核长大速度要大，所以，当 ΔT 越大，形成晶粒组织越细；反之，形成晶粒组织越粗。

除了过冷度是影响晶粒度大小的因素外，通过人为加入异质晶核的办法来增加晶核数量也可以得到细晶粒组织。

3.1.2 钢液的结晶特点

钢不是一种纯金属，而是一种含有多种元素的合金，所以它的凝固属于非平衡结晶，具有不同于纯金属结晶的特点。

3.1.2.1 结晶温度范围

钢液结晶温度不是一个"点"，而是一个温度区间。如图 3-6 所示，钢液在 T_1 开始结晶，到达 T_s 结晶器完毕。两者之间的差值为结晶温度范围，用 ΔT_c 表示：

$$\Delta T_c = T_1 - T_s \tag{3-13}$$

在其他元素含量较少时，结晶温度范围可以直接查铁-碳相图，查出液相线温度 T_1 和固相线温度 T_s，然后计算出结晶温度区间 ΔT_c。

由于钢液结晶是在一个温度区间完成的，在这个温度区间内，固相与液相共存。图 3-7 是钢液结晶时两相区状态图，钢液在 S 线左侧完全凝固，在

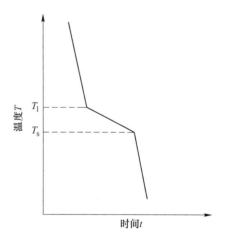

图 3-6 钢水结晶温度变化曲线

L 线右侧全部呈液相，在 S 线与 L 线之间固、液相并存，称为两相区，那么 S 线与 L 线之间的距离称为两相区宽度 Δx。

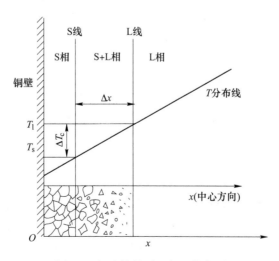

图 3-7 钢水结晶时两相区状态图

两相区宽度与结晶温度范围和温度梯度有关，即：

$$\Delta x = \frac{1}{\dfrac{\mathrm{d}T}{\mathrm{d}x}}\Delta T_{\mathrm{c}} \tag{3-14}$$

式中　　$\dfrac{\mathrm{d}T}{\mathrm{d}x}$——温度梯度。

由此可见,当冷却强度较大时,温度在 x 方向变化大,温度梯度大,Δx 较小,反之较大。当 ΔT_{c} 较大时,Δx 较大,反之较小。两相区宽度 Δx 越大,晶粒度越大,树枝晶越发达,凝固组织致命性越差,容易形成气孔,偏析也比较严重,对铸坯质量不利,因此在工艺控制过程中要适当减小两相区宽度,可以从加强冷却强度角度进行控制。

3.1.2.2　成分过冷

A　选分结晶

由于溶质元素在固相和液相中的溶解度不同,一般情况下,溶质元素在固相中溶解度小于在液相中溶解度,所以在结晶过程中,先凝固的固相中溶质元素的含量会低于原始浓度,即在结晶前沿会不断有溶质元素析出并积聚,液相中溶质元素浓度越来越高,所以后凝固部分的溶质浓度高于先凝固部分的溶质浓度,这种现象称为选分结晶。

B　成分过冷

纯金属凝固时的过冷度仅仅取决于冷却条件,只是由热量传输过程所决定的过冷,这种过冷称为温度过冷或热过冷,它是金属结晶的必要条件之一。

与纯金属不同,钢液在凝固过程中存在选分结晶现象,所以钢液在结晶过程中还伴随着成分的不断变化,从而引起未凝固钢液的液相线温度不断变化,即未凝固钢液的开始结晶温度会随着结晶的进行而不断变化。所以,对于钢液而言,它的凝固过程不仅取决于液相的冷却条件,还与液相的成分分布相关。

为了讨论问题的方便,设含有 c_0 合金成分的钢液在凝固过程中,液相中只有扩散没有对流或者搅拌,分配系数 $k_0<1$,液相线和固相线都是直线,如图 3-8a 所示。图 3-8b 所示钢液的结晶方向与散热方向相反,液相的热量通过已凝固钢液散出,可以得到图 3-8c 温度分布图。温度分布只受散热条件的影响,与液相中的溶质分布情况无关。由图 3-8a 可知,当温度降低至 t_{L} 时,从液相中开始结晶出固相成分为 k_0c_0,由于液相中只有扩散而无对流或者搅拌,所以随着温度的降低,在晶体成长的同时,不断排出的溶质便在固液界面处堆积,形成具有一定浓度梯度的浓度边界层,界面处的液相成分和固相成分分别沿着液相线和固相线变化。当温度继续冷却降低至 t_{s} 时,固相成分为 c_0,液相成分为 $c_{\mathrm{L}} = \dfrac{c_0}{k_0}$,界面处浓度达到稳定状态,而远离界面的液相成分仍然为 c_0,溶质浓度分布情况如图 3-8d 所示。

钢液的平衡结晶温度随着合金成分浓度的增加而降低,这一变化规律由其液相线表示。由于液相边界层中合金浓度随着距离固液相界面的距离的增加而减小,所以液相边界层中的平衡结晶温度将随着距离固液相界面的距离的增加而上升,如图 3-8e 所示,在固液相界面处,合金浓度最高,相应的平衡结晶温度最低,此后随着合金浓度的不断降低,平衡结晶温度不断增加,至达到原合金成分 c_0 时,平衡结晶温度增加至 t_{L}。

由图 3-8e 可知,在固液界面前方一定范围内的液相中,其实际温度低于平衡结晶温

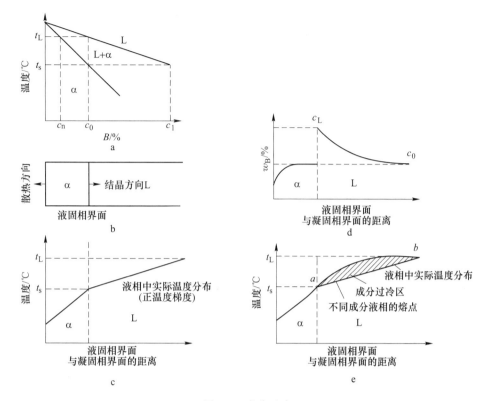

图 3-8　成分过冷

度，在界面前方出现了一个过冷区，平衡结晶温度与实际结晶温度之差称为过冷度，这个过冷度是由于液相中成分变化而引起的，所以称为成分过冷。

出现成分过冷的临界条件是钢液的实际温度梯度与界面处的平衡结晶曲线恰好相切。如果实际温度梯度进一步增大，就不会出现成分过冷；而实际温度梯度减小，则成分冷却区增大。临界条件可以用以下数学表达式：

$$\frac{G}{R} = \frac{mc_0}{D}\frac{1 - k_0}{k_0} \tag{3-15}$$

式中　G——固液界面前沿液相中实际温度梯度；

　　　R——结晶速度；

　　　m——液相线斜率；

　　　D——液相中溶质的扩散系数；

　　　k_0——分配系数。

成分过冷的产生以及成分过冷值与成分过冷区宽度，既取决于凝固过程中的工艺条件 G 和 R，也和钢液中合金本身的性质，如 c_0、k_0、D、m 等大小有关。R、m、c_0 越大，G、D、k_0 越小，则成分过冷度越大，成分过冷区越宽；反之亦然。

3.1.2.3　化学成分偏析

钢液结晶时，由于选分结晶的原因，最先凝固的部分溶质浓度较低，随着凝固的不断进行，液相中溶质浓度逐渐增加，最后凝固的部分溶质浓度则很高，这种成分分布不均匀的现象称为偏析，偏析分为宏观偏析和显微偏析。

A　宏观偏析

钢液在凝固过程中由于选分结晶，使树枝晶枝间的液体富集了溶质元素，再加上凝固过程钢液的流动将富集了溶质元素的液体带到未凝固区域，使得铸坯断面上最终凝固部分的溶质浓度高于原始浓度，最终导致整体铸坯内部溶质元素分布的不均匀性，称为宏观偏析，也称低倍偏析。

宏观偏析的大小可以用宏观偏析指数表示：

$$B = \frac{c - c_0}{c_0} \times 100\% \tag{3-16}$$

式中　　B ——宏观偏析指数；

　　　　c ——铸坯断面某点的溶质浓度；

　　　　c_0 ——钢液原始溶质浓度。

宏观偏析有正偏析和负偏析之分，当 $B > 0$ 时，为正偏析，当 $B < 0$ 时，为负偏析。

B　显微偏析

钢液的结晶过程与液相和固相内的原子扩散过程密切相关，只有在极缓慢的冷却条件下，即在平衡结晶条件下，才能使每个温度下的扩散过程进行完全，使液相和固相的整体处处均匀一致。但是在实际生产过程中，钢液是在强制冷却条件下进行浇注的，冷却速度较大，在一定温度下扩散过程尚未进行完全时温度就继续下降，属于非平衡结晶。

图 3-9 表示了钢液凝固的非平衡结晶过程，成分为 c_0 的合金过冷至 t_1，结晶出固相晶粒，成分为 α_1。当温度继续下降至 t_2 时，析出的固相成分为 α_2，它是依附在 α_1 晶体上生长的。如果是平衡结晶的话，通过扩散，晶体内部由 α_1 可以变化至 α_2，但是由于冷却速度快，固相内来不及进行扩散，结果使晶体内外的成分很不均匀。此时，整个已经结晶的固相成分为 α_1 和 α_2 的平均值 α_2'。同样当温度降低至 t_3 时，结晶出的固相成分为 α_3，使得整个固相平均成分是 α_3'，此时如果是平衡结晶的话，t_3 温度已相当于结晶完毕的固相线温

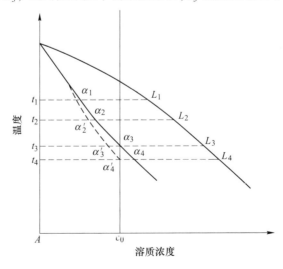

图 3-9　非平衡结晶成分变化

度, 全部液体应当在此温度下结晶完毕, 已结晶的固相成分应为 c_0。但是由于是不平衡结晶, 已结晶的固相平均成分不是 α_3 而是 α_3', 与合金成分 c_0 不同, 仍有一部分液体尚未结晶, 一直到 t_4 时才能结晶完毕, 此时的固相平均成分与原始成分 c_0 相同。

非平衡结晶时, 固相的成分线偏离了平衡时的固相线, 得到固体的各部分具有不同的溶质浓度, 结晶刚开始形成的树枝晶较纯, 随着冷却的进行, 外层陆续形成溶质浓度为 α_2'、α_3' 的树枝晶, 这就形成了晶粒内部溶质浓度不均匀性, 中心晶轴处浓度低, 边缘晶界面处浓度高。这种呈树枝状分布的偏析称为显微偏析或树枝偏析。

3.1.2.4　气体、夹杂物的形成与排除

A　凝固夹杂物

凝固过程中也会形成一些夹杂物, 称为凝固夹杂物。具体形成过程可以分成以下几个阶段:

(1) 钢液凝固过程中存在选分结晶现象, 溶质在凝固前沿不断聚集, 聚集的元素包括金属元素和非金属元素。

(2) 在凝固前沿, 聚集的浓度很高的金属元素和非金属元素发生反应, 生成化合物, 以 Me 代表金属元素, 以 X 代表非金属元素:

$$[Me] + [X] === (MeX)$$

(3) 凝固前沿生成的化合物增多并聚集, 形成夹杂物

$$n(MeX) === (MeX)_n$$

(4) 形成的夹杂物部分可以上浮至结晶器液面, 部分来不及上浮则残留在钢中形成凝固夹杂物。

凝固夹杂物会破坏钢基体的连续性, 控制夹杂物一是要尽量使夹杂物上浮, 二是控制夹杂物的形态。一般认为, 当夹杂物颗粒很小, 呈球状, 且分布均匀时, 其危害较小。

B　凝固气泡

凝固过程产生的气体主要是 CO、H_2 和 N_2。随着钢液温度不断降低, 气体溶解度不断降低, 溶解在高温钢液中的气体在钢液凝固过程中会析出。析出的气泡来不及上浮则残留在钢中形成凝固气泡, 若凝固气泡距离铸坯表面很近, 则称为皮下气泡, 皮下气泡在轧制时会形成爪裂。

3.1.2.5　凝固收缩

高温钢液, 冷却凝固成固态连铸坯, 并冷却至常温状态, 体积收缩大约 12%, 其收缩可以分为三个阶段:

(1) 液态收缩, 钢液由浇注温度降低至液相线温度过程中产生的收缩称为液态收缩, 即过热度消失的体积收缩, 收缩量为 1%。

(2) 凝固收缩: 钢液在结晶温度范围形成固相并伴有温降, 这俩因素均会对收缩有影响。结晶温度范围越宽, 则收缩量越大, 凝固收缩 4% 左右。

(3) 固态收缩: 钢由固相温度降低至室温的过程中一直处于固态, 此过程的收缩称为固态收缩。固态收缩量最大, 为 7%~8%, 在温降过程中产生热应力, 在相变过程中产生组织应力, 应力的产生是铸坯裂纹的根源。

任务 3.2　连铸凝固传热特点

连铸机内,液态钢水转变为固态的连铸坯时放出的热量包括:

钢水过热:指钢水由进入结晶器时的温度冷却到钢的液相线温度所释放出的热量。

凝固潜热:指钢水由液相线温度冷却到固相线温度,即完成从液相到固相转变的凝固过程中放出的热量。

物理显热:指凝固成型的高温铸坯从固相线温度冷却至送出连铸机时所释放的热量。

连铸坯中心热量向外传输一般认为包含三种传热机制:

(1) 对流传热:钢水由中间包注入结晶器内,在液相穴内引起强制对流运动而传递热量。

(2) 传导传热:凝固前沿温度高于凝固坯壳外表面温度,形成温度梯度,通过热传导方式把热量传递到凝坯壳外表面。

(3) 铸坯表面的对流传热与辐射传热:高温连铸坯不断通过辐射的形式与周围进行传热,同时喷射到铸坯表面的水雾与铸坯表面以对流方式进行对流换热。

任务 3.3　连铸坯凝固过程热平衡

连铸坯凝固过程热平衡的热量输入是浇注钢液带入的热量,即前一节所讲到的钢水过热、凝固潜热以及物理显热。热量输出可以分为结晶器带走的热量、二次冷却带走热量、切割前空冷带走热量以及切割后空冷带走热量。对于不同断面的连铸机,这四部分带走的热量所占比例有所不同,具体可参考表 3-1。

表 3-1　连铸坯凝固过程热平衡表

断面/拉速 项目	板坯 (200~245)mm× (1030~1730)mm $V_c=1\text{m/min}$		扁坯 400mm×175mm $V_c=0.6\text{m/min}$		小方坯 100mm×100mm $V_c=3\text{m/min}$		方坯 144mm×144mm $V_c=0.8\text{m/min}$	
	kJ/kg	%	kJ/kg	%	kJ/kg	%	kJ/kg	%
钢液带入热量	1340	100	1340	100	1340	100	1340	100
结晶器带走热量	63	4.7	287	21.4	138	10.3	214	16
二冷带走热量	314	23.3	363	27.1	226	16.8	308	23
切割前空冷 带走热量	188	14	165	12.3	276	20.6	134	10
切割后空冷 带走热量	775	58	525	39.2	699	52.3	684	51

(1) 从热平衡角度看,钢液从浇注温度到完全凝固,需要释放出总热量的 50% 才能完全凝固,此部分热量的释放速度决定了连铸机的生产效率,同时也影响连铸坯的质量。剩余 50% 热量在后续空冷过程中释放出来,为了有效利用这一部分热量,可以实施连铸坯热装、直装、直接轧制等工艺。

（2）连铸坯在切割前释放的热量主要依靠结晶器和二次冷却系统散热，通过结晶器散出热量最高时可占总热量的20%左右，二冷带走的热量占总热量的16%～27%，其中绝大部分被二冷水所吸收。

任务 3.4 结晶器的传热与凝固

3.4.1 结晶器内坯壳的形成

结晶器的作用，一方面在尽可能高的拉速下，保证铸坯出结晶器时形成足够厚度的坯壳，使连铸过程安全地进行；另一方面，结晶器内的钢水将热量平稳均匀地传导给铜板，使四周坯壳厚度能均匀地生长，保证铸坯表面质量。

钢液在结晶器内的凝固传热可分为拉坯方向的传热和垂直于拉坯方向的传热两部分。拉坯方向的传热包括结晶器内弯月面上钢液表面的辐射传热和铸坯本身沿拉坯方向的传热，相对而言这部分热量是很小的，仅占总传热量的3%～6%。在结晶器内，钢液和坯壳的绝大部分热量是通过垂直于拉坯方向传递的，此传递过程由三部分构成，即：铸坯液芯与坯壳间的传热，坯壳与结晶器壁间的传热，结晶器壁与冷却水之间的传热。

3.4.1.1 结晶器内坯壳生长的行为特征

（1）钢水进入结晶器，在钢水表面张力作用下，钢水与铜板接触形成一个较小半径的弯月面，如图 3-10 所示。弯月面半径 r 可以表示为：

$$r = 0.543 \sqrt{\frac{\delta_m}{\rho_m}} \qquad (3-17)$$

式中　　δ_m——钢水表面张力，N/m^2；

　　　　ρ_m——钢水密度，kg/m^3。

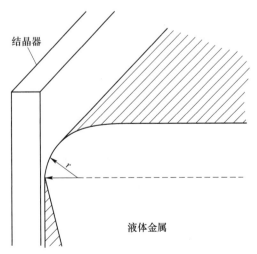

图 3-10　弯月面形成及结晶器内坯壳生长过程

弯月面半径 r 的大小表示弯月面弹性薄膜的变形能力，r 值越大，弯月面凝固坯壳受钢水静压力作用而贴上结晶器内壁越容易，坯壳越不容易产生裂纹。

在弯月面的根部由于冷却速度很快（可达 100℃/s），初生坯壳迅速形成，而随着钢水不断流入结晶器且坯壳不断向下运动，新的初生坯壳连续不断地生成，已生成的坯壳则不断增加厚度。

（2）初生坯壳因凝固收缩而脱离结晶器，在坯壳与结晶器之间产生气隙。

（3）坯壳与结晶器之间的气隙阻碍了坯壳的传热，坯壳因得不到足够冷却而开始回热，强度降低，在钢水静压力作用下又贴向铜板。

（4）上述过程反复进行，直至坯壳出结晶器。坯壳的不均匀性总是存在的，大部分表面缺陷就是起源于这个过程之中。

（5）角部的传热为二维传热，坯壳凝固最快，最早收缩，最早形成气隙，传热减慢，凝固也减慢。随着坯壳下移，气隙从角部扩展到中部。由于钢水静压力作用，结晶器中间部位的气隙比角部小，因此角部坯壳最薄，是产生裂纹和拉漏的敏感部位，如图 3-11 所示。

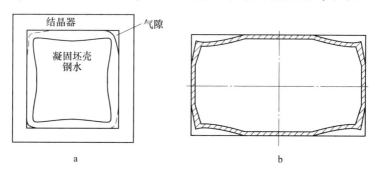

图 3-11　方坯和板坯横向气隙的形成

a—方坯；b—板坯

3.4.1.2　结晶器坯壳生长及计算

钢水在结晶器内凝固过程中的热量的放出可分为三个阶段，其一是过热度，其二是凝固潜热，其三是初生坯壳降温。这三个阶段的放热量均通过结晶器冷却水带走。

坯壳厚度的生长服从均方根定律：

$$e_m = K\sqrt{t} - c \tag{3-18}$$

式中　K——凝固系数，$mm/min^{1/2}$，代表了结晶器的冷却能力，受各种因素的影响，在一定范围内变化，板坯的 K 值一般取 $17 \sim 22mm/min^{1/2}$，大方坯 $24 \sim 26mm/min^{1/2}$，小方坯 $18 \sim 20mm/min^{1/2}$，圆坯 $20 \sim 25mm/min^{1/2}$，应根据现场实际测定结果求得合适的 K；

$\qquad e_m$——凝固坯壳厚度，mm；

$\qquad t$——凝固时间，min，$t = \dfrac{H}{V_c}$（H 为结晶器有效高度，V_c 为拉速）；

$\qquad c$——受钢水过热度影响的坯壳生长的初始阻碍，mm，钢水过热度在 $20 \sim 30℃$ 时，c 值可以忽略。

坯壳在结晶器内生长还受到：过热度、钢流的冲刷、坯壳表面形状等的影响。

3.4.2　结晶器的传热计算

结晶器内的传热需要经过 5 个过程：钢水对初生坯壳的传热、凝固坯壳内的传热、凝固坯壳向结晶器铜板传热、结晶器铜板内部传热、结晶器铜板对冷却水的传热。

3.4.2.1　钢水对初生坯壳的传热。

这是强制对流传热过程。在浇铸过程中，通过浸入式水口侧孔出来的钢水对初生的凝固壳形成强制对流运动，钢水的热量就是这样传给了坯壳。热流密度可以表示为：

$$q_1 = h_1(T_c - T_1) \tag{3-19}$$

式中　q_1——热流密度，W/m^2；

　　　h_1——对流传热系数，$W/(m^2 \cdot K)$；

　　　T_c——浇注温度，K；

　　　T_1——液相线温度，K。

因为是强制对流运动，液态钢对固态钢的对流传热系数可借鉴垂直于平板的对流传热关系式计算

$$h_1 = \frac{2}{3}\rho cv(Pr)^{-\frac{2}{3}}(Re)^{-\frac{1}{2}} \tag{3-20}$$

式中　ρ——钢液密度，kg/m^3；

　　　v——钢液凝固前沿运动速度，m/s；

　　　c——钢的比热，$J/(kg \cdot K)$；

　　　Pr——钢液普朗特数；

　　　Re——钢液流动的雷诺数。

有试验表明，在连铸结晶器内估计 $v = 0.3 m/s$，计算可得对流传热系数 $h_1 = 10 kW/(m^2 \cdot K)$。在过热度 $T_c - T_1 = 30K$ 时，热流密度 $q_1 = 250 kW/m^2$，与结晶器传走的热流密度（大约 $2000 kW/m^2$）相比很小，说明过热的消失很快，因此在一定限度内可以忽略钢水过热度对结晶器传热的影响。

生产实践表明，不同过热度，结晶器热流密度差别不大，出结晶器的坯壳厚度基本相同，但是过高温度的注流容易冲击初生坯壳，增加拉漏风险，因此实际生产过程中要把钢水过热度控制在一个合适范围内，一般在 15~30℃。

3.4.2.2　凝固坯壳内的传热

忽略拉坯方向传热的情况下，可以认为在凝固坯壳内的传热是单方向的传导传热。坯壳靠近钢水一侧温度很高，靠近铜板一侧温度较低，形成的温度梯度可高达 550℃/cm。这一传热过程中的热阻取决于坯壳的厚度和钢的导热系数。热阻可以表示为：

$$r = \frac{e_m}{\lambda_m} \tag{3-21}$$

式中　r——坯壳内导热热阻，$m^2 \cdot K/W$；

　　　e_m——凝固坯壳厚度，m；

λ_m——钢的导热系数，$W/(m \cdot K)$。

若坯壳厚度为1cm，可以构成大约$3.3cm^2 \cdot ℃/W$的热阻。

3.4.2.3　凝固坯壳向结晶器铜板传热

这一传热过程比较复杂，它取决于坯壳与铜板的接触状态，在气隙形成之前，主要以传导方式为主，热阻还取决于保护渣的导热系数，而在有气隙的界面，则以辐射和对流方式为主，这时的热阻是整个结晶器传热过程中最大的。

热阻决定于：结晶器铜板的表面状态、润滑剂的性质、坯壳与铜板间的气隙大小。

弯月面区，钢液与铜壁直接接触时，热流密度相当大，高达$150 \sim 200W/cm^2$，可使钢液迅速凝固成坯壳，冷却速度达$100℃/s$。

紧密接触后，在钢水静压力作用下，坯壳与铜壁紧密接触，二者以无界面热阻的方式进行导热热交换。在这个区域里导热效果比较好，凝固坯壳传递给铜壁的热流密度可以按下式计算：

$$q_m = -\lambda_m \left(\frac{\partial T}{\partial x}\right)_m = \frac{\lambda_{Cu}}{e_{Cu}}(T_b - T_w) = q_e \qquad (3-22)$$

式中　　q_m——凝固坯壳传递给铜壁的热流，W/m^2；

$\qquad q_e$——铜壁传递给冷却水的热流，W/m^2；

$\qquad \lambda_m$——钢的导热系数，$W/(m \cdot K)$；

$\qquad \lambda_{Cu}$——铜壁的导热系数，$W/(m \cdot K)$；

$\qquad e_{Cu}$——铜壁的厚度，m；

$\qquad T_b$——铜壁内表面温度，K；

$\qquad T_w$——冷却水温度，K。

气隙区，凝固坯壳与铜壁之间的热交换是依靠辐射和对流方式进行的，其热流密度可以参考下式计算：

$$q_m = \varepsilon \sigma_0 (T_b^4 - T_0^4) + h_0(T_b - T_0) \qquad (3-23)$$

式中　　ε——凝固坯壳的黑度；

$\qquad \sigma_0$——玻耳兹曼常数，$5.67 \times 10^{-8} W/(m^2 \cdot K^4)$；

$\qquad h_0$——气隙区对流传热系数，$W/(m^2 \cdot K)$；

$\qquad T_0$——环境温度，K；

$\qquad T_b$——凝固坯壳表面温度，K。

3.4.2.4　结晶器铜板内部传热

这个过程也是传导传热过程，其热阻取决于铜的导热系数和铜板厚度，由于铜板具有良好的导热性，因此这一过程的热阻很小，传热系数大约$2W/(cm^2 \cdot ℃)$。影响铜壁散热大小的主要因素是铜壁两侧的温度分布，图3-12给出了沿结晶器长度方向上，铜壁两侧温度分布情况，其中热面是指铜壁面向坯壳的一面，冷面是指面向冷却水的一面。

3.4.2.5　结晶器铜板对冷却水的传热

在结晶器水缝中，强制流动的冷却水迅速将结晶器铜壁散发出的热量带走，保证铜壁处

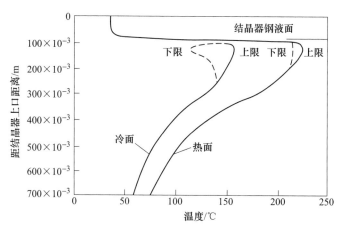

图 3-12　结晶器壁面温度分布

于再结晶温度之下，不发生晶粒粗化和永久变形。传热系数主要取决于冷却水的速度，有研究指出：当水流速度达到 6m/s 时，其传热系数可达到 4W/(cm² · K)，这时传热效率最高。

铜壁和冷却水之间传热有三种不同的情况，如图 3-13 所示：

（1）第一区，即强制对流传热区，热流密度与结晶器壁温差呈线性关系，冷却水与壁面进行强制对流换热。两者间的传热系数受水缝的几何形状和水的流速的影响，可以由下式进行计算：

$$h = 0.023 \frac{\lambda}{d} \left(\frac{dv}{\nu}\right)^{0.8} \left(\frac{\nu}{a}\right)^{0.4} \tag{3-24}$$

式中　h ——传热系数，W/(cm² · K)；

　　　λ ——水的导热系数，W/(cm · K)；

　　　d ——冷却水缝当量直径，cm；

　　　v ——冷却水流速，cm/s；

　　　ν ——水的黏度，cm²/s；

　　　a ——水的导温系数，cm²/s。

（2）第二区（图 3-13 中部），即泡态沸腾区，当结晶器壁与冷却水水温差稍有增加，热流密度会急剧增加，这是由于冷却水被汽化生成许多气泡造成水流的强度扰动而形成了泡态沸腾传热之故。

第三区（图 3-13 右半部），即膜态沸腾区，当热流密度由增加转为下降，而结晶器壁温度升高很快，此时会使结晶器产生永久变形，甚至烧坏结晶器，这是由于结晶器与冷却水温差进一步加大时，冷却水汽化过于强烈，气泡富集成一层气膜，将冷却水与结晶器壁隔开，形成很大的热阻之故，传热学称之为膜态沸腾。

对于结晶器来说，应力求避免在泡态沸腾和膜态沸腾区内工作，尽量保持在强制对流传热区，这对于延长结晶器使用寿命相当重要，为此应做到以下两点：

水缝中的水流速应大于 8m/s，以避免水的沸腾，保证良好的传热。但流速再增加时，对传热影响不大；

进出口水温差控制在 5~8℃，一般不能超过 10℃。

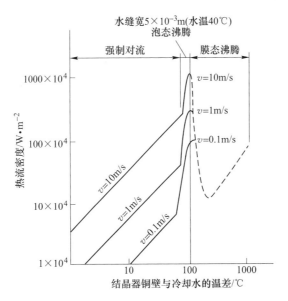

图 3-13 结晶器壁与冷却水温差

3.4.3 结晶器的散热量计算

由于铸坯和铜壁之间的传热情况比较复杂，很难从理论上做出准确的计算和预测，所以一般采用热平衡方法来研究结晶器的传热速率，即：结晶器导出的热量等于冷却水带走的热量，得：

$$\overline{q} = Q_w c_w \Delta T_w / F \tag{3-25}$$

式中　$\overline{q}$——结晶器平均热流密度，W/m²；

　　　Q_w——结晶器冷却水流量，g/s；

　　　c_w——水的比热，J/(g·K)；

　　　ΔT_w——结晶器冷却水进出水温度差，K；

　　　F——结晶器内与钢水接触的有效面积，m²。

连铸传热计算过程中，由于结晶器的设计参数及结构不同，一般采用下式计算平均热流密度：

$$\overline{q} = 268 - \beta \sqrt{t_m} \tag{3-26}$$

式中　β——常数，由实际测定的结晶器热平衡计算确定；

　　　t_m——钢水通过结晶器的时间，s。

Savage 和 Pritchard 给出了静止水冷铜结晶器的热流密度与钢水在结晶器中停留时间的关系式：

$$\overline{q} = 268 - 33.5 \sqrt{t_m} \tag{3-27}$$

式中　q——静止水冷铜结晶器的热流密度，W/cm²；

　　　t_m——钢水通过结晶器的时间，s。

Lait 等人调查了不同浇注条件下（如不同的结晶器形状、润滑方式、浇注速度、铸坯尺寸等）实际测量得到的平均热流密度，为：

$$\bar{q} = 268 - 22.19\sqrt{t_m} \tag{3-28}$$

实际工程中研究结晶器高度方向热流密度的变化，对分析结晶器局部散热状况和坯壳生长的均匀性非常重要。图 3-14 是使用同一保护渣不同拉速条件下，结晶器高度方向上热流密度的变化情况，由图可知：提高拉速，热流密度增加；在钢水弯月面下 30~50mm 处（钢水停留时间约 2.5s，坯壳厚度约 3.5mm）热流密度最大，随着结晶器高度的增加，热流密度逐渐减小，说明此处形成的坯壳厚度达到抵抗钢水静压力的临界值，而后坯壳开始收缩并与铜板发生脱离，产生气隙，热阻增加，导致热流密度减小。由图 3-14 还可以看出，在弯月面处，热流密度也比较小，这是因为钢水的表面张力作用使其与铜板形成弯月面，钢水离开铜板，热量向钢水面上部铜板传递，减少了弯月面热流密度。

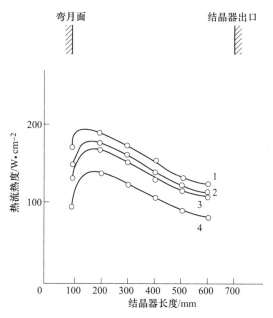

图 3-14 结晶器高度方向上热流密度的变化

1—1.3m/min；2—1.1m/min；3—1m/min；4—0.5m/min

3.4.4 影响结晶器传热的因素

3.4.4.1 拉速

拉速是影响结晶器热流密度变化的最主要因素。图 3-15 是不同断面连铸机结晶器热流密度与拉速之间的关系图，可以看出，结晶器平均热流密度随拉速的增加而增加，结晶器壁的温度也随之增加，但结晶器内单位质量钢液传出的热量却随之减少，因而导致坯壳减薄。

拉速增加 10%，结晶器出口坯壳厚度减少约 5%，拉速是控制结晶器出口坯壳厚度最敏感的因素。

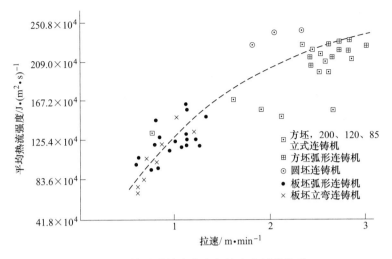

图 3-15　结晶器热流密度与拉速之间的关系

3.4.4.2 结晶器冷却水

结晶器的传热效率为 $84×10^5kJ/(m^2·h)$，是高压锅炉的 10 倍。这么大的热流通过铜板传递给冷却水时，铜板冷面温度很有可能超过 100℃ 而使冷却水产生沸腾，如果不使用软水，铜板冷面容易产生水垢沉积形成绝热层，导致热阻增加，热流下降。

冷却水的流速是保证冷却能力的重要因素，水槽厚度一般为 4~6mm，水速 6~12m/s 为宜。结晶器水流速的增高可明显地降低结晶器壁温度，但总热流量的变化不会超过 3%。原因是结晶器冷面传热的提高，被热面坯壳收缩量增加而引起的气隙厚度的增加抵消了。

冷却水温度在 20~40℃ 范围内波动时，结晶器总热流变化不大。结晶器进出温度差一般控制在 5~8℃，出水温度在 45~50℃。出水温度过高，结晶器容易形成水垢，影响传热效果。

冷却水压力是保证冷却水在结晶器水缝之中流动的主要动力，冷却水压力必须控制在 0.6~1.0MPa，提高水压可以加大流速，亦可减少铸坯菱变和角裂，还有利于提高拉坯速度。

表 3-2 是国内某钢厂结晶器冷却水的供水参数，可做参考。

表 3-2　结晶器冷却水供水参数

供水压力/MPa	水流量/m³·h⁻¹	入口温度/℃	温升/℃	要求水质	报警压力/MPa
0.8	610	30~40	8~10	软水	0.6

3.4.4.3 结晶器设计参数

A 结晶器锥度

对大小方坯断面来说，设计具有二维锥度的结晶器内腔可以增加传热量。而对板坯来说，仅仅窄面为适应断面收缩带有锥度，而宽面一般是彼此平行的，随着板坯厚度的不断增加，越来越多的板坯结晶器，宽面也增设了相应的锥度，比如结晶器上口厚度比下口厚度大 1~3mm。窄面锥度要根据浇铸速度和钢种来调节，使通过窄面的热流密度基本上应与宽面保持一致。

B　结晶器长度

热量主要是从结晶器上部传递，上部传递在 50% 以上；当坯壳与结晶器之间气隙形成以后，结晶器下部热流密度大幅度降低，如图 3-16 所示。

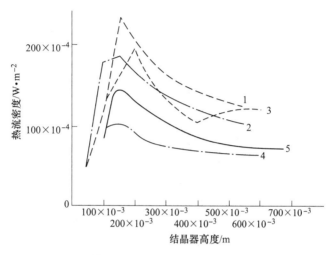

图 3-16　结晶器热流密度在结晶器高度方向变化

1~2—大方坯；3~5—板坯

确定结晶器长度的主要依据是铸坯出结晶器下口时的坯壳最小厚度。从传热角度考虑，结晶器不宜过长，过长影响传热效率。目前国内比较常用的结晶器长度是 900mm。

C　结晶器壁厚度

结晶器壁厚度的选择取决于结晶器热流和铜壁的工作温度。从铜壁承受的热流强度来看，弯月面区域铜壁热面温度不应超过铜的再结晶温度，冷面温度不超过 100℃。铜壁厚度的选择应该与结晶器热流强度和铜壁温度相适应。

D　结晶器材质

一般结晶器热面温度为 200~300℃，特殊情况下，最高处温度可达到 500℃，温度较高，要求结晶器材质必须具有良好的导热性能、良好的抗疲劳性能、强度高、高温下膨胀小且不易变形。

不同材质的结晶器冷却壁，其传导系数差别很大，纯铜导热性良好，但是弹性极限低，容易变形，所以结晶器材质更多采用强度高的铜合金，比如 Cu-Ag 和 Cu-Cr，为了进一步提高铜的寿命，Cu-Zr-Cr 也越来越广泛采用。

3.4.4.4　新型结晶器

A　热顶结晶器

连铸坯表面质量在很大程度上取决于结晶器弯月面处初生坯壳的均匀性，而初生坯壳的均匀性取决于弯月面处的热流密度和传热的均匀性，若热流密度大，则初生坯壳增长太快，坯壳提早收缩，增加了初生坯壳厚度的不均匀性；另外，热流密度大，局部还会产生凹陷，组织粗化，产生明显的裂纹敏感性。在结晶器弯月面处镶嵌一种低导热材料，以减少热流密度，对于延缓坯壳收缩有一定效果，这种结晶器称为热顶结晶器，如图 3-17 所示。

一般结晶器热面弯月面区域镶嵌的材料有 Ni、C-Cr 化合物和不锈钢，以及陶瓷材料插件。相关试验表明，采用热顶结晶器可以使弯月面处热流减少 75%，振痕深度减少 30%，表面质量得到改善。

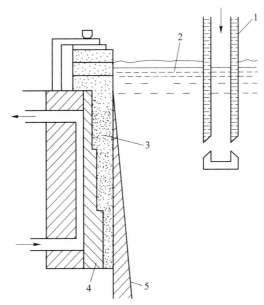

图 3-17　带陶瓷插件的热顶结晶器
1—浸入式水口；2—保护渣；3—陶瓷结晶器；4—铜结晶器；5—坯壳

B　凸形结晶器

凸形结晶器是瑞士康卡斯特公司开发的一种小方坯连铸机结晶器。该结晶器把收缩补偿移植到凸形边中，顶部四壁呈凸形，向下逐渐变为平面。凸形结晶器中所形成的铸坯凸表面因冷却收缩而自然变直，收缩力与钢水静压力间的矛盾因结晶器形状的改变而自然消失。初生坯壳与结晶器之间的气隙减小，热传导率增加，图 3-18 是凸面结晶器与普通平面结晶器在内腔形状及凝固坯壳生长方面的比较。

C　自适应型结晶器

意大利达涅利公司开发的自适应型结晶器采用较薄的结晶器铜管，增大了结晶器内冷却水的压力和流速，同时改进了浸入式水口的内形，以降低浇注钢流对结晶器内钢液面的扰动。结晶器在高压水的作用下铜壁向内弯曲，使结晶器铜壁内形与铸坯收缩相适应，以减少坯壳与结晶器铜壁之间气隙，强化结晶器下部传热能力，加速坯壳凝固，提高拉速的同时还可以改善表面质量。

D　高效方坯钻石结晶器

这是奥钢联开发的一种结晶器，结晶器长度 1000mm，延长铸坯在结晶器内运行时间；在整个长度方向采用抛物线锥度设计，结晶器上段采用较大锥度，结晶器距顶部 300～

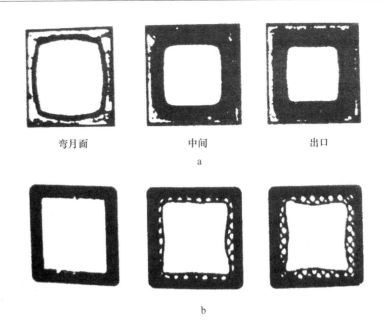

弯月面　　　　　　中间　　　　　　出口

a

b

图 3-18　结晶器内腔形状及坯壳生长比较

a—凸面结晶器；b—普通平面结晶器

400mm 处角部区域锥度为零，既可以改善结晶器在整个长度上与铸坯的接触，又减小了结晶器的摩擦力，有利于坯壳的均匀生长。

　　E　分区冷却结晶器

　　完全摒弃传统板坯结晶器冷却单一冷却区的工艺方案，宽面结晶器将冷却区划分为三个区域，分别为结晶器冷却 L 区（弯月面低热流密度冷却区）、M 区（结晶器中等热流密度冷却区）、H 区（结晶器下部高热流密度冷却区）。由于连铸板坯角部属于二维冷却传热，冷却强度大，收缩大，容易产生角部横裂纹等质量缺陷，为了缓解角部冷区速率，窄面结晶器增加角部冷却区单独控制冷却水流量，所以窄面结晶器将冷却区域划分为四个区域，分别为结晶器冷却 L 区（弯月面低热流密度冷却区）、M 区（结晶器中等热流密度冷却区）、H 区（结晶器下部高热流密度冷却区）、B 区（窄面角部冷区）。为了进一步降低结晶器弯月面处热流密度，考虑增加 L 区的导热热阻，同时为了增加结晶器中下部的热流密度，尽快形成一定安全厚度的凝固坯壳，考虑减少 M、H 区的导热热阻，所以将结晶器背面冷却面设置成阶梯状或者具有坡面的楔形。

3.4.4.5　结晶器润滑

　　结晶器润滑不仅可以减小拉坯阻力，还可以改善结晶器内传热。结晶器润滑采用润滑油和保护渣两种方式，目前绝大多数连铸机采用保护渣进行润滑。保护渣在结晶器钢液面上形成液渣层，由于结晶器振动，液渣从弯月面渗漏到坯壳与铜板之间气隙处，形成均匀渣膜，既起润滑作用，又改善传热。

　　保护渣对结晶器热流影响主要决定于渣膜厚度和黏度，而渣膜厚度是保护渣黏度和拉速的函数：

$$e = \sqrt{\frac{\eta v}{g(\rho_{\mathrm{m}} - \rho_{\mathrm{s}})}} \qquad\qquad (3\text{-}29)$$

式中　　e ——渣膜厚度，mm；

　　　　η ——保护渣黏度，Pa·s；

　　　　v ——拉速，m/min；

　　　　g ——重力加速度，cm/s^2；

　　　　ρ_{m} ——钢的密度，g/cm^3；

　　　　ρ_{s} ——保护渣密度，g/cm^3。

　　拉速一定时，保护渣膜厚度主要取决于渣的黏度。黏度过高，保护渣流动性不好，形成渣膜不均匀且不连续；黏度过低，渣膜厚度较薄。这两种情况都会导致结晶器热流不稳定，坯壳厚度不均匀，因此保护渣黏度必须合适，才能保证渣膜均匀，热流均匀，坯壳生长均匀。

　　合适的保护渣黏度与钢种、拉速等连铸工艺密切相关。一般情况下，1300℃时，较为合适的熔渣黏度是 0.2~0.6Pa·s。

3.4.4.6　钢水过热度

　　理论计算及实测表明，当拉速和其他工艺条件一定时，过热度每增加 10%，结晶器最大热流密度可增加 4%~7%，坯壳厚度可减小 3%，但过热度对平均热流密度的影响并不大。过热度过高时，因结晶器液相穴内钢液的搅动冲刷，会使凝固的坯壳部分重熔，这样会增加拉漏的危险。

　　过热度 30℃ 与 15℃ 对结晶器宽面的热流无明显影响，而对结晶器窄面来说，30℃ 过热度比 15℃ 过热度热流增加 5%。

3.4.4.7　钢水成分的影响

　　结晶器热流量与钢水中的 [C] 存在一个特殊的关系，$w[\mathrm{C}]$ 在 0.08%~0.12% 时热流最小，$w[\mathrm{C}]>0.25\%$ 时热流基本保持不变，如图 3-19 所示。

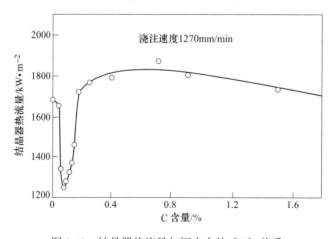

图 3-19　结晶器热流量与钢水中的 [C] 关系

原因：

（1） $w[C]=0.10\%$ 左右时开始发生包晶反应，坯壳发生 $\delta \rightarrow \gamma$ 相变，伴随有强烈的线收缩（0.38%），坯壳脱离铜壁产生了气隙，使热流减少；

（2） [C]控制了凝固初期的枝晶偏析。$w[C]=0.08\% \sim 0.12\%$，S、P 的枝晶偏析最小，坯壳高温强度高，坯壳收缩后在钢水静水压力作用下，与铜板不均匀接触使表面粗糙。

任务 3.5   二冷区的传热与凝固

3.5.1   二冷区的传热

扫码获取

数字资源

浇注的钢液进入结晶器，经过在结晶器内的一次冷却凝固形成了具有一定厚度的连铸坯壳，但是坯壳内部仍是高温液态钢水，为了使坯壳内部钢水尽快完全凝固，需要继续冷却凝固，称为二次冷却。

二冷传热的主要方式和比例：辐射约占 25%；喷雾水滴蒸发，33%；喷淋水加热，25%；辊子与铸坯的接触传导，17%，如图 3-20 所示，对于小方坯而言，主要是辐射和喷雾水滴蒸发两种，而对于板坯和大方坯而言，包含 4 种传热方式。

在设备和工艺条件一定时，连铸辐射传热和辊子传导传热变化不大，喷淋水的传热就占主导地位，铸坯中心的热量通过坯壳传到铸坯表面，当喷雾水滴打到铸坯表面时，带走一定的热量，铸坯表面温度降低，中心与表面之间产生温度梯度，促使热量从铸坯中心不断向表面传递。

相反，突然停止水滴的喷射，铸坯表面的温度就会回升。如果过度的改变或中断冷却水，会使铸坯表面温度造成很大波动，这对于已经凝固的坯壳来说类似一个"热处理"过程。

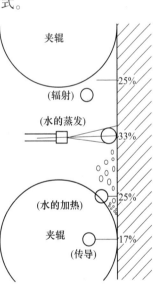

从铸坯传热来说，希望加大冷却强度，加快凝固速度，以求提高铸坯生产能力。但从冶金质量的观点看，不适当二次冷却会有如下的质量问题：

（1）冷却不匀，导致坯壳温度回升，易产生中间裂纹或皮下裂纹；

图 3-20   二冷传热主要方式

（2）铸坯矫直时表面温度过低（900℃），易产生表面横裂纹；

（3）冷却强度不够，铸坯带液芯矫直易产生矫直裂纹；

（4）二冷区表面温度过高，易产生鼓肚变形而使中心偏析加重；

（5）二冷强度大，柱状晶发达，易形成穿晶，中心疏松偏析加剧。

从二冷的传热方式可以说明，要提高二冷区的冷却效率，就必须研究喷雾水滴与高温铸坯之间的热交换。可用对流传热方程来表示：

$$q = h(T_b - T_w) \tag{3-30}$$

式中　q——热流密度，W/m^2；

　　　h——传热系数，$W/(cm^2 \cdot K)$；

　　　T_b——铸坯表面温度，K；

　　　T_w——冷却水温度，K。

要提高二冷区冷却效率和保证连铸坯质量就要提高 h 值和在二冷区各段值的合理分布。

3.5.2　二冷区的传热机理

二冷区内铸坯冷却与结晶器内有很大不同，铸坯除了向周围辐射和向支撑辊导热外，主要的散热方式是表面喷水强制冷却。

铸坯在二冷区每一个辊距之内，都要周期性地通过 4 种不同的冷却区域，如图 3-21 所示的 AB、BC、CD、DA 段。

（1）AB 空冷段：

喷淋水不能直接覆盖，坯壳主要以辐射形式向外散热。另外还与空气和喷溅过来的小水滴或水汽进行对流换热。

（2）BC 水冷区：

该区是被喷淋水直接覆盖的区域。一部分冷却水被汽化，汽化吸热量很大，每 1kg 水可吸收 2200kJ 左右的热量，铸坯表面大量散热。未被汽化的水还要沿坯壳表面流动，与坯壳进行着强制对流换热。

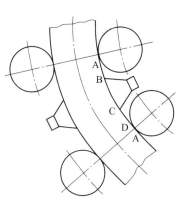

图 3-21　铸坯二冷传热的周期性

（3）CD 空冷与水冷混冷区：

该区虽不能被喷淋水直接覆盖，但有一部分水在重力作用下，从 BC 段沿坯表面流入该区。所以该区兼有 AB 段和 BC 段的传热形式，究竟空冷辐射与水冷蒸发、对流各占多大的比例，要根据坯的空间位置、喷嘴形式和辊列布置等影响因素而定。

（4）DA 辊冷区：

由于坯壳的鼓肚变形，夹辊与坯壳表面不是线接触而是面接触，DA 弧即为该接触面的截线，在该区内坯壳以接触导热的形式向夹辊散热。

二冷区传热系数表示了铸坯表面与二冷区冷却水之间的传热效率，传热系数大，则传热效率就高，它与喷水量、水流密度、喷水面积、喷水压力、喷水距离、喷嘴结构、铸坯表面温度和冷却水水温等因素有关。一般需要通过试验测定统计后，用经验公式表示。

3.5.3　影响二冷区传热的因素

一般情况下，二冷区内辐射散热与夹辊冷却主要受连铸机设备类型与布置的制约，属于基本固定或不易调整的因素。因而水冷是二冷区内主要的冷却手段，对喷淋水冷却效率有影响的很多因素在生产中是可调整的，这些因素的变化直接影响着二冷区内的热交换。

3.5.3.1　水流密度

水流密度是指铸坯单位时间在单位面积上所接受到的冷却水量。传热系数与水流密度

之间的关系可以用经验关系式表示，主要形式有两种

$$h = AW^n \tag{3-31}$$

$$h = AW^n(1 - bt_w) \tag{3-32}$$

式中　　h——传热系数，$W/(m^2 \cdot ℃)$；

A，n，b——不同的常数；

　　W——水流密度，$L/(m^2 \cdot s)$；

　　t_w——喷淋水温度，$℃$。

从经验关系式可以看出，水流密度增加，传热系数增大。在生产条件下测定 h 与 W 的关系很困难，一般是在实验室内用热模拟装置测定喷雾水滴与高温铸坯的传热系数。不同的试验条件，不同的研究者得到的关系表达式不尽相同，本教材仅列举三种试验结果，其他研究者的研究结果可以参考相关文献。

（1）菲格洛：

$$h = 0.581W^{0.541}(1 - 0.0075t_w) \tag{3-33}$$

（2）岛田：

$$h = 1.57W^{0.55}(1 - 0.0075t_w) \tag{3-34}$$

（3）卡斯特尔：

$$h = 0.165W^{0.75} \tag{3-35}$$

3.5.3.2　水滴速度

水滴速度决定于喷水压力、喷嘴孔径和水的清洁度。水滴速度增加，穿透蒸汽膜到达铸坯的水滴数量增加，从而提高了传热能力。有关试验表明，当水滴速度由 $6m/s$ 提高至 $10m/s$ 时，冷却效率由 12% 提高至 23%。

水滴从喷嘴出口处喷出的速度 v_0 可以由伯努利理论导出：

$$v_0 = \sqrt{\frac{(p_1 - p_0)\dfrac{2}{\rho_w} + \dfrac{Q}{15\pi D^2}}{1 + \xi}} \tag{3-36}$$

式中　　v_0——喷嘴出口处水滴速度，m/s；

　　p_1——喷水压力，Pa；

　　p_0——大气压，Pa；

　　ρ_w——水滴密度，kg/m^3；

　　Q——水流量，m^3/s；

　　D——喷嘴前水管直径，m；

　　ξ——阻力系数。

水滴从喷嘴喷出后，在空气中运动状态处于牛顿阻力区（$Re>500$），水滴喷到铸坯表面的速度由下式确定：

$$v_t = v_0 \exp\left[-0.33\left(\frac{p_a}{\rho_w}\right)\frac{S}{d}\right] \tag{3-37}$$

式中　　v_t——水滴喷到铸坯表面的速度，m/s；

v_0 ——喷嘴出口处水滴速度，m/s；

p_a ——空气密度，kg/m³；

ρ_w ——水滴密度，kg/m³；

d ——水滴直径，m；

S ——喷嘴至铸坯表面距离。

3.5.3.3　水滴直径

水滴直径的大小是雾化程度的标志。水滴尺寸越小，水滴个数就越多，雾化就越好，有利于铸坯冷却均匀和提高传热效率。

不同的喷嘴类型，水滴算术平均直径差别较大，压力喷嘴的水滴直径一般在 200~600μm，而气-水喷嘴的水滴直径可以达到 20~60μm。

3.5.3.4　铸坯表面状态

相关研究表明，铸坯表面有氧化铁的传热系数比无氧化铁要低 13%。使用气-水喷嘴，由于吹入的空气使铁鳞容易剥落，可以提高冷却效率。

3.5.3.5　喷嘴使用状态

喷嘴堵塞、喷嘴安装位置、新旧喷嘴等对铸坯传热有重要的影响。现场生产实践表明，喷嘴的使用状态的好坏严重影响连铸坯的传热，从而影响连铸坯的表面质量。所以每个浇次开始前后都要对二冷喷嘴的使用状态进行检查，发现喷嘴堵塞等问题要及时进行清理，确保在线喷嘴使用状态良好。

3.5.4　二次冷却的计算原则

3.5.4.1　铸坯长度方向上冷却水的分配

大量理论计算和实践结果都证明了铸坯在二次冷却区的凝固服从平方根定律。在凝固过程中，铸坯中心的热量是通过坯壳传到铸坯表面的，而这种热量的传递是随着坯壳厚度的不断增加而减小，另外，从坯壳传到表面的热量主要是由喷射到表面的水滴带走的，所以，随着坯壳厚度的增加，传到表面热量的减少，自然冷却水量也应随之减少。冷却水量连续递减，在实际生产中很难实现，因此通常将二次冷却区分为若干冷却段，每一冷却段设置相同冷却水流量，如图 3-22 和图 3-23 所示。

另外一个因素需要考虑的是钢水静压力。如果坯壳的机械强度不够，则会在两个支撑辊之间引起铸坯的宽面鼓肚。这种鼓肚引起的铸坯变形量超过了钢的伸长率时，就会产生内部裂纹。经验证明，加大冷却强度可以减少鼓肚量。

3.5.4.2　铸坯内外弧的水分配

弧形板坯连铸机内外弧的冷却条件有着很大的区别。在刚出结晶器的某一确定的范围内，冷却段呈垂直布置，内外弧冷却水量分配相同。

随着铸坯远离结晶器，对于内弧来说，铸坯表面没有汽化的水会往下流动，并沿着下

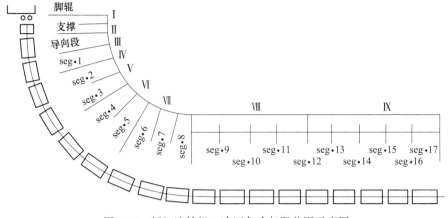

图 3-22　板坯连铸机二冷区各冷却段范围示意图

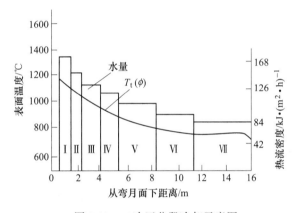

图 3-23　二冷区分段冷却示意图

一个支撑辊表面流向铸坯的两个角部；而对于外弧来说，由于重力的作用，喷射到外弧表面的冷却水会即刻离开铸坯。因此，随着铸坯越来越趋于水平，各冷却段的内弧与外弧的水量分配比应越来越小。通常这种内外水量比由 1∶1.1 到 1∶1.5。

3.5.4.3　二次冷却水与拉速

在二次冷却的过程中，在一定的铸机条件下，决定凝固系数 K 值的主要因素就是冷却强度。在一定范围内增加冷却强度可加大 K 值。而拉速的变化实际上是改变了凝固时间，也即影响了坯壳厚度。因此，冷却水流量必须随着拉速变化而变化，以保持一个合适的冷却强度。为了实现这一点，通常采用二次冷却水自动控制方式，冷却水的增加和减少是根据拉速的变化而成比例地增减的。

特定的设定：开浇时将水量设定为最大值（出于安全考虑）；尾坯输出时将水量开到最大值的 70%。

3.5.4.4　二次冷却与钢种

二冷区的冷却还应根据钢种的高温脆性曲线（图 3-24）来考虑，以保证铸坯质量。

（1）高温区：从液相线以下 50℃ 到 1300℃。在此区域内，钢的伸长率在 0.2% ~ 0.4%，强度为 1~3MPa，塑性与强度都很低，尤其是有磷、硫偏析存在时，更加剧了钢的脆性，这也是固-液相界面容易产生裂纹的原因。

（2）中温区：由 1300℃ 到 900℃。钢在这个温度范围内，处于奥氏体相区，它的强度取决于晶界析出的硫化物、氧化物数量和形状。若由串状改为球状分布，则可明显提高强度。

（3）低温区：从 900℃ 到 700℃。钢处于相变温度区，若再有 AlN、Nb（CN）的质点沉淀于晶界处，钢的延性大大降低，容易形成裂纹，并加剧扩展。900℃ 到 700℃ 时，钢的延性最低，极易产生裂纹。

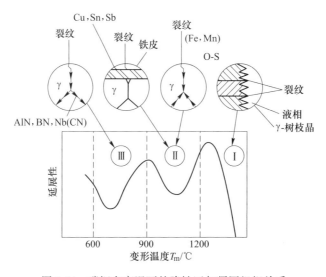

图 3-24　碳钢在高温下的脆性区与凝固组织关系

任务 3.6　连铸坯的凝固结构及其控制

扫码获取
数字资源

3.6.1　连铸坯的凝固结构

铸坯的凝固过程分为三个阶段，第一阶段：进入结晶器的钢液在结晶器内凝固，形成坯壳，出结晶器下口的坯壳厚度应足以承受钢液静压力的作用；第二阶段：带液芯的铸坯进入二次冷却区继续冷却、坯壳均匀稳定生长；第三阶段为凝固末期，坯壳加速生长。根据凝固条件计算三个阶段的凝固系数分别为 $20\text{mm}/\min^{\frac{1}{2}}$、$25\text{mm}/\min^{\frac{1}{2}}$、$27 \sim 30\text{mm}/\min^{\frac{1}{2}}$。

一般情况下，连铸坯从边缘到中心是由细小等轴晶带、柱状晶带和中心等轴晶带组成，如图 3-25 所示。

出结晶器的铸坯，其液相穴很长。进入二次冷却区后，由于冷却的不均匀，致使铸坯在传热快的局部区域柱状晶优先发展，当两边的柱状晶相连时，或由于等轴晶下落被柱状晶捕捉，就会出现"搭桥"现象。这时液相穴的钢水被"凝固桥"隔开，桥下残余钢液因凝固产生的收缩，得不到桥上钢液的补充，形成疏松和缩孔，并伴随有严重的偏析。

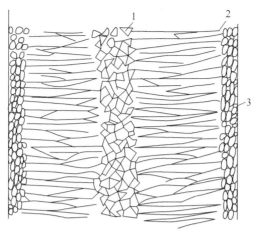

图 3-25　铸坯结构示意图

1—中心等轴晶；2—柱状晶带；3—细小等轴晶带

从铸坯纵断面中心来看，这种"搭桥"是有规律的，每隔 5~10cm 就会出现一个"凝固桥"及伴随的疏松和缩孔。很像小钢锭的凝固结构，因此得名"小钢锭"结构。

从钢的性能角度看，希望得到等轴晶的凝固结构。等轴晶组织致密、强度、塑性、韧性较高，加工性能良好，成分、结构均匀，无明显的方向异性。而柱状晶的过分发达影响加工性能和力学性能。柱状晶有如下特点：

（1）柱状晶的主干较纯，而枝间偏析严重；

（2）由于杂质（S、P 夹杂物）的沉积，在柱状晶交界面构成了薄弱面，是裂纹易扩展的部位，加工时易开裂；

（3）柱状晶过分发达时形成穿晶结构，出现中心疏松，降低了钢的致密度。

因此除了某些特殊用途的钢如电工钢、汽轮机叶片等为改善导磁性、耐磨耐蚀性能而要求柱状晶结构外，对于绝大多数钢种都应尽量控制柱状晶的发展，扩大等轴晶宽度。

3.6.2　连铸坯凝固结构的控制

扩大等轴晶区可以采取的工艺技术措施主要包括：

（1）电磁搅拌技术。电磁搅拌技术是减少连铸坯柱状晶，扩大等轴晶的有效措施，电磁搅拌技术通过电磁作用驱动未凝固钢液做旋转运动，对凝固界面进行冲刷，加速钢液中过热热量的耗散，降低未凝固钢液过热度，从而降低凝固前沿的温度梯度，增加凝固前沿的成分过冷，促进等轴晶的生长，抑制柱状晶发展。另外，旋转运动钢液冲刷凝固前沿，容易使凝固前沿的树枝晶熔断，形成游离的晶核，增加形核率，提高等轴晶率。

（2）控制二冷区冷却水量。减少二冷区冷却水量，降低连铸坯横断面的温度梯度，有利于控制柱状晶的生长，促进等轴晶的形成。

（3）低温浇注技术。控制柱状晶和等轴晶比例的关键是减少钢液的过热度，过热度越大，柱状晶越发达，过热度越低，等轴晶比例越大。实际生产过程中，在保证连铸生产稳定顺行的前提下，尽量降低钢液的浇注温度，可以有效提高等轴晶比例。

（4）加入形核剂。结晶器内加入形核剂，可以增加结晶器晶核核心数量，扩大等轴晶区。常用的形核剂有 Al_2O_3、ZrO_2、TiO_2、V_2O_5、AlN、ZrN 等。

课后复习题

3-1　名词解释

凝固结晶；过冷度；均质形核；非均质形核；选分结晶；成分过冷；宏观偏析；显微偏析；热顶结晶器。

3-2　填空题

(1) 钢液的凝固结晶需要两个条件分别是_____和_____。

(2) 液态金属要结晶，其实际结晶温度 T_n 一定要_____理论结晶温度 T_m。

(3) 结晶过程分为_____和_____两部分。

(4) 在过冷液体中形成固态晶核时，有两种形核方式_____和_____。实际金属的结晶主要按_____进行。

(5) 晶胚形核的临界半径与过冷度 ΔT 成_____，过冷度越大，则临界晶核半径_____。

(6) 钢的结晶形成的晶粒度取决于_____和_____。

(7) 高温钢液，冷却凝固成固态连铸坯，体积收缩包括 3 个过程_____、_____和_____，其中收缩最大的是_____。

(8) 连铸机内，液态钢水转变为固态的连铸坯时放出的热量包括_____、_____和_____。

(9) 钢水铜板接触就会因为钢水的表面张力在上部形成一个_____。

(10) 结晶器铜板水缝中水流速度以_____m/s 为宜。

(11) 结晶器水水质要求为_____。

(12) 保护渣对结晶器热流影响主要决定于_____和_____。

(13) 钢的低温脆性区是_____。

(14) 一般情况下，连铸坯凝固结构从边缘到中心分别是_____、_____和_____。

3-3　判断题

(1) 在过冷的金属液体中，所有的晶胚都可以转变为晶核。　　　　　　　　(　)

(2) 冷却速度越慢，则过冷度越小，实际结晶温度越接近理论结晶温度，在一定条件下可以等于理论结晶温度。　　　　　　　　　　　　　　　　　　　　　　　　　　(　)

(3) 非均质形核不需要过冷度，也不需要满足临界半径即可形核。　　　　　(　)

(4) 当 ΔT 越大，形成晶粒组织越粗；反之，形成晶粒组织越细。　　　　(　)

(5) 钢液结晶温度是一个固定某个温度值。　　　　　　　　　　　　　　　(　)

(6) 在结晶器内，钢液和坯壳的绝大部分热量是通过平行于拉坯方向传递的。(　)

(7) 结晶器平均热流密度随拉速的增加而增加，结晶器内单位质量钢液散热量增加。(　)

(8) 结晶器热流量随着钢水中的[C]增加而增加。　　　　　　　　　　　　(　)

3-4　选择题

(1) 对于固定的金属，冷却速度越快，实际结晶温度 (　)。

　　A. 越高　　　B. 越低　　　C. 无影响

(2) 当 ΔT 增大时，形核数量增加的速度比晶核长大速度 (　)。

　　A. 大　　　　B. 小　　　　C. 相同

(3) 钢液在结晶器内凝固时，最早收缩，最先形成气隙的是 (　)。

　　A. 宽面　　　B 窄面　　　C. 角部　　　　D. 宽面/窄面中心部位

(4) 钢液在结晶器内的传热，最大热阻来自 (　)。

　　A. 坯壳的导热热阻　　　　B. 坯壳与结晶器之间气隙

C. 保护渣   D. 铜板导热热阻

(5) 结晶器高度方向，热流密度最大的区域是（ ）。

 A. 弯月面   B. 弯月面下 30~50mm

 C. 弯月面下 300~500mm D. 结晶器出口

(6) 结晶器水进出口水温控制在（ ）范围比较合理。

 A. 3~5℃ B. 5~8℃ C. 9~12℃ D. 10~13℃

3-5 问答与计算

(1) 简述影响结晶器传热的因素有哪些。

(2) 简述影响二冷区传热的因素有哪些。

(3) 简述控制连铸坯凝固结构的主要措施。

能量加油站 3

  二十大报告原文学习：建设现代化产业体系。坚持把发展经济的着力点放在实体经济上，推进新型工业化，加快建设制造强国、质量强国、航天强国、交通强国、网络强国、数字中国。实施产业基础再造工程和重大技术装备攻关工程，支持专精特新企业发展，推动制造业高端化、智能化、绿色化发展。

  钢铁强国之路：中国正在从钢铁大国逐渐奋进至钢铁强国。我国钢铁工业已进入高质量发展的新阶段，且高质量发展的着力点在产业升级、智能制造、绿色低碳、标准引领、创新驱动等方面。我国的钢铁产品结构必须进一步向中高端转变；钢铁生产过程进一步注重高效和节能从而向低成本转变；钢铁企业的盈利模式必须从单纯的产品制造商向综合服务商转变；产业结构从钢铁生产向产业链延伸转变。也有专家表示中国已经成为了钢铁强国。我国钢铁品种开发世界一流、流程技术一流、环保指标大幅改善、智能化、绿色化发展取得巨大的成就。

  2018 年 10 月 23 日，港珠澳大桥正式开通，是世界上最长的跨海大桥，跨越伶仃洋东接香港，西接广东珠海和澳门，总长约 55 公里。在中国交通建设史上被称为"技术最复杂"的"世纪工程"，填补了世界空白，成为中国迈入桥梁强国的里程碑。钢铁材料是支撑起港珠澳大桥的核心材料，要求钢材必须可抗击每秒 51 米的风速，相当于抗御 16 级台风和 8 级地震，同时必须确保使用寿命达到 120 年。这就对钢材的屈服强度、抗拉强度要求极高，也给冶炼、轧制等环节带来重重困难。我国鞍钢、河钢、宝武钢铁、华菱钢铁、太钢等钢铁企业做出了巨大贡献。其中，河钢提供了精品钢材，武钢提供桥梁钢，宝钢提供了冷轧搪瓷钢等。

项目四 连铸工艺与操作

本项目要点：

    （1）掌握连铸钢液成分、温度的控制；

    （2）了解中间包冶金、结晶器冶金功能；

    （3）了解无氧化保护浇注，掌握无氧化保护浇注的工艺方法；

    （4）掌握连铸拉速控制、结晶器冷却以及二次冷却控制；

    （5）重点掌握一个浇次连铸生产的操作工艺。

任务 4.1　连铸钢液准备及温度控制

为了保证连铸生产的顺稳进行，确保连铸坯良好的质量，对连铸钢液的质量提出了严格要求，主要包括连铸钢液的成分、洁净度及脱氧程度、钢液温度等。

4.1.1　连铸钢液成分的控制

连铸钢液对成分的控制除了要满足所浇注钢种的规定并尽量在较窄范围内变化外，而且还要根据不同钢种的要求，对连铸钢液的主要成分进行重点控制。

扫码获取
数字资源

4.1.1.1　碳元素的控制

碳元素是钢中影响钢性能的最主要元素，因此碳含量的控制不仅要满足钢种的规定范围，而且要做到同一钢种前后炉次之间保持稳定，避免偏差过大；不同钢种之间，前后炉次碳含量相差较大（钢种碳含量范围无交叉）时，避免连浇；前后炉次不同钢种，碳含量范围有交叉时，要控制碳含量在交叉范围内。

在钢种成分设计时，尽量避免碳含量 0.10%~0.12% 范围内，避免因为包晶反应，坯壳收缩过大导致的铸坯表面裂纹等缺陷。浇注碳含量在 0.10%~0.12% 范围的钢种时，一般通过降低拉速，提高保护渣碱度等措施控制铸坯表面裂纹缺陷的产生。

国内某钢厂 250mm 厚板坯连铸机生产实践发现，当浇注碳含量为 0.13%~0.14% 钢种比浇注碳含量为 0.10%~0.11% 钢种裂纹发生率高。经研究发现，由于连铸过程中存在选分结晶导致的碳元素偏析，结晶器内初生坯壳表面的碳含量要低于钢液的平均碳含量，所以当钢液的碳含量为 0.13%~0.14% 时，结晶器内初生坯壳碳含量低于 0.13%~0.14%，进入 0.10%~0.12% 包晶敏感区。而当钢液的碳含量为 0.10%~0.12% 时，结晶器内初生坯壳碳含量低于 0.10%~0.12%，脱离出了包晶敏感区。

4.1.1.2 Si、Mn 元素的控制

Si、Mn 是脱氧元素，可以控制钢液的脱氧程度，同时又影响钢的力学性能和钢液的可浇性。Si、Mn 元素含量的控制不仅要满足钢种的规定范围，而且要做到同一钢种前后炉次之间保持稳定，避免偏差过大。

另外为了提高钢液的可浇性，要求尽量提高 $w(Mn)/w(Si)$ 的比例。$w(Mn)/w(Si)$ 高，可以减少脱氧产物二氧化硅，得到液态的硅酸锰脱氧产物，从而使钢水具有良好的流动性。一般钢种要求 $w(Mn)/w(Si)>2.5$，个别钢种要求 $w(Mn)/w(Si)>3.0$。

4.1.1.3 S、P 元素的控制

S、P 是影响钢的裂纹敏感性的重要元素，也是偏析十分严重的元素。连铸工艺要求 S、P 含量尽可能控制在下限，提高 $w(Mn)/w(S)$，控制在 25 以上。

4.1.1.4 残余元素的控制

钢中的残余元素主要包括 Cu、Sn、As、Sb 等元素，这些残余元素不是故意加入钢液的，而是由于铁水或者废钢等炼钢原料中本身含有这些残余元素。由于其氧势比较高，冶炼过程中不易被氧化去除。残余元素含量高时会在连铸或者轧制过程中造成表面裂纹，所以要严格控制入炉原料中残余元素的含量，控制铜当量小于 0.2%，其中铜当量按照下式计算：

$$w[Cu]_\% = w[Cu]_\% + 10w[Sn]_\% - w[Ni]_\% - 2w[S]_\%$$

式中　　$w[Cu]_\%$——铜当量。

残留元素中影响最大的是铜和锡。

4.1.2 连铸钢液洁净度

为了连铸生产的顺利进行，保证钢液的可浇性，对连铸钢液洁净度提出了严格要求。所谓洁净度主要是指钢液中氮、氢、氧的含量和非金属夹杂物的数量、形态、分布等。其中非金属夹杂物的存在不仅影响钢液的可浇性，而且严重影响钢材的质量。此部分内容将在 6.2 节详细介绍。

4.1.3 连铸钢液温度的控制

连铸钢水温度对连铸操作的顺利进行非常关键，不仅是连铸能够顺利浇注的前提也是良好连铸坯质量的前提。连铸钢水温度必须稳定合适，不得过高也不得过低，一般控制过热度在 15~30℃。

钢液温度过高，主要有以下危害：加剧水口耐火材料的熔损，导致注流失控，增加浇注安全风险；温度过高会减小连铸坯出结晶器下口时的坯壳厚度，增加漏钢风险；为了降低漏钢风险，不得不采取降低拉速方式进行补救，影响连铸机生产率。从质量控制角度讲，温度过高，会加剧钢水二次氧化和钢包、中间包耐火材料的侵蚀，增加钢液夹杂物含量；温度过高，连铸坯柱状晶发达，中心偏析等内部缺陷严重。

温度过低也有以下危害：温度过低，钢液流动性差，水口容易冻流，导致连铸中断；另一方面，温度过低，结晶器钢液面容易结冷钢，影响连铸保护渣的熔化，恶化连铸坯的表面质量。

对于大多数钢厂来说，一般都配备了 LF（钢包精炼炉），它作为连接转炉与连铸工序中的一个缓冲调节工序，对于连铸钢液温度的控制起到非常重要的作用。不仅可以精确控制每一个钢种所需要的目标钢液温度，还可以及时挽救处理因生产事故造成的低温回炉钢水。同时，有了 LF 工艺，对转炉出钢温度的要求就大大降低了。

为了减少钢液出钢温降和过程温降，常采取的措施有红包出钢，缩短出钢前钢包等待时间，钢包全程加盖，合理使用钢包加速钢包周转，加强中间包烘烤等。

任务 4.2　连铸中间包冶金与结晶器冶金

4.2.1　中间包冶金

随着对钢材质量的要求越来越严格，连铸技术不断发展进步，目前连铸中间包已经不仅仅是一个浇注容器，在现代连铸工艺技术中，中间包的作用越来越重要，它的内涵不断被丰富，逐步形成了一个独特领域——中间包冶金。主要包括两方面的冶金功能：

（1）净化钢液：通过设置不同的中间包内部结构，优化中间包流程，延长钢液在中间包内的停留时间，促进夹杂物在中间包内的碰撞上浮，起到净化钢液作用。另外，中间包内钢液表面加入覆盖剂，防止二次氧化，吸收上浮夹杂物，也可以起到净化作用。

（2）中间包精炼：钢液成分微调、钢液温度精确控制、夹杂物形态控制等。

为了实现净化钢液和中间包精炼的冶金功能，开发了多种中间包冶金工艺技术，图4-1 显示了中间包提高钢液洁净度各种方法。

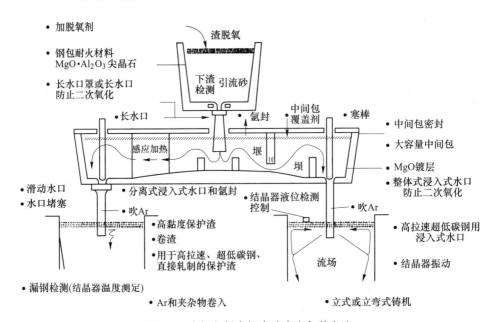

图 4-1　中间包提高钢水洁净度各种方法

（1）大容量中间包：中间包的容量对提高连铸坯的质量有显著影响。增加中间包容量是提高钢液在中间包内停留时间最为有效的方法。由图 4-2 可以看出，熔池深度越深，夹杂物的数量越少。

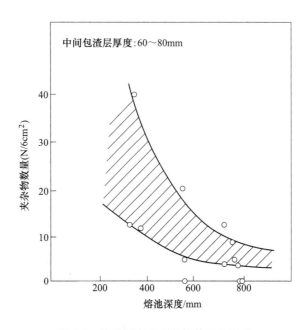

图 4-2　熔池深度对夹杂物数量的影响

中间包容量越大，浇注时熔池深度越深，更换钢包时中间包内流场越稳定，不容易发生因旋涡卷渣等问题。实际操作过程中，中间包内钢液重量的控制要按照"满包"稳定控制，中间包液位避免忽高忽低的大幅度波动。控制液位方法一是通过中间包称量重量信息，一个是通过肉眼观察液位高度。

（2）中间包过滤技术：中间包内通过设置过滤器，可以起到过滤钢液中夹杂物，净化钢液的作用。过滤器一般有两种形式，直通孔型和泡沫型。

直通孔过滤器一般采用上游大下游小的 CaO 材质通孔，通孔直径在 $10 \sim 50mm$ 范围内，直径越小，过滤效果越好，但是钢液流动阻力也越大。

泡沫型过滤器为深层过滤器，一般采用陶瓷材料制成的微孔结构，比表面积大，钢液通过过滤器时，夹杂物与过滤介质的润湿作用大于其与钢液的润湿作用以及过滤器微孔表面的凹凸不平对夹杂物的截流与吸附，钢水可以得到净化。这种过滤器的中间包过滤效果好，但是对钢液流动的阻力影响较大。

中间包过滤技术不仅可以过滤大型夹杂物，而且还可以去除小于 $50\mu m$ 的夹杂物。

（3）中间包流场优化控制：如图 4-3 所示，通过中间包包形的改进、挡墙和挡坝的合理设置等方法，增加中间包有效容积，减少死区体积，延长钢液在中间包内停留时间，起到净化钢液作用。如表 4-1 所示，中间包内有控流装置比无控流装置时不同尺寸夹杂物的数量密度都小。对于多流方坯连铸机来说，中间包流场优化还包括控制各流钢液停留时间的均匀化，以利于各流钢液温度和成分的均匀化。

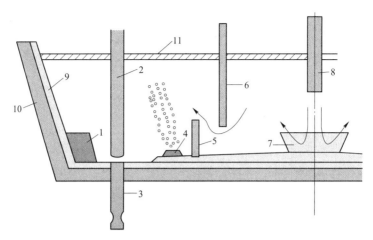

图 4-3　中间包流场控制

1—消旋器；2—塞棒；3—浸入式水口；4—透气条；5—挡坝；6—挡墙；7—冲击槽；
8—长水口；9—工作层；10—永久层；11—中包渣面

表 4-1　中间包内有/无流动控制时不同尺寸夹杂物的数密度

夹杂物尺寸	$10\sim15\mu m$	$20\sim25\mu m$	$30\sim35\mu m$	$40\sim45\mu m$
无流动控制	2493	36.74	0.54	0.008
有控流装置	1373	16.97	0.21	0.003

在控制钢液流动方面，H 型中间包不但可以使中间包内钢液流动平稳，而且使钢水平均停留时间延长。同时，更换中间包时，还可以避免液面波动及卷渣现象。

（4）中间包吹氩：中间包吹入氩气包括两种方式，一是中间包底部吹入氩气（见图4-3），可以改变中间包内钢液流动状态，促进夹杂物上浮；另一种是中间包内钢液面上方吹入氩气，起到隔离空气，防止二次氧化的作用。

（5）中间包加热：中间包加热技术可以有效补偿在浇注过程中因为各种原因导致的钢水温度过低问题，使中间包钢水温度保持在目标值附近。目前应用在中间包上的加热方法主要有电磁感应加热法和等离子加热法。

（6）离心中间包：电磁驱动离心流动中间包简称 CF 中间包，由日本川崎钢铁公司开发。离心中间包利用电磁力旋转圆筒状中间包内的钢水，利用转动钢水所产生的离心力促进夹杂物分离。

（7）中间包钢水覆盖剂：中间包钢液面加入覆盖剂+碳化稻壳（见图4-3），可以起到吸收夹杂，绝热保温作用。典型的中间包钢水覆盖剂成分如表4-2所示。

表 4-2　典型中间包钢水覆盖剂成分（质量分数）　　　　　　（%）

覆盖剂	FeO	SiO_2	CaO	MgO	Al_2O_3	MnO	K_2O	Na_2O	F	水分
酸性覆盖剂	0.36	34.28	29.94	3.43	5.26	0.17	0.22	7.39	8.80	0.26
碱性覆盖剂	0.94	23.49	30.67	4.92	10.74	0.28	0.41	1.02	2.78	0.040

4.2.2　结晶器冶金

结晶器冶金主要是通过控制液相穴内钢液流动状态，为夹杂物上浮创造最后的条件，同时减少保护渣的卷入。

4.2.2.1 夹杂物上浮与去除

结晶器是夹杂物上浮去除的最后机会，如果残留的夹杂物不能在结晶器内完成上浮与去除，那么就会滞留在连铸坯内。采取的主要措施主要有：

（1）控制结晶器钢水流动特征：结晶器内钢水流动一般要满足以下要求，一是不产生结晶器液面卷渣；二是注流的穿透深度有利于夹杂物上浮；三是钢液流动避免冲刷凝固坯壳。控制结晶器内钢水流动主要是通过选择和连铸工艺相匹配的浸入式水口的内腔形状、出口倾角、合理控制浸入式水口插入深度及电磁制动等技术措施来实现。

（2）采用结晶器液面自动控制技术。

（3）使用与浇注钢种相匹配的性能优良的保护渣。

（4）采用结晶器电磁搅拌技术。

4.2.2.2 凝固坯壳均匀生长

采用与浇注钢种相匹配的性能优良的保护渣、结晶器电磁搅拌技术、合适的结晶器冷却工艺，以及合理的浸入式水口形状和出口角度等都可以促进凝固坯壳均匀生长。

4.2.2.3 控制凝固组织

采用电磁搅拌技术，可以使结晶器内平均热流量增加，凝固坯壳内部未凝固的钢液温度分布均匀，有效降低凝固前沿的温度梯度，增加等轴晶的比例，改善铸态组织，减轻中心疏松。结晶器内加入形核剂，也可以扩大等轴晶比例。

4.2.2.4 结晶器微合金化

向结晶器内加入微合金，Al、Ti 等包芯线进行微合金化，可以防止 Al_2O_3、TiO_2 堵塞水口。结晶内还可以喂入稀土丝，减少稀土合金的烧损。

任务 4.3 无氧化保护浇注

扫码获取
数字资源

通过精炼处理后成分、温度、洁净度合格的钢液，运送至连铸机进行浇注，浇注过程中如果发生二次氧化，钢液会被再次污染，所以连铸过程中各个环节务必要做好保护浇注工作，减少污染，保证钢液洁净度。

所谓无氧化保护浇注是指连铸工序钢包—中间包—结晶器全程保护浇注，防止钢液与空气接触。如图 4-4 所示，钢包浇注时，对钢液表面加覆盖剂+钢包盖；从钢包到中间包注流采用长水口+氩气密封；中间包浇注时，对钢液面加覆盖剂+保温稻壳，有的吹入氩气进行保护浇注；中间包到结晶器注流采用浸入式水口+氩气密封；结晶器内采用保护渣覆盖。其中最为关键，也是最容易发生吸氧污染的两个环节是钢包到中间包注流的保护浇注和中间包到结晶器内注流的保护浇注。

4.3.1　钢包到中间包注流的保护

如果注流没有保护浇注，钢液从水口流出，在具有一定速度的注流周围形成一个负压区，从而将注流周围空气卷入钢液中，造成钢液二次氧化。二次氧化程度与注流比表面积和注流形态有关。

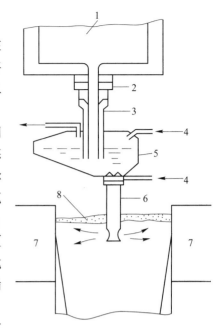

图 4-4　无氧化保护浇注示意图
1—钢包；2—滑动水口；3—长水口；
4—氩气；5—中间包；6—浸入式水口；
7—结晶器；8—保护渣

其次，无长水口保护浇注的注流冲击引起中间包液面不断地更新，此时钢液的吸氧量比静止状态时要严重很多。例如中间包液面面积为 1000mm×5000mm（即 5m²），熔池深度为 700mm，由于注流的冲击引起的中间包钢液的运动，使表面裸漏更新；根据理论计算，每隔 1.5s 表面更新一次，每分钟更新 52 次之多，液面裸漏更新总面积为 260m²。由此可见，无长水口保护浇注的注流冲击引起液面裸漏更新会造成严重的二次氧化。

另外，敞开浇注时，在注流的冲击作用下，容易将中间包渣卷入钢液内部。

钢包到中间包的注流保护浇注通常采用长水口保护浇注。长水口上部与钢包下水口连接，下部插入中间包内钢液面下方 100mm 左右，可以有效减少卷渣现象。需要重点关注的是长水口上部与钢包下水口的连接密封，如果连接密封不严密，不仅不会起到保护浇注作用，而且会比裸浇吸氧更严重。这是因为长水口的内径比钢包下水口的内径大，钢流不会充满长水口内孔通道，如果密封不严，长水口就像一个抽气泵，不断抽吸空气进入钢液，造成严重的二次氧化。所以在实际生产过程中务必做好长水口与钢包下水口的连接密封，首先上水口的内径尺寸要与钢包下水口尺寸相互配合，其次采用石棉垫+氩气气幕方式进行密封。在连接部位形成正压氩气气幕，可以有效防止空气被吸入。

4.3.2　中间包到结晶器注流的保护

中间包到结晶器的注流保护采用浸入式水口，使注流与空气完全隔绝，防止二次氧化。浸入式水口与中间包水口的接缝，与钢包的长水口一样必须密封。用铝碳质、镁碳质、锆碳质等材料制作的密封环密封，并吹入氩气和涂抹耐火泥，注流保护效果会更好。采用氩气密封，氩气流量不能过大，否则结晶器内液面容易出现翻腾现象。

任务 4.4　连铸拉速的控制

4.4.1　连铸拉速的确定

连铸拉速是连铸机的重要工艺参数之一，其大小决定了连铸机的生产能力，同时又直接影响钢水的凝固速度，连铸坯的内外部质量及连铸生产过程的安全顺稳。一台连铸机的拉速应该以获得良好的连铸坯质量、确保连铸生产安全顺稳为基础，在此基础上提高连铸机的生产能力。确定拉速时需要综合考虑以下因素：

（1）保证出结晶器下口的坯壳不漏钢；

（2）液芯长度小于冶金长度；

（3）浇注周期与炼钢、精炼生产周期相匹配；

（4）连铸坯质量情况。

可以根据确保结晶器出口坯壳安全厚度和液芯长度小于冶金长度综合确定理论最大拉速，而在实际生产中，不会使用理论最大拉速，一般会设置最大工作拉速，理论最大拉速是最大工作拉速的 1.1 倍。

实际生产中浇注钢种和铸坯断面确定后，拉速一般是根据浇注钢液温度的变化而调节的。为了调节方便，设定拉速每 0.05m/min 为一档，当浇注温度高于目标温度上限时，拉速可以降低 1~4 档；当浇注温度低于目标温度下限时，拉速可以提高 1~4 档。

4.4.2　连铸拉速的控制

连铸生产中，拉速应与中间包向结晶器内浇注钢水的速度相适应，以保持结晶器液面的稳定。中间包向结晶器内浇注钢水的速度由中间包钢流控制装置进行控制，目前有三种方式：

（1）塞棒式。优点是开浇时控制方便，能够有效防止钢水发生漩涡，从而避免把中间包渣带入结晶器。

（2）滑动水口式。滑动水口通过滑板的滑动来控制钢流的大小，优点是行程长，能够精确调节钢水流量，易于实现自动控制。

（3）组合式。塞棒+滑动水口双重控制，开浇采用塞棒有利于稳定，浇注过程采用滑动水口，实现精确自动控制。

任务 4.5　连铸过程冷却控制

连铸过程冷却控制包括结晶器一次冷却控制和二冷区二次冷却控制。

4.5.1　结晶器一次冷却控制

钢水在结晶器内形成具有足以承受钢水静压力的安全厚度、表面质量良好、厚度均匀的坯壳是连铸坯凝固的基础，也是连铸坯质量控制的关键所在。结晶器一次冷却能否实现这些目标主要与结晶器的冷却能力、热流分布、结晶器参数以及冷却水流量、流速等因素有关。

4.5.1.1　冷却水流量

结晶器冷却水流量的计算有三种计算方式：

（1）热平衡法，在 3.4.3 节介绍了相关内容，根据式（3-25）可以得到

$$Q_w = \bar{q}F / C_w \Delta T_w \tag{4-1}$$

式中 $\bar{q}$ ——结晶器平均热流密度，W/m²；

 Q_w ——结晶器冷却水流量，g/s；

 C_w ——水的比热，J/(g·K)；

 ΔT_w ——结晶器冷却水进出水温度差，K；

 F ——结晶器内与钢水接触的有效面积，m²。

（2）保证结晶器水缝内流速大于 6m/s 来计算结晶器水流量

$$Q_{结} = \frac{36Av}{10000} \tag{4-2}$$

式中 A ——结晶器水缝总面积，mm²；

 $Q_{结}$ ——结晶器冷却水流量，m³/h；

 v ——水缝内冷却水流速，m/s。

（3）按照经验公式计算

对于方坯连铸机：

$$W = 4aQ_k \tag{4-3}$$

对于板坯连铸机：

$$W = 2(L + D)Q_k \tag{4-4}$$

式中 W ——结晶器冷却水流量，L/min；

 a ——方坯连铸断面边长，mm；

 Q_k ——单位长度单位时间水流量，L/(min·mm)；

 L ——板坯宽面尺寸，mm；

 D ——板坯窄边尺寸，mm。

小方坯结晶器在实际生产过程中按照结晶器周边长度供应冷却水，一般为 2.5~3.0L/(min·mm)。

表4-3是某钢厂板坯连铸机结晶器冷却水流量设定参数，仅供参考。

表 4-3 某钢厂板坯连铸机结晶器冷却水流量

铸坯厚度/mm	250	300	400
单侧窄面/L·min⁻¹	500	500	750
单侧宽面/L·min⁻¹	4000	4000	4100

4.5.1.2 冷却水压力

冷却水压力是保证冷却水在结晶器水缝中流动的主要动力，冷却水压力一般控制在 0.6~1.0MPa。例如某钢厂正常供水压力为 0.8MPa，报警压力为 0.6MPa。在实际生产过程中，结晶器供水压力是需要重点监控的工艺参数，出现压力波动，必须及时查清原因，采取措施。

4.5.1.3 冷却水温度

冷却水温度在 20~40℃ 范围内波动时，结晶器总热流变化不大。结晶器水进出温度差一般控制在 5~8℃，出水温度在 45~50℃。出水温度过高，结晶器容易形成水垢，影响传热效果。冬季，如果开机前水温比较低，需要提前利用加热器进行加热，确保冷却水温达到工艺要求；夏季，水温超过 40℃ 后，需要开启冷却塔进行冷却降温。

4.5.2　二冷区二次冷却控制

二冷区二次冷却控制的主要内容包括确定二次冷却强度、二次冷却方式、冷却水量的分配以及二次冷却控制方式。

4.5.2.1　确定冷却强度的原则

（1）冷却强度由强到弱的原则。由结晶器一次冷却的连铸坯拉出结晶器后进入二冷区，此时铸坯坯壳比较薄，坯壳内部大部分还是未凝固的钢液，坯壳的热阻小，此时加大冷却强度可以快速冷却连铸坯，使得坯壳厚度快速变厚以抵抗钢水静压力对凝固坯壳产生的不利影响。随着坯壳厚度不断变厚，坯壳的导热热阻逐渐增加，此时需要不断降低冷却强度，防止铸坯表面热应力过大产生裂纹。

（2）最大液芯长度准则。冷却强度大小决定着连铸坯的液芯长度，所以确定冷却强度时，需要满足最大液芯长度不能超过冶金长度。

（3）表面温度最大冷却速率和回温速率准则。连铸坯局部快速冷却会在铸坯表面产生拉应力，从而产生表面裂纹或者恶化扩展表面已经存在的微小裂纹。连铸坯表面回温过大会在凝固前沿产生拉应力，从而产生连铸内裂纹。所以冷却强度的控制最理想状态是实现连铸坯表面温度从上到下均匀地降低，避免产生局部温降过大或者表面回温过大。通常铸坯表面冷却速率应小于 200℃/m，铸坯表面温度回升速率应小于 100℃/m。铸坯断面越大，冷却速率和回温速率应越小。

（4）矫直点最高或最低表面温度准则。连铸坯矫直时，如果矫直应力大于钢种所能承受的极限应力，连铸坯表面会产生横裂纹。连铸坯在钢种脆性温度区（700~900℃）时延展性差，所能承受的极限应力较小，所以需要控制矫直点表面温度避开脆性温度区。

（5）与钢种特性相匹配。裂纹敏感性强的钢种一般要采用弱冷。

4.5.2.2　二次冷却方式

目前常用的二次冷却方式有三种。

A　水喷雾冷却

水喷雾冷却也称喷淋冷却，采用专门的喷嘴将冷却水雾化，然后喷向连铸坯表面对其进行冷却，水的雾化程度仅靠二冷水压力和喷嘴的特性。常用压力喷嘴的喷雾形状有圆锥形、扁平形和矩形等。

喷淋冷却优点是供水管路简单、维修方便、操作成本低。但也存在许多缺点：

（1）流量调节范围不大，流量调节只能通过增加二冷水压力实现，调节范围有限。

（2）冷却不均匀，冷却水利用率不高。喷射到铸坯表面的水小部分被蒸发，对于内弧，大部分冷却水积存在铸坯表面与辊子接触的区域并向铸坯两侧横流，然后通过铸坯两侧边缘下流，使得铸坯边角部区域过冷。对于外弧，大部分冷却水喷射到铸坯表面后反射进入地沟。

（3）喷嘴容易堵塞，尤其是喷孔缩颈部分直径很小，二冷水中杂质及管路中的铁锈都容易堵塞喷嘴。

B　气-水雾化冷却

气-水混合冷却系统就喷嘴数量而言属于单喷嘴系统，它最重要的特征是将压缩空气引入喷嘴，与水混合，从而使这种混合介质在喷出喷嘴后能形成高速"气雾"，而这"气雾"中间包含大量颗粒小、速度快、动能大的水滴，因而冷却效果大大改善。

气-水混合冷却系统使用的压缩空气通常工作压力为 0.2MPa。

水滴的平均直径：水喷嘴 $200 \sim 600 \mu m$，气-水喷嘴 $20 \sim 60 \mu m$。水滴的表面积与体积比值从 0.05 增加到 0.1。

计算时需要考虑以下几点：与喷淋冷却相比，气-水冷却的水流量仅为 $40\% \sim 60\%$；内弧与外弧的水分配比为 $1:1.1$ 或 $1:1.2$；在二次冷却尾部，冷却水流量可相对大些。

C　干式冷却

所谓干式冷却是指在二冷区不向铸坯表面喷水，而是依靠导辊（导辊内部通水）间接冷却的一种弱冷方式，即干式冷却。干式冷却的冷却能力差，能够使铸坯表面温度提高近 100℃，适合浇注裂纹敏感性钢种；适于热送与直接轧制。

4.5.2.3　二次冷却的控制方式

二次冷却的控制方式大致分为以下几种。

（1）比例控制：

比例控制是一种简单易行的控制方式。二次冷却的水量按照拉速成一定比例控制，或者设定不同拉速对应不同的冷却水流量的二冷水表，实际浇注过程中，拉速不同，通过 PLC 或者计算机指令控制二冷水阀门的开度，使水流量接近设定值。这种控制方式在方坯连铸机以及早期设计的板坯连铸机中应用广泛。

（2）参数控制：

参数控制是指计算机过程控制，是一种动态控制，不仅考虑了拉速的影响，还考虑了浇注温度、铸坯宽度等因素。设计思路是：首先制定目标表面温度曲线；然后根据钢种建立数学模型，$Q = Av_c^2 + Bv_c + C$；连铸生产时，选用预先储存在智能仪表或控制计算机中相应控制参数 A、B、C，然后自动配置各回路冷却水流量。

（3）目标表面温度动态控制：

控制模型每隔一段时间计算一次铸坯表面温度，并与考虑了二冷配水原则所预先设定的目标表面温度进行比较，根据比较的差值结果给出各冷却区冷却水量，以使铸坯表面温度与目标表面温度相吻合。该控制方式的难点是目标表面温度计算模型的准确性。

任务 4.6　连铸操作工艺

4.6.1　主要工艺参数的确定

连铸工艺参数包括很多内容，本节仅简要介绍浇注温度、二冷水比水量、拉速三个主要工艺参数。

4.6.1.1   浇注温度的确定

连铸浇注温度是指中间包内的钢水温度。在实际浇注过程中，一般需要每隔 5min 左右测温一次，所测温度的平均值为平均浇注温度。目前有些钢厂采用了中间包连续测温技术，可以实时测量、监测中间包内钢液浇注温度。浇注温度可由下式确定：

$$t = t_1 + \Delta t \tag{4-5}$$

式中 t ——浇注温度，℃；

   t_1 ——液相线温度，℃；

   Δt ——钢水过热度，℃。

液相线温度与钢种成分密切相关，常用的液相线温度计算公式可以参考下式：

$$t_1 = 1536 - \left[78w(\text{C})_\% + 7.6w(\text{Si})_\% + 4.9w(\text{Mn})_\% + 34(\text{P})_\% + 30w(\text{S})_\% + 5w(\text{Cu})_\% + \right.$$
$$\left. 3.1w(\text{Ni})_\% + 1.3w(\text{Cr})_\% + 3.6w(\text{Al})_\% + 2w(\text{Mo})_\% + 2w(\text{V})_\% + 18w(\text{Ti})_\% \right]$$
$$\tag{4-6}$$

$$t_1 = 1536 - \left[90w(\text{C})_\% + 6.2w(\text{Si})_\% + 1.7w(\text{Mn})_\% + 28w(\text{P})_\% + 40w(\text{S})_\% + 2.6w(\text{Cu})_\% + \right.$$
$$\left. 2.9w(\text{Ni})_\% + 1.8w(\text{Cr})_\% + 5.1w(\text{Al})_\% \right] \tag{4-7}$$

钢水过热度是根据浇注的钢种、铸坯断面、中间包容量和材质、浇注周期等因素综合考虑确定。总体上说，对碳、硅、锰等含量高的钢种，如高碳钢、高硅钢、轴承钢等，钢液黏度小，流动性好，导热性差，凝固体积收缩较大，如果过热度高，会促使柱状晶生长，加重中心偏析和疏松，所以过热度应控制低一些；而对于低碳钢，尤其是 Al、Cr、Ti 含量较高的一些钢种，钢液黏度大，流动性不好，过热度应控制高一些。表 4-4 是中间包钢液过热度参考值。

表 4-4   中间包钢液过热度的参考值   （℃）

浇注钢种	板坯和大方坯	小方坯
高碳钢、高锰钢	10	10~20
合金结构钢	5~15	5~15
铝镇静钢、低合金钢	15~20	25~30
不锈钢	15~20	20~30
硅钢	10	15~30

在实际生产过程中，需要控制相邻炉次之间钢液过热度的稳定，尽量避免相邻炉次之间温差过大。如果钢液实际过热度超过了过热度上限，需要降低拉速，低于过热度下限，一般需要提高拉速，并通知精炼工序尽快处理下一炉钢水提前做好上机浇注准备。

钢液在传递过程中总温降可以用下式表示：

$$\Delta t_总 = \Delta t_1 + \Delta t_2 + \Delta t_3 + \Delta t_4 + \Delta t_5$$

式中 $\Delta t_总$ ——过程总温降，℃；

   Δt_1 ——出钢过程温降，℃；

   Δt_2 ——出钢结束到精炼开始之前温降，℃；

   Δt_3 ——钢液精炼过程温降，℃；

   Δt_4 ——钢液处理完毕到开始浇注之前温降，℃；

Δt_5——钢液从钢包进入中间包温降,℃。

出钢过程温降 Δt_1 主要是由钢流的辐射散热、对流散热和钢包内衬吸热所形成的温降。Δt_1 主要与出钢温度的高低、出钢时间长短、钢包容量大小、钢包烘烤状况、加入合金的种类和数量有关，尤其是出钢时间的长短和钢包烘烤状况对 Δt_1 影响较大。所以要尽量维护好转炉出钢口，减少出钢时间，采用"红包"周转，减少钢包等待时间，对钢包保温等措施可以有效降低出钢过程温降。

Δt_2 主要是在钢液运输过程中钢包包衬的继续吸热和钢液面通过渣层的散热。Δt_2 主要与运输路途和等待时间有关，温降速度 $0.5 \sim 1.5\text{℃}/\text{min}$。为了降低运输过程的温降，越来越多的钢厂采用了钢包全程加盖技术，可以有效降低 Δt_2。

Δt_3 主要与精炼处理方式、处理时间、加入合金和渣料数量有关。

Δt_4 主要取决于开浇之前的等待时间，温降速度 $0.5 \sim 1.2\text{℃}/\text{min}$。

Δt_5 包括注流的散热、中间包内衬的吸热以及钢液面的散热等。Δt_5 与中间包容量、内衬材质、烘烤状况、浇注时间以及中间包液面有无覆盖剂和保温剂等因素有关。现在大多数钢厂都采用覆盖剂+碳化稻壳保温方式减少中间包钢液面的散热。

4.6.1.2　二冷水比水量的确定

比水量是指二冷区单位质量铸坯所使用的二冷水量，单位是 L/kg；还可以用单位时间单位铸坯表面积使用的二冷水量（即水流密度）来度量，单位是 $\text{L}/(\text{m}^2 \cdot \text{min})$。需要说明的是这里的铸坯表面积是冷却（喷淋）面积，是喷淋宽度与长度的乘积，喷淋宽度不是实际浇注铸坯的宽度而是喷淋区域覆盖的宽度。

二冷水的比水量及其在二冷各区的分配比，对于铸坯的内部晶体结构是影响较大。在同一钢种、相同过热度条件下，二冷水的比水量及其分配比是铸坯内部晶体结构的决定因素。

二冷比水量与浇注钢种、铸坯断面尺寸、拉速等因素有关，通常在 $0.3 \sim 1.5\text{L}/\text{kg}$ 范围波动。

4.6.1.3　拉速的确定

拉速是连铸工艺过程重要的工艺技术参数，总的来说，拉速与所浇注铸坯的断面尺寸成反比，断面尺寸越大，拉速越低。拉速的理论值确定参考 4.4.1 节内容。

4.6.2　连铸机运行模式

连铸机运行模式主要包括检修模式、辊缝测量模式、上引锭模式、点动模式、准备浇注模式、浇注模式、尾坯模式。

（1）检修模式：

满足故障处理及设备检修期间对各单体设备进行手动操作的要求。此模式下可进行上引锭之前的各项准备工作。

（2）辊缝测量模式：

满足铸机进行辊缝测量时对各相关设备的控制及操作要求。此模式用于对连铸机的辊列进行辊缝测量，当该模式下的插引锭工作完成后，在拉引锭的过程中进行辊缝测量操作。

（3）上引锭模式：

满足上引锭时各相关设备的连锁控制要求。进入这种模式意味着上引锭的各项准备条件一切就绪。

（4）点动模式：

满足引锭杆以及辊缝测量仪的相关定位要求。

（5）准备浇注模式：

满足铸机在上引锭结束，等待浇注时各相关设备的控制要求。这是一种把引锭杆固定在结晶器内，等待浇注的模式；此模式下进行浇注之前的各项准备工作已经完成。

（6）浇注模式：

满足铸机在开始浇注和浇注期间对各项相关设备的控制及操作要求。这种模式下，被封锁的设备释放，当中间包开浇后，只要按下"启动"按钮，就可使浇注程序进行。

（7）尾坯模式：

满足铸机在钢水浇注结束，拉送尾坯时对各相关设备的控制及操作要求。

当所有满足单独模式的必要前提条件满足时，才能进行模式选择。在一级 HMI 上和铸流操作台 OS1 上选择操作模式。除尾坯模式外，选择一种操作模式，先前的操作模式将自动退出。一旦选择了无效的操作模式，当前的操作模式仍然有效，选择一种操作模式不能引起任何驱动动作。

在适当的前提条件下，可以通过按压 HMI 上的"强制"按钮选择前提条件。如果操作员实施了强制模式，必须特别注意避免对该设备的损害。一旦成功选择所需要的操作模式，所存在的强制将被自动解除。

由于各操作模式执行前要求各设备所处状态不同，即前提条件不同，为了避免因失误导致事故，在控制上要求模式的选择应按规定的顺序进行操作，见图 4-5。

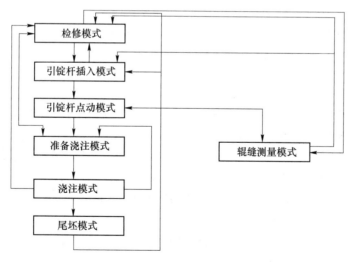

图 4-5　操作模式转换图

4.6.3　浇注前的准备

浇注前的准备工作对于连铸操作来说非常重要，准备工作的好坏影响连铸生产的顺稳，开浇之前，各项准备工作必须做到全面而细致。准备工作主要包括钢包的准备及钢包回转台检查确认、中间包的准备及中间包车的检查确认、结晶器的检查确认、二冷区的检查确认、拉矫机的检查确认、切割装置的检查确认、穿引锭堵引锭操作以及连铸辅料的准备。

4.6.3.1　钢包的准备及钢包回转台的检查确认

钢包的准备工作包括：清理钢包内残钢、残渣，保证钢包内干净；安装检查钢包水口；烘烤钢包至1000℃以上；水口内装入饱满的引流砂；已装钢水的钢包坐到回转台上以后，转到浇注位，装上长水口，并检查长水口与钢包下水口的接触密封。

对于采用回转式的钢包支撑设备，浇注前要试转，向左转动两周，向右转动两周，检查确认旋转正常，停位是否准确，限位开关是否好用；相关的电压、液压、机械系统是否正常。

钢包注流保护的机械手在浇注前应检查确认处于良好状态，拖圈叉头无冷钢无残渣，转动灵活。

4.6.3.2　中间包的准备及中间包车的检查确认

采用塞棒式控流方式时，要求机械操作灵活，塞棒尺寸符合要求，装配塞棒时要与水口位置配合好，棒头顶点应偏向开闭器方向，留有2~3mm的哨头，安装完毕要试开闭几次，检查开闭器是否灵活，开启量是否在规定范围内。采用滑板控制注流时，要求控制系统灵活，开启时上下滑板流钢眼同心，关闭时下滑板能封住上滑板流钢眼。

扫码获取
数字资源

检查中间包烘烤情况是否能满足浇钢需要，包括检查是否充分预热和干燥，是否四壁渗孔有水渗出，或者是否在中间包上方存在过多的蒸汽。

检查确认中间包小车升降、横移是否正常，小车轨道上是否有障碍物。

4.6.3.3　结晶器的检查确认

在使用结晶器之前，一定要对如下事项进行确认方可使用：

（1）在引锭杆插入结晶器之前，测试结晶器的整个调宽范围，确保无卡阻；

（2）通过特殊样板检查结晶器的足辊必须比结晶器底部铜板高大约0.5mm；

（3）铜板的上沿至250mm内无损坏，在250mm以下，满足生产要求的最大损坏深度为2mm，但是必须沿着拉坯方向进行均匀修磨；

（4）宽面窄面铜板允许的偏差如下，在铜板中间测量，沿着整个高度偏差不超过0.5mm；

（5）铜板边缘附近的磨损小于3.0mm；

（6）每次宽度调整后，窄面锥度调整的偏差不允许超过±0.5mm；

（7）窄面-宽面缝隙小于0.3mm；

（8）检查足辊喷嘴，堵塞的喷嘴头一定要拆下进行清洗；

（9）宽面足辊和窄面足辊转动灵活性，确保足辊上没有冷钢和积渣；

（10）结晶器是否渗水，若有水渗透到结晶器内，结晶器必须立即更换；

（11）盖板和铜板之间的密封良好；

（12）确保宽面夹紧装置功能正常；

（13）铜板必须干燥；

（14）检查确认结晶器冷却水流量、压力以及进水温度是否符合工艺要求。

结晶器振动装置，结晶器振动不应有抖动或者卡住现象，振动频率和振幅符合工艺要求。

4.6.3.4 二冷区的检查确认

检查二冷区供水系统是否正常，水质是否符合要求；检查二冷区喷嘴是否齐全、喷嘴有无堵塞，喷嘴喷出冷却水形状及雾化情况满足要求。

检查结晶器与二冷装置的对弧情况，对弧误差在 0.5mm 以内；检查二冷夹辊的开口度，满足工艺要求。采用液压调节夹辊时，液压压力正常，夹辊调节正常；二冷辊子无弯曲变形、裂纹，无黏附物，转动灵活。

根据拉坯辊压下动作检查气压或液压系统是否正常。

4.6.3.5 切割装置的检查确认

检查火焰切割装置及剪切机械的运行是否正常，并校验切割枪；启动各组辊道，检查升降挡板、横移机、推钢机、打号机等设备处于正常状态。

检查切割枪及切割车冷却水是否正常；接通氧气和可燃气体并点着火，检查火焰是否正常。

4.6.3.6 穿引锭堵引锭操作

扫码获取
数字资源

引锭头的准备：引锭头的宽度和厚度取决于生产的需要，根据生产的需要在引锭头准备区域（引锭杆车上），将引锭头安装到引锭杆链上；引锭杆必须安装合适的引锭头和调整垫片；引锭头必须清洁和干燥；引锭杆必须活动自如；在插入结晶器之前，引锭杆必须对中；引锭杆的连接处必须无污染，并且润滑良好确保接头处运动灵活；引锭杆的磨损不能太大。

堵引锭头操作：当确认一切正常后，按要求将引锭头送入结晶器，引锭头一般距离结晶器顶面 500mm 位置。堵引锭头时要注意：确保引锭头干燥、干净，否则可以用压缩空气吹扫；引锭头与结晶器四壁的缝隙内用石棉绳或纸绳填满、填实、填平；在引锭头的四周及沟槽内添加洁净的废钢屑、冷却方钢或者冷却弹簧，以使引锭头处的钢液能够充分冷却，避免拉漏，见图 4-6。

图 4-6 封堵引锭实物图

4.6.3.7 辅助材料及辅助工具准备

准备相应钢种的开浇渣、保护渣及覆盖剂等辅助材料。

浇注所需工具的准备，例如烧氧管、挑渣杆、挡钢板、推渣铲等。

4.6.3.8　检查确认事故水位处于正常

连铸机结晶水、二冷水、设备冷却水均配有相应的事故水水箱，浇注前要对事故水水位进行检查确认，水位不得低于工艺设定值。

4.6.4　浇钢操作

扫码获取
数字资源

4.6.4.1　钢包浇注

钢包浇注的具体操作步骤：

（1）当钢包到达回转台后，转动回转台将钢包转至浇注位置并锁定。停止中间包的烘烤，并关闭塞棒或者滑板；如果是离线单独烘烤浸入式水口，需要将浸入式水口安装到中间包上。

（2）开动中间包车至浇注位，并将水口与结晶器对中，对中包括左右对中和前后对中。

（3）下降中间包，将浸入式水口伸入结晶器至设定位置。

（4）多次开闭塞棒或者滑板，确认开闭正常。

（5）安装保护套管，并做好密封。

（6）稍微下降钢包，缓慢开启钢包滑动水口，引流砂自动引流开浇。如果不能自开，将滑板完全打开，并来回开关两次，如果还不能自开则要立即关闭滑板，摘掉长水口，烧氧引流。待钢液流出一定重量后，再关闭滑板，快速套上长水口，再次拉开滑板并调节至合适开度。

（7）钢包开浇成功后，降低钢包至预定位置，待钢液达到预定高度并浸没长水口后，往中间包内加入一定数量的覆盖剂和保温稻壳。

（8）中间包内钢液达到一定数量后，开始多次测量中间包内钢液温度，并反馈给中间包工，为中间包开浇操作提供参考。

4.6.4.2　中间包浇注

中间包浇注操作步骤：

（1）在钢包到达转台时，选择"浇注模式"；浇注所需物品（推渣扒、捞渣勺、保护渣等）放在结晶器边，挡钢板放置在结晶器内。

（2）当注入中间包内的钢液达到大约1/2高度时（如果钢液温度低于正常范围，可以提前开浇），开启塞棒，钢液流入结晶器，此时要特别注意控制钢流不能太大、太猛，否则容易冲走引锭杆填充材料，或者飞溅导致挂钢。

（3）试棒或试滑：在钢液未没过浸入式水口侧孔时，快速关开塞棒或者滑板1~2次确保塞棒或滑板开关正常。

（4）当钢液没过浸入式水口侧孔后，向结晶器内推入保护渣，并撤掉挡钢板。

（5）适当增加钢流大小，根据不同的断面，确保合适的出苗时间，所谓出苗时间是指从中间包开浇到连铸机拉矫机启动的时间间隔。断面不同，出苗时间不同，断面越大出苗时间越长，例如某钢厂250mm厚板坯连铸机出苗时间大约60s，300mm厚板坯连铸机出苗时间大约 90s。

（6）达到出苗时间后，钢液面应该处于距离铜板顶部约 100mm，在主操作台上按压"开始"按钮，连铸开始。

（7）确认结晶器振动、蒸汽排放、二冷水调节阀、驱动辊转换、长度测量系统、脱引锭系统、同步跟踪、事故水功能连锁启动。

（8）开浇初期，结晶器内处于非稳态状态，非常容易产生黏结，所以此时需要操作工用"试黏棒"频繁试探坯壳是否出现黏结，一旦试探出坯壳黏结，必须停机，停机 10s 后，重新启车。同时，对坯壳是否脱开进行检查确认。如果未脱开，再次停机，30s 后，再进行拉矫。

4.6.4.3　连铸机启动

一般起步拉速 0.2~0.4m/min，在快加速 2.5m/min² 下达到起步拉速，并在起步拉速下保持至少 30s。

30s 内结晶器内状况良好，无黏结迹象，然后缓慢增加拉速，1min 后达到正常拉速的 50%，4min 后达到正常拉速 90%，然后再根据中间包内状况设定工作拉速。需要注意的是，在提高拉速的时间段内，操作工务必强化对结晶器内状况的监控，不断的试探坯壳是否黏结，一旦出现黏结，本着"宁停勿漏"原则，必须停机，停机 10s 后，重新启车。同时，对坯壳是否脱开进行检查确认。如果未脱开，再次停机，30s 后，再进行拉矫。

当结晶器液面平稳，液位达到设定值、拉速达到设定值后正常浇注。

4.6.4.4　正常浇注

正常浇注操作步骤：

（1）中间包开浇后观察中间包塞棒开度是否正常。

扫码获取
数字资源

（2）铸机启车后，定期观察结晶器振动频率、电流是否正常，结晶器水流量、温差是否正常，机械闭路水压力、流量是否正常，二冷水、二冷水流量、压力是否与设定值相符。

（3）检查是否在开始浇注的时候，由于钢水的喷溅在结晶器铜板与盖板之间（边缘区域）形成了钢壳，如果存在钢壳，必须使用撬杠等移除。

（4）通过挑渣杆感觉结晶器液面是否存在覆盖物。一旦存在覆盖物或者结块，必须使用杆或者钳进行清除。

（5）检查结晶器液面是否有粘连发生，一旦发生这种情形，必须停机，停机 10s 后，重新启车。同时，对坯壳是否脱开进行检查确认。如果未脱开，再次停机，30s 后，再进行拉矫。

（6）对出坯辊道上的铸坯进行肉眼检查，主要关注纵裂、角裂、横裂、深振痕（深振痕可能引起裂纹敏感钢种的横裂）。

（7）定期检查中间包及结晶器内渣的硬度，如果结晶器内渣硬度过大，需要进行除渣操作并更换新的保护渣。一旦中间包内覆盖渣结壳严重，必须从覆盖区域去除结壳。

（8）尽量保持结晶器液面稳定。

（9）定期测量中间包温度。

（10）在关闭大包滑动水口后，通过观察中间包液面（重量）或者通过向中间包液面内插入钢杆对中间包液面进行检查。

（11）检查结晶器内是否有渣条，通过挑渣杆移除。

（12）定期检查中间包内渣层厚度，一般情况下，超过100mm后，需要进行排渣操作。

扫码获取
数字资源

4.6.4.5　更换钢包

更换钢包步骤：

（1）借助钢包下渣检测装置或根据钢包内剩余钢水重量结合操作人员的经验判断是否关闭滑动水口，防止下渣。

（2）临近钢包浇注末期，开大滑板开度，提高中间包液面高度，储存足够量的钢液，这对小容量中间包尤为重要，防止钢包更换时，中间包液面过低导致出现漩涡而产生结晶器下渣。

扫码获取
数字资源

（3）卸下长水口，清理长水口碗口部位残留冷钢等杂物，下一包钢液到位后，按照程序装好长水口，并保持良好的密封性。

（4）将钢包下降一定高度打开滑板开浇。需要注意的是开浇前，长水口不要浸入到中间包钢液面下，防止钢包内引流砂冲入钢液内部，待钢液流出后，再下降钢包，将长水口浸入中间包钢液内。

4.6.5　中间包快换

快速更换中间包是实现多炉连浇的关键，在中间包快换之前，新的中间包、浸入式水口已经提前预热，所有条件准备好，所有功能检查完毕。具体步骤如下：

扫码获取
数字资源

（1）下一炉钢包由坐包位旋转90°等待。

（2）提前设置拉速，当中间包内钢液重量剩余40%～50%时，拉速缓慢降低。随着中间包重量的减少，必须通过插入杆对中间包内的钢液面及渣面进行测量，避免中间包渣进入结晶器。

（3）停止下一个中间包烘烤，安装好浸入式水口，检查确认好塞棒开闭正常，并将其开至接近浇注位的中间包车旁边，等待。

（4）当中间包液面达到最小液面时，关闭塞棒。

（5）以蠕动速度0.1m/min进行拉坯。

（6）将浇注位中间包提升到需要高度，检查结晶器液面保护渣的情况，尽可能多地移除结晶器内的残渣，同时用挑渣杆搅动结晶器液面，避免结壳发生。

（7）浇注位中间包提升至最高位，移到预热位置，另一个中间包同步移动到浇注位置。

（8）新中间包到浇注位后，快速调整对中；同时旋转大包回转台将钢包旋转至浇注位并锁定；安装大包长水口、氩气管、打开大包滑动水口。

（9）检查结晶器液面，用挑渣杆挑动结晶器液面，避免结壳。

（10）将铸流停止在距结晶器铜板上沿向下500mm位置，用预先准备好的挑渣杆测量距离。

（11）停止拉坯。

（12）插入窄面结晶器铜板挡钢板。

（13）中间包内钢液达到 5~10t 后，打开塞棒、手动填充结晶器后，开始按照正常开浇程序进行拉坯浇注。

（14）在操作过程中，拉速降到 0.4m/min 或者铸流处于停止状态，二冷水水流量为最小值。

（15）在中间包更换过程中，铸流停止时间应该为 3~4min。如果停止时间超过 7min，中间包更换程序失败，铸流必须拉出。

4.6.6　浸入式水口更换

浇注过程中如果浸入式水口达到使用寿命或者出现质量问题不能继续浇注，都需要进行浸入式水口更换操作，操作步骤主要包括：

扫码获取
数字资源

（1）将拉速降低到 0.3~0.5m/min。

（2）将更换液压缸推回返回位置，移除盲板。

（3）使用夹钳插入预热浸入式水口。

（4）将更换液压缸移到工作位置。

（5）关闭塞棒，将新浸入式水口通过更换液压缸推至工作位置。

（6）使用浸入式水口夹钳移除旧浸入式水口。

（7）将更换液压缸推至返回位置，插入盲板。

（8）将更换液压缸移入工作位置。

4.6.7　浇注结束

浇注结束后操作为：

（1）钢包停浇：

借助钢包下渣检测装置或根据钢包内剩余钢水重量结合操作人员的经验判断是否关闭滑动水口，关闭滑动水口后，移出长水口。将钢包提升到最高位置，旋转到装载位置。

（2）中间包停浇：

1）当中间包内钢液重量剩余 40%~50% 时，拉速缓慢降低。随着中间包重量的减少，必须通过插入杆对中间包内的钢液面及渣面进行测量，避免中间包渣进入结晶器。

2）在浇注完成前的 2~3min，停止添加保护渣。关闭结晶器液面控制，继续手动浇注。

3）当中间包液面达到最小液面时，关闭塞棒，并停止拉矫。

（3）捞渣和封顶：

1）在关闭中间包塞棒后，去除结晶器液面处的残留渣。

2）捞净结晶器内保护渣后，用钢棒或氧气管轻轻地均匀搅动钢液面，然后用水喷淋铸坯尾部，加速凝固封顶。

3）确认铸坯尾部封顶完好后，启动拉矫，并缓慢提高拉速至正常拉速。在铸坯尾部离开结晶器前，检查铸坯尾部是否完成封顶，如果没有，拉速必须相应降低，同时进行再次封顶。如果铸坯尾部已经裂开，在拉坯结束后必须进行检查，残余钢壳必须进行清除。

4.6.8　无水封顶技术开发与应用

常规打水封顶操作时，在连铸坯的尾部 1.5~2m 范围内，存在严重的缩孔、中心偏析等肉眼可见的质量缺陷，这些缺陷在后续轧制过程中也无法焊合，会影响钢板的性能。所以在实际生产过程中，为了不影响轧制钢板的性能，会将坯尾 1.5~2m 内的连铸坯切除，判定为废品。即使将坯尾 1.5~2m 内连铸坯切除判废，最后一块合格连铸坯由于轧制后探伤不合，只能轧制普通性能钢板。为此开发了无水封顶技术，完全摒弃了传统的打水封顶模式。

无水封顶工艺操作分三个控制过程：

（1）降速过程：大包停浇后，根据中间包吨位，结合中间包测量实际液面，缓慢均匀降低拉速，在降低拉速的过程中不进行耗渣，不捞渣，正常加渣，保持黑渣操作，拉速降至 0.20m/min。

（2）低速运行过程：拉速降至 0.20m/min 后，根据中间包吨位和实际测量液面，确定停浇后，关闭塞棒，同时，将拉速降低至 0.15m/min，保持低速运行，转尾坯模式，继续保持低拉速 0.15m/min 运行一直到坯尾出结晶器下口；低拉速运行时间约 5min。

（3）提速过程：坯尾拉出结晶器后，按照每 20s 提 0.05m/min 的加速度提速至 0.5m/min；随后按照每 30s 提 0.1m/min 的加速度提拉速至目标拉速。

无水封顶技术的连铸坯尾部冷却通过结晶器冷却，无需通过外部打水对铸坯冷却，虽然冷却强度小于打水冷却的冷却强度，但是通过降低封顶拉速，延长尾坯在结晶器内的时间，同样可以达到很好的冷却封顶效果，因为冷却效果是冷却强度与冷却时间综合作用的结果。

常规打水封顶，在降速过程中要提前消耗结晶器内保护渣，甚至要将保护渣捞出，如果时机掌握不好，结晶器内钢水表面会提前结壳，见图 4-7；如果捞渣不干净，钢水表面一层液渣，直接打水还容易引起放炮。常规打水封顶的尾坯冷却方式是"上加下，双层夹击冷却"，导致中间钢水呈"糖稀"状，具有流动性；而无水封顶与常规打水封顶不同，整个工艺过程不提前消耗结晶器内保护渣，更不捞渣；而且保持结晶器液面"黑渣"操作，目的是保温，避免结晶器钢水液面提前结壳，见图 4-8。尾坯冷却方式是在保护渣保温状态下"从下至上逐步冷却"。"自下而上"的自然冷却方式，有效增加了尾坯上部空穴深度，空穴深度可以提高 200mm，不仅不会上冒，而且很安全，见图 4-9。

图 4-7　常规封顶工艺

国内某钢厂宽厚板连铸机无水封顶技术应用后，解决了尾坯内部质量差的技术问题，

图 4-8 无水封顶工艺

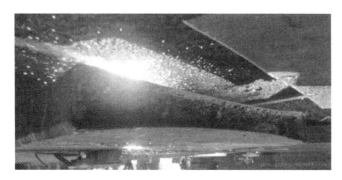

图 4-9 无水封顶工艺坯尾形貌

连铸坯内部质量得到了极大改善，中心偏析、中心缩孔、中间裂纹等缺陷得到有效控制，内部质量达到了正常连铸坯水平。

课后复习题

4-1 名词解释

中间包冶金；无氧化保护浇注；比水量；出苗时间。

4-2 填空题

（1）不同钢种之间，前后炉次碳含量相差较大（钢种碳含量范围无交叉）时，_____；前后炉次不同钢种，碳含量范围有交叉时，要控制碳含量在_____。

（2）在钢种成分设计时，尽量避免碳含量在_____范围内。

（3）连铸工艺要求 S、P 含量尽可能控制在下限，Mn/S 控制在_____以上。

（4）连铸钢水温度必须稳定合适，一般控制过热度在_____℃。

（5）中间包熔池深度越深，夹杂物的数量_____。

（6）钢包到中间包的注流保护浇注通常采用_____保护浇注，同时做好_____。

（7）中间包到结晶器的注流保护采用_____。

（8）中间包钢流控制方式有_____、_____和_____。

4-3 判断题

（1）浸入式水口与中间包之间采用氩气密封，氩气流量越大越好。 （ ）

（2）钢液实际过热度超过了过热度上限，需要提高拉速，低于过热度下限，一般需要降低拉速。

（ ）

（3）装配塞棒时要与水口位置配合好，棒头顶点正对水口中心。　　　　　　　（　　）

4-4　选择题

（1）连铸浇注温度是指（　　）。

　　A. 钢包内温度　　　　B. 中间包内温度　　　C. 结晶器内温度

（2）开浇前要检查确认结晶器足辊比铜板壁面（　　）。

　　A. 高 1.0mm　　　B. 高 0.5mm　　　C. 低 0.5mm　　　　D. 低 1.0mm

（3）开浇前要检查组合结晶器的角缝，允许的角缝最大值是（　　　）。

　　A. 0.1mm　　　B. 0.3mm　　　　C. 0.5mm　　　　　　D. 1.0mm

（4）每次宽度调整后，窄面锥度调整的偏差不允许超过（　　　）。

　　A. ±0.5mm　　　B. ±0.2mm　　　　C. ±0.8mm　　　　D. ±1.0mm

（5）检查结晶器与二冷装置的对弧情况，对弧误差在（　　）以内。

　　A. 0.5mm　　　B. 0.2mm　　　　C. 0.8mm　　　　　　D. 1.0mm

4-5　问答与计算

（1）结晶器水温度控制在多少范围内合适？如果夏季温度过高，冬季温度过低怎么办？

（2）中间包温度过高过低分别有哪些危害？

（3）简述中间包冶金的各项技术措施。

（4）简述连铸浇注前的准备工作？

（5）简述连铸浇钢的操作过程。

（6）简述无水封顶工艺操作过程。

（7）开浇初期，结晶器内处于非稳态状态，如何及时发现黏结？发现后如何处理？

能量加油站 4

　　二十大报告原文学习：加快实施创新驱动发展战略。坚持面向世界科技前沿、面向经济主战场、面向国家重大需求、面向人民生命健康，加快实现高水平科技自立自强。以国家战略需求为导向，集聚力量进行原创性引领性科技攻关，坚决打赢关键核心技术攻坚战。加快实施一批具有战略性全局性前瞻性的国家重大科技项目，增强自主创新能力。

　　具有世界影响力的国之重器与超级工程：国之重器和超级工程中都离不开钢铁工业的支撑。"天宫"空间实验室标志着中国迈向空间新时代；"蛟龙"号载人潜水器完成在世界最深处下潜；"天眼"是世界上最大的单口径球面射电望远镜；"悟空"是目前世界上观测能段范围最宽、能量分辨率最优的暗物质粒子探测卫星；"墨子"是由我国完全自主研制的世界上第一颗空间量子科学实验卫星；"大飞机 C919"标志着中国成为世界上少数几个拥有研发制造大型客机能力的国家之一，打破了少数制造商对民航客机市场的长期垄断局面；"中国高铁"是具有完全自主知识产权、达到世界先进水平的动车组列车，营运里程已达 2.2 万公里，总里程超过第 2 至第 10 位国家的总和，其中近六成都是这五年建成的，位居世界第一；"中国桥梁"震惊世界，我国公路桥梁总数近80 万座，铁路桥梁总数已超过 20 万座，几乎每年都在刷新着世界桥梁建设的纪录；"国产航母"正式下水，标志着我国自主设计建造航空母舰取得重大阶段性成果；"中国部队"彰显大国实力，在联合军演、维和、护航常显出维护国家利益、维护世界和平的坚定决心。

项目五　连铸结晶器保护渣

本项目要点：

(1) 了解连铸结晶器保护渣的类型与功能；

(2) 掌握保护渣的结构和理化性能；

(3) 了解保护渣的配置和选择。

任务5.1　保护渣的类型和功能

5.1.1　保护渣的类型

5.1.1.1　按外形分类

(1) 粉状保护渣：多种粉状物料的机械混合物，具有比表面积大、熔化速度快、绝热性能好的优点。其缺点是：在长时间运输过程中，因受震动而使不同密度的物料发生偏析，渣的均匀状态受到破坏，影响使用效果的稳定性；粉渣的铺展性、流动性较差；此外，向结晶器添加渣粉时粉尘飞扬且易产生火焰，对环境污染较大。

(2) 颗粒状保护渣：成分较均匀，熔化均匀。其又分为空心和实心两种，目前空心颗粒渣的使用最广泛，效果最佳。但颗粒渣的制作工艺相对复杂，成本有所增加。

5.1.1.2　按制作工艺和组成的差别分类

(1) 发热型保护渣：渣粉中加入氧化剂和发热剂（铝粉），与钢液接触后能快速发热熔化，多在开浇时使用。

(2) 混合型保护渣：是多种原材料的机械混合物，制作简单，价格低廉，但容易出现分熔现象。

(3) 预熔型保护渣：所谓预熔，就是需要将各种渣原料在高温下预先熔化成一体，然后冷却、研磨并加适量熔速调节剂，一般将其加工成颗粒状。预熔型保护渣具有成渣快、成分均匀、熔渣层和渣膜稳定、适应性强、储存期较长等优点。目前国内使用的保护渣基本都是预熔型保护渣。

(4) 烧结型保护渣：将粉状原料拌入水和焦末，经烧结磨细后造球。其具有熔化均匀的优点，但生产工艺较复杂，适用范围受到限制。

此外，保护渣可按连铸特点和钢种进行分类，如高速连铸用保护渣、特殊钢用保护渣等。

5.1.2　保护渣的功能

结晶器保护渣有如下功能：

（1）绝热保温。保护渣覆盖在结晶器钢液面上，可减少钢液热损失，散热量要比裸漏状态小 90% 左右，从而避免钢液面的冷凝结壳。

（2）隔绝空气，防止钢液的二次氧化。保护渣加入结晶器能够阻止空气与钢液直接接触。保护渣中碳粉的氧化产物和碳酸盐受热分解逸出气体，可驱赶弯月面处的空气，有效地避免钢液的二次氧化。

（3）吸收非金属夹杂物，净化钢液。保护渣熔化后形成的液渣层具有吸附和溶解从钢液中上浮夹杂物的功能。

（4）形成润滑渣膜。结晶器液面上形成的液态保护渣，在结晶器振动作用下，会进入结晶器壁面和初生坯壳之间的气隙中，形成渣膜。在正常情况下，与坯壳接触的一侧由于温度高，渣膜仍保持足够的流动性，可以起到良好的润滑作用，防止了铸坯与结晶器的黏结，减小了拉坯阻力。

（5）改善结晶器与坯壳之间的传热。保护渣的液渣均匀地充满气隙，减小了气隙的热阻。据实测，气隙中充满空气时的导热系数仅为 0.09W/(m·K)，而充满渣膜时的导热系数为 1.2W/(m·K)。由此可见，渣膜的导热系数是充满空气时的 13 倍，明显地改善了结晶器的传热，坯壳得以均匀生长。

任务 5.2　保护渣的结构和理化性能

扫码获取
数字资源

5.2.1　保护渣结构

图 5-1 是保护渣熔化过程的结构示意图，可以看出，保护渣由 4 层结构组成，即液渣层、半熔融层、烧结层和原渣层（也称粉法层）。有的也将半熔融层和烧结层归为一层，称为烧结层。即通常所说的保护渣三层结构包括液渣层、烧结层和原渣层。保护渣全部渣层厚度为 30~50mm，薄板坯浇注时的全部渣层厚度可达 100~150mm。

由于保护渣的熔点只有 1050~1150℃，低于结晶器内钢液的温度，所以保护渣加入结晶器后依靠钢液提供的热量使部分保护渣融化形成液渣覆盖层，厚度 8~15mm，减缓了钢水继续向保护渣厚度方向的传热。

液渣层上面的保护渣温度可达 800~1000℃，在此温度范围内，保护渣虽不能完全熔化，但可以软化黏结在一起形成烧结层。倘若液渣层厚度低于一定数值，烧结层又过分发达，则沿结晶器内壁周边就会形成渣圈，弯月面液渣下流的通道就被堵塞，液渣难以进入器壁与坯壳间的气隙中，影响铸坯的润滑和传热，必须及时挑出渣圈，保持保护渣流入通道畅通，确保铸坯的正常润滑和传热。

在烧结层上面是固态粉状或粒状的原渣层，温度为 400~500℃。该层保护渣的粒度细小，粉状保护渣的粒度小于 0.147mm（100 目），粒状保护渣的粒度一般为 0.5~1mm；这些保护渣细小松散，与烧结层共同起到隔热保温作用。

随着液渣层不断被消耗，烧结层下降并受热熔化形成新的液渣，与烧结层相邻的原渣

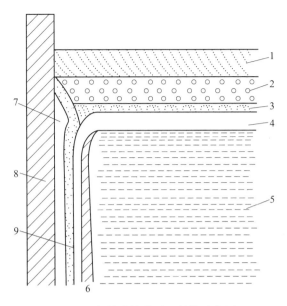

图 5-1　保护渣熔化过程结构示意图

1—原渣层；2—烧结层；3—半熔融层；4—液渣层；5—钢液；6—凝固坯壳；7—渣圈；8—结晶器；9—渣膜

又形成新的烧结层。因此，生产中要连续、均匀地补充添加新的保护渣，维持液渣层的正常厚度。在保护渣总厚度不变的情况下，各层厚度处于动平衡状态，达到生产上要求的层状结构。

结晶器铜壁与凝固坯壳之间的渣膜也有三层结构，结晶器铜壁侧为玻璃态或极细晶粒的固体层，某些情况下为极薄的结晶层；中间为液体-晶体共存层；凝固坯壳侧为液态层，冷凝时呈玻璃态。可以说，渣膜的结构及厚度直接关系到结晶器与凝固坯壳间的润滑状态及传热。渣膜厚度与保护渣自身的性质、拉速、结晶器的振动参数有关，而且在结晶器上下不同部位其厚度分布也不相同。渣膜总厚度一般为 1~3mm，其中液相厚度为 0.1~0.2mm。

生产中需要定期测定液渣层的厚度，以便控制保护渣处于正常层状结构。其方法是：将镍-铜电偶丝插入结晶器钢液面以下约 2s，取出后量出两电偶丝长度之差即为液渣层厚度；也可用钢-铜-铝电偶丝插入，测出其电偶丝长度差，如图 5-2 所示。铝丝和铜丝之间长度差为烧结层厚度，铜丝和钢丝之间长度差为液渣层厚度。

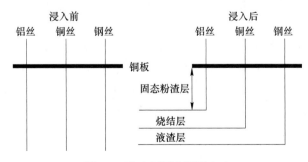

图 5-2　液渣层厚度测量方法

5.2.2　保护渣的理化性能

5.2.2.1　熔化特性

保护渣的熔化特性包括熔化温度、熔化速度和熔化的均匀性等。

A　熔化温度

保护渣是多组元的混合物，熔点不是一个固定的点而是一个温度区间。所以通常将熔渣具有一定流动性时的温度称为熔化温度。保护渣的熔化温度应低于坯壳温度（结晶器下口铸坯温度一般为1250℃左右），因此，保护渣的熔化温度应低于1200℃，一般为1050~1150℃。熔化温度的测定方法有热分析法、淬火法、差热分析法以及半球点法和三角锥法等。

保护渣的熔化温度与保护渣基料的组成和化学成分、配加助熔剂的种类和成分以及渣料的粒度等有关。表5-1所示为保护渣成分在一定条件下对熔化温度的影响。

表 5-1　保护渣成分在一定条件下对熔化温度的影响

成分	CaO	SiO_2	Al_2O_3	MgO	Na_2O+K_2O	CaF_2	MnO	B_2O_3	ZrO_2	Li_2O	Ti_2O	BaO
熔化温度	↑	↓	↑	↓	↓	↓	↓	↓	↑	↓	↑	↓

B　熔化速度

保护渣的熔化速度关系到液渣层的厚度及保护渣的消耗量。熔化速度过快或过慢都会导致液渣层的厚薄不均匀，影响铸坯坯壳生长的均匀性，所以保护渣要具有合适的熔化速度。熔化速度的测定方法有渣柱法、塞格锥法、熔化率法和熔滴法。

熔化速度主要与保护渣中配加的碳有关，配入的碳质材料有炭黑和石墨。

（1）保护渣中配加炭黑。炭黑燃烧性能好，渣面活跃，改善保护渣的铺展性；炭黑为无定型结构，碳含量高，颗粒细，分散度大，吸附力强，但是其氧化温度低，氧化速度快，所以低温区域能有效控制熔化速度，高温区域对熔化速度控制效率低。炭黑的配加量一般小于1.5%。

（2）保护渣中配加石墨。石墨为晶体结构，呈片状，颗粒比较粗大；但是石墨的熔点高，氧化速度慢，有明显的骨架作用，在高温区控制保护渣熔化速度的能力较强。保护渣中配入2%~5%的石墨就可以使保护渣形成三层结构。

（3）保护渣中复合配碳。当配加2%~5%的石墨和0.5%~1.0%的炭黑时，保护渣将形成粉渣层、烧结层、半熔融层和液渣层的多层结构。

C　熔化的均匀性

保护渣加入后能够铺展到整个结晶器液面上，形成的液渣沿四周均匀地流入结晶器与坯壳之间。由于保护渣是机械混合物，各组元的熔化速度有差异。为此，对保护渣基料的化学成分要选择得当，最好选用接近液渣矿相共晶线的成分；渣料的粒度要细；应充分搅拌或有足够的研磨时间，达到混合均匀。预熔型保护渣的成渣均匀性优于机械混合物。

5.2.2.2　黏度

黏度是反映保护渣形成液渣后流动性好坏的重要参数，单位是 Pa·s。液渣黏度过大或过小都会造成坯壳表面渣膜的厚薄不均匀，致使润滑和传热不良。为此，保护渣应保持合适的黏度值，其随浇注的钢种、断面、拉速、注温而定。目前国内所用保护渣的黏度在1300℃时一般都小于$1Pa \cdot s$，大多在$0.1 \sim 0.5 Pa \cdot s$范围内。测定保护渣黏度常采用圆柱体旋转法。

保护渣的黏度取决于化学成分及液渣的温度，一般通过改变碱度（$w(CaO)/w(SiO_2)$）来调节黏度。连铸用保护渣的碱度通常为$0.85 \sim 1.40$。

保护渣中适当地增加CaF_2或$Na_2O + K_2O$的含量，可以在不改变碱度的情况下改善保护渣的流动性。需要特别关注的是保护渣中Al_2O_3的含量，不能过高，一方面，当$w(Al_2O_3) > 20\%$时会析出高熔点化合物，导致不均匀相的出现，影响保护渣的流动性；另一方面，液渣还要吸收从钢液中上浮的Al_2O_3夹杂物，所以保护渣中原始Al_2O_3也不能过高。

表5-2所示为保护渣成分对黏度的影响。

表 5-2　保护渣成分对黏度的影响

成分	CaO	SiO₂	Al₂O₃	MgO	Na₂O+K₂O	CaF₂	MnO	B₂O₃	ZrO₂	Li₂O	Ti₂O	BaO
黏度	↓	↑	↑	↓	↓	↓	↓	↓	—	↓	—	↓

5.2.2.3　结晶特性

结晶特性代表液态保护渣在冷凝过程中析出晶体的能力，通常用结晶温度和结晶率表示。结晶温度是指液态保护渣冷却过程中开始析出晶体的温度。结晶率是指液渣冷却过程析出晶体所占的比例。目前析晶温度的测试及评价方法主要有差热法（DTA）、示差扫描热量法（DSC）、热丝法、黏度-温度曲线法、X衍射法等，析晶率的测试及评价方法主要有观察法、X衍射法、热分析法、热膨胀系数法等。

5.2.2.4　界面特性

钢液与液渣存在着界面张力差别，对结晶器弯月面曲率半径的大小、钢渣的分离、夹杂物的吸收、渣膜的厚薄都有不同程度的影响。熔渣的表面张力和钢渣的界面张力是研究钢渣界面现象和界面反应的重要参数。一般要求保护渣的表面张力不大于$0.35N/m$。

保护渣中CaF_2、SiO_2、Na_2O、K_2O、FeO等组元为表面活性物质，可降低熔渣的表面张力；而随着CaO、Al_2O_3、MgO含量的增加，熔渣的表面张力增大。降低熔渣表面张力可以增大钢渣界面张力，有利于钢渣的分离，也有利于夹杂物从钢液中上浮排除。结晶器内钢液由于表面张力的作用形成弯月面，有保护渣覆盖时弯月面的曲率半径比敞开浇注时要大，曲率半径大有利于坯壳向结晶器壁铺展变形，也不易产生裂纹。

5.2.2.5　吸收溶解夹杂物的能力

保护渣应具有良好的吸收夹杂物的能力，特别是在浇注铝镇静钢种时，其溶解吸收Al_2O_3的能力更为重要。保护渣一般为酸性渣系或偏中性渣系，这种渣系在钢渣界面处有吸收Al_2O_3、MnO、FeO等夹杂物的能力。生产试验表明，当保护渣Al_2O_3的原始含量大于10%时，渣液吸收溶解Al_2O_3的能力迅速下降。为此，Al_2O_3的原始含量要尽量低。

5.2.2.6　保护渣的水分

保护渣的水分包括吸附水和结晶水两种。保护渣的基料中有吸附水能力极强的苏打、固体水玻璃等。吸附水分的保护渣很容易结团，影响使用，因此，要求保护渣的水分含量要小于 0.5%。配制好的保护渣要及时封装以备使用，在存储过程中也要进行干燥。

任务 5.3　保护渣的配置与选择

5.3.1　保护渣的配置

保护渣的基本成分是由 CaO-SiO_2-Al_2O_3 系组成的。由图 5-3 可知，以硅灰石（$CaO \cdot SiO_2$）形态存在的低熔点区组成范围较宽，大致是 $w(CaO) = 30\% \sim 50\%$、$w(SiO_2) = 40\% \sim 65\%$、$w(Al_2O_3) \leq 20\%$，其熔点为 $1300 \sim 1500℃$。此区域较为合适的组成为 $w(CaO)/w(SiO_2) = 0.85 \sim 1.40$、$w(Al_2O_3) < 10\%$，熔化温度为 $1000℃$ 左右。保护渣的基本化学成分确定之后就是选择配置的原材料，包括以下三部分：

（1）基础渣料。基础渣料一般采用人工合成的方法配制。基础渣料选择的原则是：原料的化学成分尽量稳定并接近保护渣的成分，材料的种类不宜过多，便于调整渣的性能，

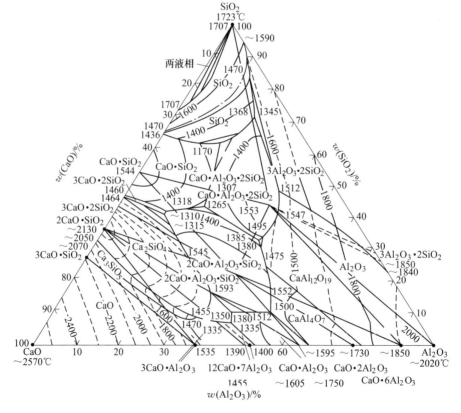

图 5-3　CaO-SiO_2-Al_2O_3 系状态图

原料来源广泛、价格便宜。常用的原料有天然矿物、工业原料和工业废料。工业原料有硅灰石、珍珠岩、石灰石、石英石等。工业废料包括玻璃、烟道灰、高炉渣、电炉白渣、石墨尾矿等。

（2）助熔剂。为促进保护渣熔化，根据渣的熔点应加入不超过10%的助熔的物料，有 Na_2O、CaF_2、K_2O、BaO、NaF、B_2O_3 等成分的物料。常用的助熔剂有苏打、萤石、冰晶石、硼砂、固体水玻璃等。

（3）熔速调节剂。主要是石墨和炭黑，也有用焦炭和木炭的。调节保护渣的熔化速度，改善保护渣的隔热保温作用及其铺展性。熔速调节剂加入的数量为3%~7%。

表5-3所示为典型的连铸保护渣化学成分范围。

表5-3 典型的保护渣化学成分范围

化学成分	质量分数/%	化学成分	质量分数/%	化学成分	质量分数/%
CaO	20~45	SiO_2	20~50	Al_2O_3	0~13
Na_2O	0~20	MgO	0~10	Li_2O	0~5
MnO	0~10	K_2O	0~5	Fe_2O_3	0~6
B_2O_3	0~10	BaO	0~10	TiO_2	0~5
F^-	2~15	C	0~25	SrO	0~5

5.3.2 保护渣的选择

一般应根据浇注的钢种、铸坯断面、浇注温度、拉坯速度及结晶振动频率等工艺参数和设备条件进行选择。在选择保护渣时，一般要通过实际生产的试验，不断优化改进，最终确定适合某钢厂或某台连铸机某个钢种系列的保护渣。基于管理方便，应该选用适用条件较宽的保护渣。从钢种方面考虑，随钢中碳含量的增加，宜选用熔化温度和黏度均较低、熔化均匀性均较好、渣圈不发达的保护渣。选用黏度低、熔化速度快的保护渣可以适应高拉速的需要。

课后复习题

5-1 名词解释

发热型保护渣；预熔型保护渣；保护渣熔化温度。

5-2 填空题

（1）连铸保护渣按外形分类，分为_____、_____。

（2）结晶器内保护渣的三层结构分别为_____、_____、_____。

（3）熔化速度主要与保护渣中配加的_____有关。

（4）保护渣中配入的碳质材料主要有两种，_____、_____。

（5）保护渣的熔化特性包括_____、_____、_____等。

（6）保护渣的黏度取决于_____、_____。一般通过改变_____来调节黏度。

（7）要求保护渣的水分含量要小于_____。配制好的保护渣粉要及时封装以备使用，在存储过程中也要进行_____。

5-3 判断题

（1）保护渣的熔点只有 $1050 \sim 1150℃$，低于结晶器内钢液的温度，高于初生坯壳表面温度。（   ）

（2）连铸用保护渣碱度属于碱性保护渣。（   ）

（3）保护渣中原始 Al_2O_3 含量一般在 15% 左右。（   ）

（4）降低熔渣表面张力可以增大钢渣界面张力，有利于钢渣的分离，也有利于夹杂物从钢液中上浮排除。（   ）

5-4 选择题

（1）成分均匀，有较好的均匀熔化性，分为空心和实心两种的保护渣类型的是（   ）。

    A. 粉状保护渣   B. 颗粒状保护渣   C. 发热型保护渣   D. 混合保护渣

（2）结晶器保护渣液渣层厚度比较合理的是（   ）。

    A. $5 \sim 8mm$ B. $8 \sim 15mm$ C. $20 \sim 30mm$ D. $1 \sim 3mm$

（3）结晶器铜壁与凝固坯壳之间的渣膜也有三层结构，靠近结晶器壁面的是（   ）。

    A. 固体玻璃态   B. 液体-晶体共存层   C. 液态层   D. 烧结层

（4）结晶器铜壁与凝固坯壳之间的渣膜也有三层结构，靠近初生坯壳的是（   ）。

    A. 固体玻璃态   B. 液体-晶体共存层   C. 液态层   D. 烧结层

（5）渣膜厚度一般为（   ）。

    A. $5 \sim 8mm$ B. $8 \sim 15mm$ C. $20 \sim 30mm$ D. $1 \sim 3mm$

（6）保护渣的熔化温度合理的是（   ）。

    A. $1300℃$ B. $1250℃$ C. $1100℃$ D. $980℃$

（7）结晶器保护渣的碱度范围比较合适的是（   ）。

    A. $0.5 \sim 0.8$ B. $0.8 \sim 1.4$ C. $1.5 \sim 2.5$ D. $3.0 \sim 4.0$

（8）下列成分不属于结晶器保护渣基本组成的是（   ）。

    A. CaO   B. SiO_2 C. Al_2O_3 D. CaF_2

（9）结晶器保护渣中常用的助熔剂是（   ）。

    A. 石灰粉   B. 石英粉   C. 萤石   D. 石墨

（10）下列属于结晶器保护渣中熔速调节剂的是（   ）。

    A. 石灰粉   B. 石英粉   C. 萤石   D. 石墨

5-5 问答与计算

（1）结晶器保护渣具有哪些功能？

（2）生产中需要定期测量液渣层厚度，如何测量？

能量加油站 5

二十大报告原文学习：坚持发扬斗争精神。增强全党全国各族人民的志气、骨气、底气，不信邪、不怕鬼、不怕压，知难而进、迎难而上，统筹发展和安全，全力战胜前进道路上各种困难和挑战，依靠顽强斗争打开事业发展新天地。

手撕钢你听说过吗：钢铁是我们日常生活中常见的物体，提到钢铁，大多数人都会想到"厚重、韧性、重工业"等关键词，但你也许不知道，有一种钢铁非常薄，厚度只有A4纸的四分之一，甚至可以被徒手撕碎，我们称之为"手撕钢"。广泛应用于航空航天、电子、石油化工、汽车等领域。与普通铝箔相比，超薄不锈钢具有更好的耐腐蚀性、防潮性、耐光性，尤其是耐热性。

中国于2016年组建了手撕钢"攻关团队"，专注研发最薄手撕钢。手撕钢的生产工艺极其复杂，需要攻克轧制、退火、高等级表面控制和性能控制等难题，其中最难突破的是抽带断带问题。在进行退火试验的时候，抽带断带问题出现的频率非常高，有时候一周就会出现十几次，每次都要花费十几个小时来维修、恢复设备，不仅浪费时间，而且还会造成巨大的物力、财力方面的损失。其次，在轧制薄带的时候，必须严格控制设备功能精准度和操作控制精准度，稍有差池就会出现断带现象，钢带就会被碾成粉末，为了解决这一技术难题，科研人员付出了极大的努力。最终达到了国际领先水平，并在控制水平、纯净度、产线工艺、产品性能和高等级表面精度等方面实现了技术突破。2020 年，我国已经研制生产出了 0.015 毫米的超薄手撕钢，可以用来制造新能源汽车电池。在不久的将来，中国的手撕钢研发技术一定会更加成熟，手撕钢也一定会被应用到更多的行业和领域当中。

项目六　连铸坯质量控制

本项目要点：

（1）了解连铸坯质量含义；

（2）了解洁净钢的概念及要求，掌握连铸坯夹杂物的类型，影响连铸坯洁净度的因素及控制方法；

（3）重点掌握连铸坯表面质量缺陷的类型、形成原因及控制措施；

（4）重点掌握连铸坯内部质量缺陷的类型、形成机理及控制措施；

（5）了解连铸坯的外观质量缺陷的类型、形成原因及控制措施。

任务 6.1　连铸坯质量含义

连铸坯质量是指合格产品所允许的铸坯缺陷程度。其含义包括连铸坯的洁净度、连铸坯的表面质量、连铸坯内部质量以及连铸坯外观质量。连铸坯的质量好坏决定着最终钢材的质量好坏。

连铸坯的洁净度是指钢中有害元素的含量及非金属夹杂物的数量、形态、尺寸、分布状态，主要取决于进入结晶器之前钢液的洁净度以及钢液在传递过程中被污染的程度。所以提高连铸坯的洁净度重点是对钢水在注入结晶器之前的各个工艺环节进行严格控制。

连铸坯的表面质量缺陷是指连铸坯表面是否存在裂纹、夹渣及皮下气泡等缺陷，主要是钢液在结晶器内坯壳凝固生长过程中产生的，与浇铸温度、拉坯速度、保护渣性能、浸入式水口的设计、结晶器振动以及结晶器液面的稳定因素有关。

连铸坯的内部质量缺陷是指连铸坯是否具有正确的凝固结构，以及裂纹、偏析、疏松等缺陷的程度，主要是由二冷区液相穴钢水的凝固过程所决定的。二冷区冷却水的合理分配，连铸结晶器、扇形段等关键设备的精度控制是保证铸坯质量的关键。采用铸坯压下技术和电磁搅拌技术会进一步改善连铸坯内部质量。

连铸坯的外观质量是指连铸坯的形状是否规矩，尺寸误差是否符合规定要求，主要包括脱方、鼓肚等。与连铸设备状态（结晶器内腔尺寸、二冷区辊子的对中等）和铸坯冷却状态（冷却强度大小、是否均匀）有关。

任务 6.2　连铸坯的洁净度

6.2.1　洁净钢的概念及要求

钢中有害元素的含量及非金属夹杂物的数量、形态、尺寸、分布状态对钢的机械加工和使用性能有直接影响，在很大程度上决定了钢产品的质量。也就是说钢中有害元素和非金属夹杂物的数量越少，形态（可塑性）越合理、尺寸越小和分布越均匀，该产品的洁净度越高。

钢材的用途不同，对钢的洁净度要求也不同，因此洁净钢的定义应该是：当钢中非金属夹杂物和有害杂质直接或间接影响钢的生产性能和使用性能时，该钢就不是洁净钢。如果钢中有害杂质元素和非金属夹杂物的数量、形态、尺寸和分布对产品的生产性能和使用性能都没有影响，那么就可以定义为洁净钢。所以，钢的洁净度是一个相对的概念，没有一个固定的数量标准，它是根据不同产品的加工和使用性能来决定的。加工和使用性能不同，要求钢的洁净程度是不一样的。典型钢种洁净度的建议控制水平如表 6-1 所示。

表 6-1　典型钢种洁净度建议控制水平

钢材类型		$w[S]/\%$	$w[P]/\%$	$w[N]/\%$	$w[H]$	$w[TO]/\%$	夹杂物控制
		夹杂物元素控制					
棒材	普通建筑用	≤0.030	≤0.035	—	—	≤0.004	—
	齿轮、轴件等	0.002~0.025	≤0.012	≤0.008	—	≤0.0012	B、D 类
	轴承	0.005~0.010	≤0.012	≤0.007	≤2×10^{-6}	≤0.0008	B、D 类和 TiN
线材	普通建筑用	≤0.030	≤0.035	—	—	≤0.004	
	硬线	≤0.008	≤0.015	≤0.008	—	0.0025	尺寸不大于 25μm
	弹簧	≤0.012	≤0.012	≤0.008	≤2×10^{-6}	≤0.0012	B、D 类
冷轧板	超低碳钢（$w[C]≤25×10^{-6}$）	≤0.012	≤0.015	≤0.003	—	≤0.0025	尺寸不大于 100μm
	低碳铝镇静钢	≤0.012	≤0.015	≤0.004	—	≤0.0025	尺寸不大于 100μm
	无取向电工钢	≤0.003	≤0.04	≤0.002		≤0.0025	—
热轧板	普通碳钢	≤0.008	≤0.02	≤0.008		≤0.003	
	低合金钢	≤0.005	≤0.015	≤0.008		≤0.003	A、B 类
	管线　高强度管线	≤0.002	≤0.015	≤0.005		≤0.002	A、B 类
	管线　抗 HIC 管线	≤0.001	≤0.007	≤0.005		≤0.002	A、B 类
普通碳钢	造船板、桥梁板等	≤0.005	≤0.015	≤0.007		≤0.0025	A、B 类
	管线　高强度厚壁管线	≤0.002	≤0.012	≤0.005	≤2×10^{-6}	≤0.002	A、B 类
	管线　低温管线	≤0.002	≤0.012	≤0.005	≤2.5×10^{-6}	≤0.002	A、B 类
	管线　抗 HIC 管线	≤0.001	≤0.007	≤0.005	≤2×10^{-6}	≤0.002	A、B 类
	海洋平台	≤0.002	≤0.005	≤0.005	≤2×10^{-6}	≤0.002	A、B 类

钢中有害元素是指 [N]、[H]、[O]、[P]、[S]，一般来说这些杂质元素对钢的质量是有害的，但是对于某些特殊产品它们可能还有好的作用。例如，钢中的 [N] 与钢中的 [Ti]、[Al] 等形成 TiN、AlN 可以起到细化晶粒、提高材料强度的作用；钢中的 [S] 对于易切削钢来说，形成的均匀分布的硫化锰是必不可少的"润滑剂"。

6.2.2　连铸坯中夹杂物的类型

非金属夹杂物可以按照来源、化学组成、变形能力和尺寸大小进行分类。

6.2.2.1　按照夹杂物来源分

按照夹杂物来源可划分为外来夹杂物和内生夹杂物。

外来夹杂物是冶炼到浇注生产过程中由外部进入钢液的耐火材料或者熔渣等残留在钢中而造成的。

内生夹杂物是在液态或固态钢内，由于脱氧或凝固过程中进行的物理化学反应而生成的。

根据示踪试验所测定的数据，铸坯中夹杂物来源比例为：出钢过程钢液氧化产物占 10%；脱氧产物占 15%；熔渣卷入约占 15%；注流的二次氧化占 40% 左右；耐火材料的冲刷约占 20%；中间包渣占 10%。

6.2.2.2　按照夹杂物的化学成分分类

非金属夹杂物按化学成分可分为氧化物夹杂、硫化物夹杂和氮化物夹杂。

（1）氧化物夹杂。氧化物夹杂分为简单氧化物、复杂氧化物和硅酸盐等。

简单的氧化物有 FeO、MnO、SiO_2、Al_2O_3、Cr_2O_3 等；复杂氧化物有 $FeO \cdot Fe_2O_3$、$FeO \cdot Al_2O_3$、$MgO \cdot Al_2O_3$ 等尖晶石类和各种钙铝酸盐；硅酸盐夹杂物有 $2FeO \cdot SiO_2$、$2MnO \cdot SiO_2$、$3MnO \cdot Al_2O_3 \cdot 2SiO_2$ 等。

（2）硫化物夹杂，有 FeS、MnS、CaS 等。

（3）氮化物夹杂，有 AlN、TiN、ZrN、VN、BN 等。

6.2.2.3　按照夹杂物的变形能力分类

钢材在加工变形时，夹杂物的变形性能对于钢的性能有很大的影响。所以有时按照夹杂物变形性能的好坏（即塑性的大小），把夹杂物分为塑性夹杂物、脆性夹杂物和点状不变形夹杂物三类。

塑性夹杂物在钢材进行热加工时沿加工方向延伸呈条带状。如 FeS、MnS 以及含 SiO_2 较低（40%~60%）的铁、锰硅酸盐属于此类。

脆性夹杂物是指完全不具有塑性的夹杂物，当钢进行热加工时、不会变形，但夹杂物会沿加工方向破碎成串。Al_2O_3、Gr_2O_3 和尖晶石以及 V、Ti、Zr 的氮化物和其他高熔点、高硬度的夹杂物属于此类。

点状不变形夹杂物在铸态呈点状，当钢经热加工变形后，夹杂物不变形，仍然呈点状。属于这一类的有石英玻璃（SiO_2）、含 SiO_2 大于 70% 的硅酸盐、钙和镁的铝酸盐以及高熔点的稀土氧化物、硫氧化物和硫化物，如 RE_2O_3、RE_2O_2、RE_2O_2S 以及 CaS 等。点状不变形夹杂物对于某些特殊钢（如轴承钢、硬线钢等）的疲劳寿命和拉伸变形等性能影响特别显著，因此这些钢对点状不变形夹杂物要求特别严格。

6.2.2.4　按照夹杂物尺寸分类

钢中夹杂物按其尺寸大小分类的标准有多种。有的按夹杂物的尺寸大小将夹杂物分为超显微夹杂物（≤1μm）、显微夹杂物（1~100μm）和宏观夹杂物（>100μm）三大类；也有的按夹杂物的尺寸大小将夹杂物分为显微夹杂物（<1μm）、微观夹杂物（1~50μm）

和宏观夹杂物（>50μm）三种。因为50μm的夹杂肉眼难以发现，一般认为前一种划分较合理。

显微夹杂物和微观夹杂物多为内生的脱氧、脱硫产物或二次脱氧产物，大型夹杂物多为混入钢液中的熔渣、耐火材料、水口结瘤物或絮凝长大的一次脱氧产物。

6.2.2.5　按照夹杂物标准分类

根据GB/T 10561—2005，钢中夹杂物按其成分和形态可以分为A、B、C、D、DS五类。

A类夹杂物（硫化物类）：具有高的延展性，有较宽范围的形态比（长度/宽度）的单个灰色夹杂物，一般端部呈圆形，为钢中的硫化物，主要是FeS、MnS等。

B类夹杂物（氧化铝类）：大多数没有变形，带角，形态比小（<3），黑色或带蓝色的颗粒，沿轧制方向排成一行（至少三个颗粒）。

C类夹杂物（硅酸盐类）：具有高的延展性，有较宽范围形态比（≥3）的单个呈黑色或深灰色夹杂物，一般端部呈锐角。

D类夹杂物（球状氧化物类）：不变形，带角或圆形，形态比小（<3），黑色或带蓝色无规则分布的颗粒，主要是TiN、MgO、CaO及CaS等。

DS类夹杂物（单颗粒球状类）：圆形或近圆形、直径不小于13μm的单颗粒夹杂，一般为Al-Mg-Ca复合氧化物夹杂。

A、B、C、D类夹杂物可按其直径分为粗、细两组，即A粗、A细；B粗、B细；C粗、C细；D粗、D细。

A、B、C三类夹杂物，宽度在2~4μm的为细，4~12μm的为粗；D类夹杂物，直径在3~8μm的为细，8~13μm的为粗；直径大于13μm的D类夹杂物称为DS夹杂。

每一组夹杂物按其长度（个数）分为0.5、1.0、1.5、2.0、2.5、3.0六个级别。

"类"表示夹杂物的组成；"组"表示夹杂物的宽度（直径）；"级"表示夹杂物的长度（个数）。

夹杂物的级别评定标准如表6-2所示，表中A、B、C、DS类数值为该级到夹杂物的最小长度，D类的数值表示该级别夹杂物的最少个数。

表 6-2　各类夹杂物的评级限界（最小值）

评级	A类/μm	B类/μm	C类/μm	D类/个	DS类/μm
0.5	37	17	18	1	13
1	127	77	76	4	19
1.5	261	184	176	9	27
2	436	343	320	16	38
2.5	649	555	510	25	53
3	808	822	746	35	76

6.2.3　影响连铸坯洁净度的因素

影响连铸坯洁净度的因素有：

（1）钢包钢水中夹杂物的含量的影响。钢包钢水中非金属夹杂物的数量、组成、形态和大小直接影响铸坯中非金属夹杂物的数量、组成、形态和大小，一般情况下二者成正比例关系。

（2）连铸机机型对铸坯夹杂物的影响。连铸机机型对铸坯夹杂物的影响主要表现在铸坯中宏观夹杂物的分布。如图 6-1 所示，弧形连铸机和其他机型比较，夹杂物在结晶器中的上浮受到内弧侧的阻碍，因而在铸坯厚度上，距内弧表面 1/5～1/4 处有一夹杂物集聚带，这是弧形连铸机的主要缺点。目前有些连铸机采用直结晶器或者在结晶器下部有 2～3m 左右的直线段（图 6-1a），就是为了减少夹杂物在内弧的集聚。

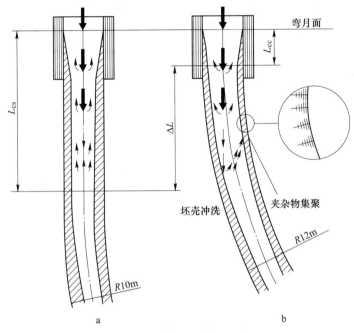

图 6-1　液相穴内夹杂物上浮示意图

a—带垂直段立弯式连铸机；b—弧形连铸机

L_{cs}—垂直段临界高度；L_{cc}—弧形结晶器直线临界高度

连铸机型不同，铸坯内夹杂物的数量差异明显。如按 1kg 铸坯计算铸坯夹杂物的数量：立式铸机：0.04mg/kg，弧形铸机：1.75mg/kg。

（3）连铸操作对铸坯中夹杂物的影响。连铸操作有正常（稳态）浇注和非正常（非稳态）浇注两种情况。在正常浇注情况下，浇注过程比较稳定，铸坯中夹杂物数量主要是由钢液的洁净度所决定的。而在非正常浇注情况下，如浇注初期、浇注末期、因过热度或水口结瘤造成拉速频繁大幅度变化时期和多炉连浇的换包期间，铸坯中夹杂物往往有所增加。

在浇注初期，钢液进入中间包与空气和中间包耐材直接接触，污染严重；在浇注末期，中间包渣层厚度较厚，随着中间包液面的降低，因涡流作用可能会把中间包渣吸入到结晶器中；拉速的频繁大幅度变化破坏结晶器内的正常流场引起结晶器卷渣；因结晶器液面波动太大造成结晶器卷渣；在换包期间由于钢包下渣，中间包液位降低等原因也常使钢中夹杂物增多。

中间包浇注温度对铸坯中夹杂物也有影响，当钢液温度降低时，钢液黏度增加，夹杂物不易上浮。钢液温度较高时，钢液黏度较小，钢中非金属夹杂物上浮阻力小，易于上浮。

随着拉速的提高、铸坯中夹杂物有增多趋势，这是因为拉速增大时，一方面水口熔损加剧，另一方面钢液下降流股浸入深度增加，钢中夹杂物难以上浮。

（4）耐火材料质量对铸坯夹杂物的影响。耐火材料中 SiO_2 是不稳定氧化物，易与钢中的 ［Mn］、［Al］发生如下反应：

$$2[Mn] + (SiO_2) \Longrightarrow 2(MnO) + [Si]$$

$$4[Al] + 3(SiO_2) \Longrightarrow 2(Al_2O_3) + 3[Si]$$

所生成的 MnO 可在耐火材料表面形成 $MnO \cdot SiO_2$ 的低熔点渣层，随后进入钢液中，当其不能上浮时就留在铸坯中。当生成 Al_2O_3 时，可与 MnO 和 SiO_2 结合生成锰铝硅酸盐夹杂物。为了避免上述反应的发生，连铸用钢包耐火材料应选择 SiO_2 低、溶蚀性好、致密度高的碱性或中性材料，即镁质或高铝质耐火材料。

中间包内衬的熔损是铸坯中大型耐火材料夹杂物主要来源之一。理想的中间包内衬应避免耐火材料表面残留渣（富氧相）的影响。

由于熔融石英水口易被钢中的锰所熔蚀，因而使用这种水口浇注锰钢时，钢中夹杂物增多；与之相反，当使用氧化铝-石墨质水口时，则钢中夹杂物较少。但是值得注意的是使用氧化铝-石墨质水口时，渣线部分易被溶蚀。为了增加使用寿命，渣线部分常使用锆质材料。目前，大多数钢厂都采用了这种渣线部位使用锆质材料的高铝质耐火材料，石英水口作为异常情况的备用，因为石英水口可以免烘烤，紧急情况下可以直接使用。

6.2.4　减少连铸坯夹杂物的方法

根据钢种的用途和级别不同，在工艺操作上应采取以下措施，把钢中的夹杂物降低到钢种所要求水平。

6.2.4.1　降低初炼钢水中氧含量

（1）炼钢炉冶炼终点碳含量适中，即中低碳钢考虑合金增碳以及 LF 处理增碳后钢中碳含量达到成品钢要求的中下限，高碳钢应尽可能提高初炼炉冶炼终点的钢水含碳量，从而降低钢中的总氧含量。初炼炉终点氧含量低，可以减少脱氧剂用量，减少一次脱氧产物（MnO、SiO_2、Al_2O_3 等）生成量，从源头上降低夹杂物含量。

（2）转炉炼钢采取有效的前期脱磷工艺，避免后期磷高被迫采取高氧化渣脱磷，可以避免因后期脱磷而造成钢液含碳量低和钢水过氧化。

（3）提高温度命中率，避免冶炼后期因温度低导致后吹。

（4）出钢采用挡渣设施，比如挡渣球、挡渣锥、滑板挡渣等，尽可能减少出钢带渣，减轻高氧化渣对钢液的氧化作用。

6.2.4.2　减少钢液的二次氧化

所谓二次氧化是指离开炼钢炉并经过出钢脱氧以后的钢液再发生的氧化反应。显然这是由于钢水中自由氧增加和钢液中的脱氧剂等合金元素发生的氧化反应。而钢液中自由氧的来源主要包括两方面，一方面是随着钢液温度的下降，钢中氧的溶解度降低析出的溶解氧，可以通过依靠不出高温钢适当减少。另一方面出钢后的工艺过程中钢液和大气直接接触，特别是流速很高的钢液接触大气，不仅会吸氮而且会增氧。减少二次氧化措施包括：

（1）控制炼钢炉的出钢时间，控制好出钢口直径，及时维护出钢口，保持出钢口形状，保证出钢钢流圆滑，减少吸氧吸氮。

（2）控制钢包吹氩强度，避免底吹强度过大，导致钢包内钢液面大翻，与空气直接接触，造成二次氧化。尤其是精炼处理后，软吹过程中，更需要控制软吹流量不可过大。

（3）强化 LF 操作，由于 LF 炉高温电弧区的空气电离，一旦钢液裸露，钢液吸氧吸氮量非常大，所以 LF 加热处理过程中要控制好底吹强度，避免大翻裸露钢液；强化 LF 密封，控制除尘风机吸力，保持系统微正压，防止空气大量进入系统；造好埋弧渣，保证顶渣有良好持续的发泡埋弧功能，保护钢液不裸露。

（4）强化连铸工序无氧化保护浇注，采取一切可以采取的措施避免浇注系统中钢液和空气直接接触。

6.2.4.3　促进钢中非金属夹杂物上浮

为了满足连铸坯质量要求，钢中夹杂物必须在浇注前进行上浮排除。

（1）强化夹杂物絮凝长大，增大浮力，提高上浮速度。实际生产中，为了尽快将铝脱氧的脱氧产物 Al_2O_3 排除，通常采用喂钙线的方法进行钙处理，钙处理后采用小流量氩气软吹的方式去除脱氧产物，提高钢液洁净度。喂入钙线主要是为了使钢液中的 Al_2O_3 夹杂变性，将 Al_2O_3 夹杂变为易于上浮的液态夹杂，从而避免钢液在连铸浇注过程中的水口结瘤和堵塞。钙处理时要注意控制钢中 Ca/Al，当 $0.07<Ca/Al<0.1$ 时，生成的夹杂物主要为 $CaO \cdot 6Al_2O_3$，熔点高，水口易结瘤；$0.1<Ca/Al<0.15$ 时，生成的夹杂物主要为液态 $12CaO \cdot 7Al_2O_3$ 或 $CaO \cdot 2Al_2O_3$，可以有效改善钢液流动性，避免水口因结瘤而堵塞。

（2）通过吹氩或者电磁搅拌，改善夹杂物上浮的动力学条件。

（3）提高钢包顶渣、中间包渣、结晶器保护渣的吸收夹杂物能力。

（4）精炼处理后软吹 10min 以上，确保钢中较小颗粒夹杂在钢包中做最后的上浮。

（5）充分发挥中间包冶金净化器的作用，优化中间包流场，促进夹杂物上浮。

6.2.4.4　防止下渣、卷渣

（1）采用钢包下渣检测技术，钢包留钢操作，防止钢包渣进入中间包。

（2）控制好中间包液面，定期排渣，防止中间包渣进入结晶器。

（3）选择合适的浸入式水口结构和插入深度、吹氩量、拉速以优化结晶器流场；控制好结晶器液面波动，防止结晶器卷渣。

此外连铸系统还应选用优质耐火材料，减少钢中外来夹杂物。

任务 6.3　连铸坯表面质量

连铸坯表面缺陷形成原因比较复杂，但主要受结晶器内钢液凝固所控制，从根本上讲，控制连铸坯表面质量就是控制结晶器中坯壳的形成问题。轻微的表面质量缺陷，可以通过表面精整处理后轧制；严重的表面质量缺陷无法通过精整处理合格，判定为废品，降低金属收得率。

6.3.1　连铸坯表面缺陷的类型

连铸坯常见的表面缺陷有：

（1）表面裂纹，主要包括角部横裂纹、角部纵裂纹、表面横向裂纹、宽面纵裂纹、星状裂纹等，如图 6-2 所示；

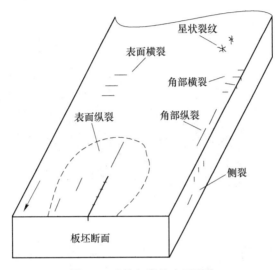

图 6-2　连铸坯常见表面裂纹

（2）深振痕；
（3）表面夹渣及皮下夹渣；
（4）皮下气孔与气孔；
（5）表面凹坑与重皮。

6.3.2　连铸坯裂纹形成机理

连铸坯裂纹的形成是一个非常复杂的过程，是凝固过程中传热、传质以及应力相互作用的结果。高温带液芯连铸坯在连铸机内运行过程中是否产生裂纹主要取决于一个内因和一个外因。所谓内因就是所浇注钢种的裂纹敏感性，或者是所浇注钢种所能承受的最大强度和应变；所谓外因就是高温带液芯连铸坯在连铸机内运行过程中所受到的各种外力。当高温坯壳所受到的各种外力产生的变形超过了其所能承受的最大强度和应变，便会产生裂纹。

高温带液芯连铸坯在连铸机内运行过程中所受到的各种外力包括热应力、鼓肚应力、矫直力、摩擦力、因不满足设备精度产生的机械应力等。

6.3.3　表面裂纹

连铸坯的表面缺陷主要是表面裂纹，表面裂纹根据其出现的方向和部位分为：表面纵裂纹与表面横裂纹、角部纵裂纹与横裂纹、星状裂纹等。

6.3.3.1　表面纵向裂纹

表面纵向裂纹多出现在板坯宽面的中间部位，方坯多出现在棱角处。

扫码获取
数字资源

表面纵裂纹长度不一，深度也不尽相同，但是不论长短、深浅，在后续轧制过程中都会遗传至钢板表面，造成钢板表面裂纹缺陷，如图 6-3 和图 6-4 所示。

图 6-3　连铸坯表面纵裂纹

图 6-4　钢板表面纵向裂纹

由于结晶器弯月面区初生坯壳厚度不均匀，其承受的应力超过了坯壳高温强度，在薄弱处产生应力集中致使纵向微裂纹。结晶器内坯壳承受的应力包括：坯壳内外、上下存在温度差产生的热应力；钢水静压力阻碍坯壳凝固收缩产生的应力；坯壳与结晶器壁不均匀接触而产生的摩擦力等，当这些应力的总和超过了钢的高温强度，致使坯壳薄弱处产生微裂纹。连铸坯进入二冷区，微小裂纹继续扩展形成明显裂纹。

防止连铸坯表面纵裂纹的根本措施是使弯月面区坯壳生长厚度均匀，具体措施如下：

（1）控制合理钢水成分：

1）钢水成分中对表面纵裂影响最大的元素是 C 含量。图 6-5 所示的是碳含量对钢凝固收缩和坯壳均匀性的影响，可以明显看出，当含碳量在 0.09%~0.17% 亚包晶钢范围内时，由于凝固过程中发生包晶转变，γ 奥氏体的密度大于 δ 铁素体，所以凝固过程会产生 0.38% 的收缩，坯壳体积收缩很大。如果结晶器冷却不均匀或者说传热不均匀，会发生同一高度初生坯壳进入包晶转变的时间不一致，冷却较弱处还没进入包晶转变，而冷却较强处已经进入包晶转变，发生较大的凝固体积收缩，脱离了结晶器壁，产生了较大气隙，传热减慢，坯壳变得较薄；而未发生包晶转变处坯壳生长较快，最终导致了初生坯壳厚度不均匀，在坯壳较为薄弱处出现应力集中，从而产生裂纹。

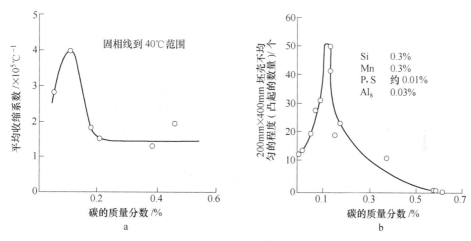

图 6-5 碳含量对钢凝固收缩 (a) 和坯壳均匀性 (b) 的影响

板坯大量生产实践也表明，当碳含量在 0.10%~0.14% 范围钢种，板坯的表面纵裂发生率高于其他碳含量钢种。

所以在钢种成分设计时，在保证钢的力学性能前提下，尽量将钢种碳含量控制在 0.1% 以下或者 0.15% 以上。

2）控制钢种 $w[\mathrm{S}] < 0.015\%$，$w[\mathrm{Mn}]/w[\mathrm{S}] > 25$，提高钢的强度与塑性。

（2）促进结晶器内初生坯壳均匀生长：

1）采用结晶器弱冷。热顶结晶器弯月面处热流可以减小 50%~60%；将结晶器冷却分区单独控制，减小弯月面处冷却强度，降低弯月面处热流密度。

2）采用与钢种匹配的合理的结晶器锥度，保证坯壳和结晶器良好接触，传热冷却均匀。

3）控制结晶器窄边和宽边热流比值 0.8~0.9，不可差别过大。

（3）结晶器内钢水流动的合理性：

1）控制结晶器液面波动，小于 ±5mm。

2）浸入式水口确保对中，防止偏流。

3）选择合理的浸入式水口设计（出口大小、倾角）。

4）控制合理的浸入式水口插入深度。

5）根据拉速和钢种选择合适的结晶器保护渣，生产实践中可以通过对比试验，确定不同钢种、拉速下的保护渣型号，并严格执行。在浇注钢种确定，连铸工艺参数稳定情况下，大多数连铸坯表面纵裂的产生与结晶器保护渣有关。

6）出结晶器后表面裂纹的控制。连铸坯的表面裂纹产生于结晶器，扩展于二冷区，为了减少二冷区表面裂纹的扩展，需要重点关注结晶器-垂直段-扇形段的对弧精度达到工艺要求，一般要求 0.5mm 以下，同时确保开口度精度也要达到±0.5mm 以下；定期检查喷嘴喷射效果，确保二冷区冷却均匀。

6.3.3.2　表面横向裂纹

表面横向裂纹多出现铸坯的内弧侧振痕波谷处，振痕越深，横裂纹越严重。金相检查表明，横裂纹深 2～7mm，宽 0.2mm，长度一般 10～100mm，在铸坯表面因为有氧化铁皮，很难用肉眼直接发现，需要进行表面扒皮后检查。横裂纹一般在轧制过程中也无法焊合，遗传至钢材表面形成山峰状裂纹，如图 6-6 和图 6-7 所示。

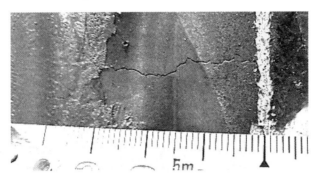

图 6-6　连铸坯表面横向裂纹

图 6-7　钢板表面山峰状裂纹

振痕波谷处产生表面横裂纹的原因主要有以下几种：

（1）处于铁素体网状区，也正好是初生奥氏体晶界。晶界处还有 AlN 或 Nb(CN) 的质点沉淀，因而降低了晶界的结合力，诱发了横裂纹的产生。

（2）振痕波谷处 S、P 正偏析，降低了钢的强度和塑性。

（3）铸坯在运行过程中受到弯曲（内弧受压外弧受拉）、矫直（内弧受拉外弧受压）以及鼓肚作用，如果正处于 700～900℃ 脆化温度区，再加上应力集中"缺口效应"的振痕，促成了振痕波谷处横裂纹的生成。

（4）当铸坯表面有星状龟裂纹时，受矫直应力作用，细小裂纹扩展成横裂纹；若细小龟裂纹处于角部，则形成角部横裂纹。

减少连铸坯表面横裂纹的技术措施包括：

（1）所以在钢种成分设计时，在保证钢的力学性能前提下，尽量将钢种碳含量控制在 0.1% 以下或者 0.15% 以上，避开包晶区。

（2）减少钢液中氮含量，控制 Al、V、Ti、Nb 等含量，减少或避免氮化物在晶界析出。

（3）采用合适的二冷强度，对于裂纹敏感性强的包晶钢，含 Nb、V、Ti 等微合金钢，采用弱冷工艺，使矫直时板坯表面温度在 900℃ 以上。

（4）优化结晶器振动，采用高振频小振幅，目前已采用的非正弦振动增加正滑脱时间，有利于保护渣流入和减少负滑脱时间，从而减轻振痕深度，减少铸坯表面横裂纹发生率。

6.3.3.3　表面星状裂纹

表面星状裂纹一般是发生在晶间的细小裂纹，呈星状或呈网状，遗传至钢板表面形成裂纹形状像鸡爪，又称为爪裂，如图 6-8 和图 6-9 所示。通常是隐藏在氧化铁皮之下难于发现，经酸洗或喷丸后才出现在铸坯表面，分布无方向性。裂纹深度可达 1~4mm，宽度 0.3~1.5mm。

图 6-8　连铸坯表面星状裂纹

金相观察发现，裂纹沿着初生奥氏体晶界扩展，裂纹中富集氧化物。星状裂纹在加热和轧制过程中一般很难消除，轧制成钢材后，呈现网状，细如发丝，深浅不一，需要人工修磨。

这种晶界裂纹形成主要原因是晶界强度的降低，一般是由于铜向铸坯表面层晶界的渗透，或者有 AlN、BN 或硫化物在晶界沉淀，这都会降低晶界的强度，引起晶界的脆化，从而导致裂纹的形成。

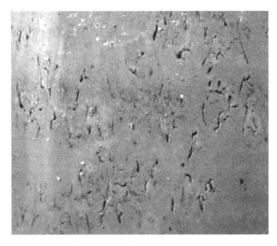

图 6-9　钢板表面爪裂纹

预防表面星状裂纹的措施：

（1）结晶器铜板表面应镀铬或镀镍；

（2）精选原料，降低 Cu 等微量元素的原始含量；

（3）控制钢中 Al、N 的含量；

（4）选择合适的二次冷却制度。

6.3.3.4　角部裂纹

角部裂纹包括角部横裂纹和角部纵裂纹，其中角部横裂纹发生原因复杂，实际生产过程中发生率较高，下面重点讨论角部横裂纹。

发生在连铸坯角部的横裂纹称为角部横裂纹，它是连铸坯常见的一种表面缺陷，图 6-10 是 Q550D 钢种连铸坯角部横裂纹表面形貌。一般分布在从表皮往里 20mm 左右的范围内，垂直于拉坯方向，裂纹长度通常为 5～30mm，裂纹宽度1～2mm，裂纹深度约 2～5mm。角部横裂纹缺陷在后续钢板轧制过程中无法焊合，会遗传

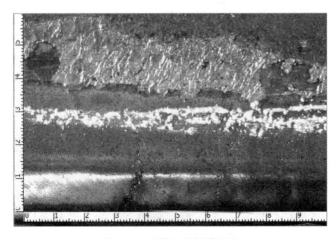

图 6-10　连铸坯角部横裂纹

至钢板表面，造成钢板边部裂纹缺陷，方向不规则，一般与钢板边部有一定夹角，如图6-11 所示。

图 6-11　钢板角部裂纹缺陷

连铸坯角部横裂纹一般产生于结晶器，连铸坯的角部在结晶器内凝固过程中属于二维传热，凝固速度快，初生坯壳收缩量大，铸坯角部坯壳和结晶器壁容易产生气隙。角部有了气隙后，传热冷却受阻，相应区域凝固壳较薄，初生坯壳所能承受的极限应力降低。当坯壳所受到的外力超过所能承受的极限应力，凝固壳较薄弱部位产生微细横裂纹。连铸坯进入二冷区后，受到机械应力、热应力的影响会进一步扩展成严重的角部横裂纹。

控制角部横裂纹的对策：

（1）优化结晶器冷却工艺：

1）传统的控制方法：结晶器弱冷；优化结晶器宽面和窄面水流量；控制结晶器进水温度等。

2）倒角结晶器技术：近年来为了控制角部横裂纹，发展了一种倒角结晶器技术。如图 6-12 所示，倒角结晶器通过改变窄边铜板的结构，在窄边铜板两侧各增加一个钝角倒角，使原边部直角位置的二维冷却变为一个冷却面，降低铸坯角部冷却强度，使连铸坯在结晶器内冷却更均匀，从而避免铸坯产生裂纹。

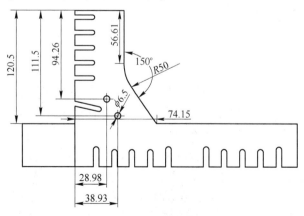

图 6-12　倒角结晶器示意图

　　图 6-13 是直角结晶器和倒角结晶器传热模拟计算结果，可以发现，倒角结晶器角部与宽面的最大温差减少了 55℃；同时，铜板角部区域温度分布更加均匀。

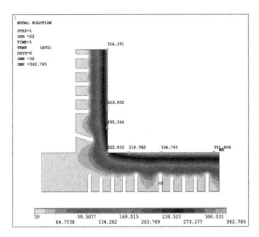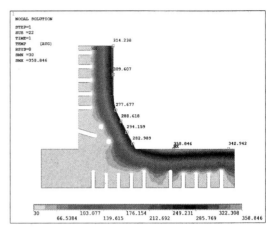

图 6-13　直角结晶器和倒角结晶器传热模拟计算结果

　　（2）控制结晶器-弯曲段-扇形段对弧精度：

　　保证结晶器、弯曲段、扇形段的对弧精度控制在±0.3mm 以内；离线设备整备时严格控制对弧精度；上线后需要对对弧精度进行检验；每半月需要对设备对弧状况进行测量调整。

　　（3）优化连铸坯角部二次冷却工艺：

　　1）二冷幅切技术：如图 6-14 所示，中心二冷喷嘴与边部喷嘴可以分开单独控制，用于控制连铸坯角部的冷却控制；但是边部喷嘴只能开或者关，不能上下调节喷嘴的高度。

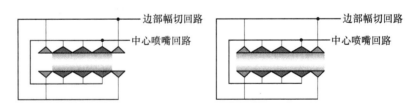

图 6-14　二冷幅切技术

　　2）3D 喷淋技术：所谓 3D 喷淋技术，是指二冷区边部喷嘴不仅可以单独控制冷却水流量，而且可以通过小的液压缸驱动边部喷嘴的上下移动来实现边部喷嘴冷却宽度的变化，最终达到控制连铸坯角部冷却强度的目的。

　　角部纵向裂纹，简称角部纵裂，该缺陷通常沿浇注方向无规律地分布在板坯宽表面上，距角部一般不超过 25mm，裂纹部位常伴有轻微凹陷，如图 6-15 所示。角部纵裂主要由于窄面锥度不合理导致，国内某钢厂曾因锥度仪出现故障导致实际结晶器锥度小于工艺设定值，导致连铸坯出现严重角部纵裂而发生漏钢事故。连铸坯角部纵裂轧制后会遗传至钢板表面，产生钢板的边部纵裂裂纹缺陷，如图 6-16 所示。

图 6-15　连铸坯角部纵裂

图 6-16　钢板边部纵裂

6.3.4　深振痕

如图 6-17 所示，深振痕，是结晶器上下往复运动，在铸坯表面形成周期性的和拉坯

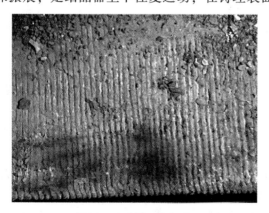

图 6-17　连铸坯深振痕

方向垂直的振动痕迹。采用高振频、小振幅的非正弦振动可以减轻振痕深度。

6.3.5 表面夹渣

表面夹渣指在铸坯表皮下 2~10mm 镶嵌有大块的渣子，见图 6-18，因而也称为皮下夹渣。就其夹渣的组成来看，锰-硅盐系夹杂物的颗粒大而位置浅；Al_2O_3 系夹杂物颗粒细小而位置深。若不清除，会造成钢材表面缺陷，如图 6-19 所示，轻微的可以通过修磨处理合格，严重的会造成废品。

图 6-18　连铸坯表面夹渣

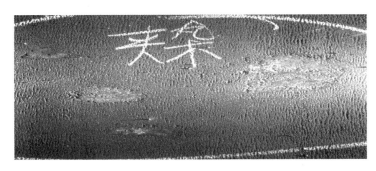

图 6-19　钢板表面夹渣

夹渣的导热性低于钢，致使夹渣处坯壳生长缓慢，凝固壳薄弱，往往是拉漏的起因。

形成表面夹渣的原因有：

（1）一般高熔点的浮渣容易形成表面夹渣。浮渣的熔点与浮渣的组成有密切关系，对于硅铝镇静钢，浮渣熔点与钢液中 $w[Mn]/w[Si]$ 有关。$w[Mn]/w[Si]$ 低时，形成的浮渣熔点高，容易在结晶器弯月面处冷凝结壳，形成夹渣几率增加，为保持流动性良好的浮渣，控制钢中 $w[Mn]/w[Si] \geqslant 3.0$ 为宜。

（2）敞开浇注，由于二次氧化，结晶器表面有浮渣，结晶器液面的波动使浮渣可能卷入到初生坯壳表面而残留下来形成夹渣。

（3）保护浇注时，夹渣的根本原因是结晶器液面不稳定所致。夹渣的组成有未熔的粉状保护渣，也有上浮未来得及被液渣吸收的 Al_2O_3 夹杂物等。

皮下夹渣深度小于 2mm，铸坯在加热过程中可以消除；皮下夹杂深度在 2~5mm，热加工前铸坯必须进行表面精整。

消除铸坯表面夹渣的措施包括：

（1）减小结晶器液面波动，保持液面稳定，小于±5mm。

（2）水口插入深度应控制在最佳位置。

（3）水口出孔的倾角选择得当，向上倾角不能过大，以出口流股不搅动结晶器弯月面渣层为原则。

（4）中间包塞棒的吹氩气量控制合适，防止氩气流量过大，导致上浮过程中搅动钢渣界面。

（5）选用性能良好的保护渣，液渣层的厚度控制在合理范围内。

6.3.6 皮下气泡与气孔

如图 6-20 所示，在铸坯表皮以下，沿柱状晶生长方向分布直径约 1mm，长度在 10mm 左右的气泡，这些气泡若裸露于铸坯表面称其为表面气泡；小而密集的小孔叫皮下气孔，也叫皮下针孔。在加热炉内铸坯皮下气泡表面氧化，轧制过程不能焊合，产品形成裂纹；即使埋藏较深的气泡，也会使轧后产品形成细小裂纹。

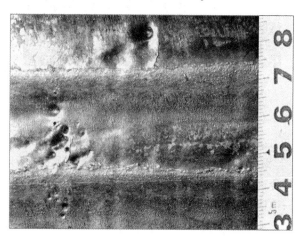

图 6-20   连铸坯皮下气泡

如果钢液脱氧不良或者钢液 H 含量较高，在钢液凝固过程中，随着温度不断降低，钢液中 O 和 H 的溶解度会降低，C-O 反应生成的 CO 和 H_2 溢出，当溢出的气体不能及时排出到钢液外而残留在凝固坯壳中，便产生了气泡。塞棒、浸入式水口等部位吹入的氩气量如果过大，也有可能导致气泡的产生。

导致连铸坯皮下气泡与气孔的原因很多，归根到底是钢液中的氧、氢、Ar 等超标，所以消除皮下气泡与气孔的措施主要有：

（1）强化脱氧，钢中溶解 $w(Al) > 0.008\%$；

（2）干燥入炉材料，以及与钢液直接接触材料，降低钢液中氢含量；

（3）采用全程保护浇注，避免浇注过程吸氧；

（4）选用合适的精炼方式降低钢中含气量，比如 RH、VD 真空处理；

（5）控制中间包塞棒的吹入 Ar 量。

6.3.7　表面凹坑和重皮

表面凹坑常出现在初生凝固坯壳收缩较大的钢种中。在结晶器内钢液开始凝固时，坯壳厚度的增长是不均匀的，一般坯壳与结晶器内壁之间是周期性接触和脱离。观察铸坯表面可以发现，其实际上是很粗糙的，轻者有皱纹，严重者出现呈山谷状的凹陷，这种凹陷也称为凹坑，见图 6-21。在形成严重凹坑的部位，其冷却速度较低且凝固组织粗化，很容易造成显微偏析和裂纹。

图 6-21　连铸坯凹坑

凹坑有横向和纵向之分。在横向凹坑的情况下，由于沿拉坯方向的结晶器摩擦力的作用，很容易产生横裂纹。这时钢液可能渗漏出来，一直到结晶器内壁上重新凝固为止，这就是所谓的"重皮"。若钢液渗漏出来又止不住，则将造成漏钢。因此，在有凹坑产生的情况下，长结晶器对弥合这种漏钢可能是有利的。从这个意义上来讲，振痕也可看作是具有潜伏裂纹和渗漏的一种横向小型凹坑。

沿纵向分布的凹坑，如带菱形变形的方坯靠近钝角附近的纵向凹沟以及板坯宽面两端的纵向凹坑，两者都是由于铸坯在结晶器内冷却不均匀而造成的。纵向凹坑往往导致裂纹及漏钢，在实际生产中不容忽视。

凹坑是由于不均匀冷却引起局部收缩而造成的，因此降低结晶器冷却强度即采用弱冷方式可滞缓坯壳的生长和收缩，从而抑制凹坑形成。

重皮是浇注易氧化钢时，由注温、注速偏低引起的。注温偏低时，钢液面上易形成半凝固状态的冷皮，随铸坯下降冷després便留在铸坯表面而形成重皮。采用浸入式水口和保护渣浇注，可减少钢液的二次氧化，有助于消除重皮缺陷。

6.3.8　表面划伤

铸坯的划伤缺陷分为连续划伤和规律性划伤。当扇形段辊子上粘有残钢、残渣、辊子表面堆焊层有脱落形成凹坑等原因时，连铸坯表面会被划伤。如果辊子能够正常周转，划痕一般是规律性周期出现；如果辊子不能转动，产生"死辊"，则会出现连续性划伤，如图 6-22 所示。

图 6-22　连铸坯表面划伤

为避免产生划伤，应定期检查辊列转动情况，发现问题及时处理，浇注前不允许有辊子不转动情况；浇注过程中，应随时观察连铸坯表面状态，一旦发现有划痕，立即检查辊列，发现辊子上残钢、残渣等异物，及时清理。

6.3.9　表面其他缺陷

除了以上表面常见质量缺陷外，在实际连铸生产过程中还会偶尔产生一些其他缺陷，比如毛刺、重接、异物压入、切割豁口等，如图 6-23 所示。对于厚度较厚的连铸坯在连铸坯的窄面还会因为鼓肚产生侧裂。

a

b

c

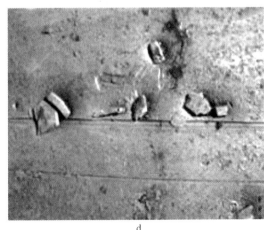

d

e

图 6-23　连铸坯其他表面缺陷
a—毛刺；b—重接；c—切割豁口；d—异物压入；e—侧裂

6.3.10　连铸坯表面质量缺陷的检查与清理

连铸生产过程中，虽然我们可以通过采取各种工艺技术措施不断提高连铸坯的表面质量，降低表面缺陷率，但是不可避免还会出现表面质量缺陷，所以连铸坯的表面质量检查与清理就显得尤为重要了。

对于肉眼可见的缺陷，比如表面大纵裂，在连铸坯出扇形段后便可通过目视检查，一旦发现问题，一方面要单独放置，另一方面要及时检查确认连铸工艺操作是否有异常，查找原因，采取措施。对于肉眼不可见的缺陷，比如横裂纹、皮下气泡等缺陷，需要连铸坯下线冷却后通过火焰清理后再进行肉眼检查，如图 6-24 所示。

图 6-24　连铸坯火焰清理

对于存在表面纵裂纹、横裂纹、星状裂纹、侧面裂纹、皮下气泡、表面划伤、夹渣等缺陷的连铸坯，可以通过火焰清理或扒皮方式进行处理，如图 6-25 所示。有的对表面质量要求高的钢种，不论是否发现表面裂纹缺陷，都要进行工艺扒皮，如图 6-25 所示。目前越来越多的钢厂装配了扒皮机，用于连铸坯表面清理。

a

b

图 6-25　连铸坯表面扒皮（a）和表面扒皮后连铸坯（b）

对于角部裂纹，由于靠近连铸坯的角部，可以通过切角方式去除，如图 6-26 所示。

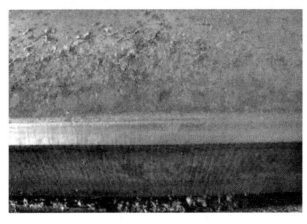

图 6-26　连铸坯切角

任务 6.4　连铸坯内部质量

连铸坯内部质量主要取决于其中心致密度。而影响连铸坯中心致密度缺陷是内部裂纹、中心偏析和疏松以及连铸坯内部宏观非金属夹杂物。对于非金属夹杂物在 6.2 节已经做过介绍。本节重点讨论连铸坯内部几种典型的缺陷类型，连铸坯内部裂纹、中心偏析、中心疏松。铸坯的内部缺陷示意图如图 6-27 所示。连铸坯的内部质量好坏在一定程度上取决于连铸坯的二次冷却以及连铸机设备状态即设备精度控制情况。

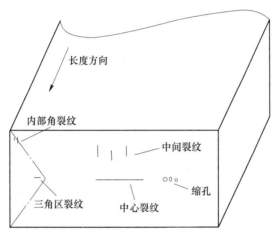

图 6-27　连铸坯内部缺陷示意图

6.4.1　内部裂纹

铸坯从皮下到中心出现的裂纹都是内部裂纹，在凝固过程中产生的裂纹，也叫凝固裂纹。带液芯的连铸坯在连铸机内运行过程中，液相穴凝固前沿承受的应力应变超过钢种所能承受的最大应力应变是产生内部裂纹的根本原因。液相穴凝固前沿所承受的力主要包括钢水静压力、弯曲应力、矫直应力、热应力、连铸设备精度达不到要求产生的附加机械力等，这些力产生的应变相互叠加，当超过钢种的临界应变值时则在液-固界面产生裂纹。富集溶质元素的母液流入裂纹缝隙中，所以此裂纹往往伴有偏析线，也称"偏析条纹"。热加工过程中不能消除，影响钢的力学性能，尤其是对横向性能危害最大。

6.4.1.1　中间裂纹

中间裂纹发生在铸坯外侧与中心之间，是在柱状晶间产生的裂纹。内外弧都可能出现中间裂纹，如图 6-28 所示，国内某钢厂 Q345B 钢种，中间裂纹在内、外弧对称出现。裂纹在铸坯表面至铸坯中心二分之一厚度上，沿铸坯宽度和浇铸方向延伸，位于凝固的柱状晶区，呈"河流"状。大量硫印分析表明，裂纹长度为 10～50mm，裂纹初始位置距铸坯表面 20～30mm，结束于 70～80mm 处，见表 6-3。

扫码获取
数字资源

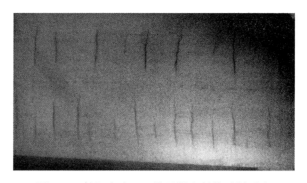

图 6-28　铸坯宽度 1/4 位置纵向低倍试样照片

表 6-3　板坯横截面低倍中间裂纹情况

炉号	钢种	浇注速度/m·min⁻¹	裂纹初始位置距表面距离/mm	最大裂纹长度/mm
6NX1	Q345B-1	1.2	20~25	47
6PX2	Q345B	1.15	25~28	40
6QX3	Q345B-S	1.1	26~30	35

取 100mm 宽连铸坯低倍试样，采用 1:1 的盐酸溶液加热至 80℃ 左右侵蚀裂纹试样，得到裂纹试样的低倍组织，观察裂纹截面的形貌，见图 6-29。

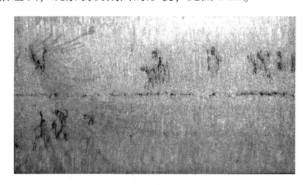

图 6-29　热酸侵蚀后中间裂纹的形貌

轻微的中间裂纹，在轧制过程中可以被焊合而不影响钢材的质量，但是严重的中间裂纹无法焊合，不仅对钢材质量产生影响，严重的在加热炉加热或者轧制过程中会出现断坯事故，见图 6-30。

钢水在连铸机内凝固过程中，受到弯曲、矫直、连铸机设备精度达不到工艺要求产生机械应力是连铸坯中间裂纹产生的重要原因，实际生产过程针对中间裂纹要具体情况具体分析，从而制定针对性措施。

6.4.1.2　中心裂纹

如图 6-31 所示，中心裂纹一般出现在断面厚度方向的 1/2 处，裂口呈锯齿状，裂纹长度不确定，最大可达板坯宽度的 3/4，裂口宽度一般较细，严重时可达 0.5~1.5mm。中心裂纹严重的铸坯需要判废，因为中心裂轧制过程无法焊合，从而产生钢板分层，见图 6-32。

图 6-30 加热炉内断坯事故

图 6-31 连铸坯中心裂纹

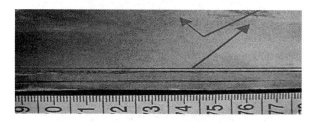

图 6-32 钢板分层缺陷

产生原因主要有：二冷区夹辊开口误差太大，特别是在液相穴末端附近若夹辊开口度误差太大，便有可能导致内裂；二次冷却不当，尤其是当液相穴末端附近受到强烈冷却；浇注温度过高；二冷区夹辊弯曲。

6.4.1.3　三角区裂纹

在低倍状态下，从板坯窄面生长形成的三角形柱状晶区称为三角区，见图6-33。凡是在此区域内的裂纹称为三角区裂纹，形式有三种。第一种裂纹是沿着铸坯窄面和宽面生长的柱状晶的交接处裂开，与宽面成一定夹角；第二种是在铸坯厚度的中间裂开，与铸坯宽度平行，完全在铸坯三角区内，如图6-34所示，图6-35是此种裂纹的实物照片；第三种裂纹和第二种相似，但是裂纹长度较长，已经延伸到三角区外，对铸坯质量影响较大。

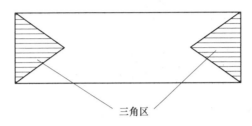

图 6-33　三角区示意图

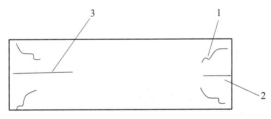

图 6-34　三角区裂纹示意图

1—第一种；2—第二种；3—第三种

图 6-35　三角区裂纹（图示不明确）

第一种三角区裂纹一般与结晶器倒锥度有关，倒锥度较大时，会出现此种裂纹缺陷。板坯出现最多的第二种三角区裂纹缺陷与钢水过热度、拉速、配水以及扇形段开口度等因素有关，但主要与扇形段辊缝开口度的精度和钢水过热度有关。

减少铸坯内部裂纹应采取如下措施：

（1）采用压缩浇铸技术，或者应用多点矫直、连续矫直技术。

（2）二冷区采用合适夹辊辊距，支撑辊准确对弧。

（3）二冷水分配适当，保持铸坯表面温度均匀。

（4）矫直温度要避开钢种的脆性"口袋区"。

6.4.2　中心偏析和疏松

中心偏析是指钢液在凝固过程中，溶质元素在固-液相中进行再分配时，表现为铸坯中元素分布不均匀，铸坯中心部位的碳、磷、硫、锰等元素含量明显高于其他部位，中心偏析往往与中心疏松相伴而生，如图 6-36 所示。

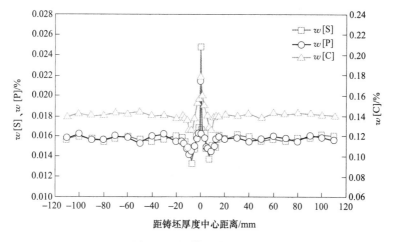

图 6-36　连铸坯中心偏析

在铸坯断面上分布的细微孔隙称为疏松。分布于整个断面的孔隙称为一般疏松；在树枝晶间的小孔隙称为枝晶疏松；铸坯中心部位的疏松称为中心疏松，严重的中心疏松便称为中心缩孔，如图 6-37 所示。一般疏松和枝晶疏松在轧制时可以焊合，但是中心疏松一

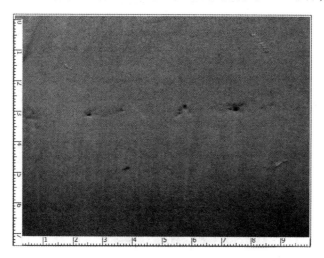

图 6-37　连铸坯缩孔

般会与中心偏析相伴而生，不容易焊合，严重的会产生钢板分层缺陷。图 6-38 是大方坯的纵向和板坯中剖面的照片，图 6-39 是大方坯横断面照片，可以清楚看到中心偏析和中心

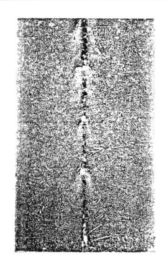

图 6-38　大方坯的纵向和板坯中剖面

240mm 方坯
22℃ 过热度

图 6-39　大方坯的横向剖面

疏松的形貌。

中心偏析和中心疏松产生原因主要有以下几种：

（1）钢液中溶质元素的富集：钢液在凝固过程中，由于选分结晶的原因，钢液中溶质元素在先凝固的坯壳中浓度较小，不断的富集到后凝固的钢液中，随着凝固的不断进行，最后凝固的钢液中富集了大量的溶质元素尤其是易偏析元素，所以最后凝固的中心区域的连铸坯中溶质元素的含量明显高于其他部位，从而产生中心偏析和疏松。

（2）凝固搭桥理论：连铸坯在凝固过程中，由于冷却的不均匀，导致铸坯在长度方向上柱状晶生长速度不一致，有的快，有的慢，生长较快的柱状晶会在铸坯中心处优先相遇，形成搭桥，如图 6-40 所示。那么液相穴内的钢液被凝固桥分割成上下两部分，下部分钢液在凝固收缩时得不到上部钢液的有效补充，周期性间断地出现中心疏松或缩孔，伴有中心偏析。所以，凝固组织中柱状晶发达时，容易产生中心疏松和中心偏析。

（3）当板坯出现鼓肚变形时，也会引起富集溶质元素的钢液流动，从而形成中心偏析。

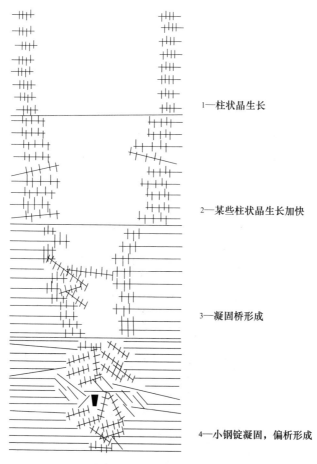

1—柱状晶生长

2—某些柱状晶生长加快

3—凝固桥形成

4—小钢锭凝固，偏析形成

图 6-40　凝固搭桥示意图

为减轻铸坯中心偏析可以采取以下措施：

（1）降低钢中易偏析元素的含量，尤其是有害元素 S、P 元素的含量。

（2）为液相穴产生等轴晶创造条件：低过热度浇注可以减小柱状晶的比例，电磁搅拌技术可以消除柱状晶的搭桥，增大中心等轴晶的区宽度，从而达到减轻中心偏析的作用。

（3）通过补偿铸坯末端的凝固收缩，或防止铸坯鼓肚，抑制凝固末端吸收富集偏析溶质的钢液：小辊径分节辊，减轻铸坯鼓肚；凝固末端轻压下技术，补偿铸坯最后凝固的收缩，抑制富集溶质元素钢液的流动；凝固末端大压下技术，压下量 5~20mm。

任务 6.5　连铸坯的外观质量

正常浇注时，连铸坯的几何形状和尺寸是比较精确的，至少是符合质量要求的；但是当连铸设备或工艺操作不正常时，连铸坯将发生变形，如鼓肚、菱形变形等；轻微的形状缺陷只要不超过允许误差，对轧制产品质量影响不大；但是严重的形状缺陷常常伴有其他缺陷，影响产品质量。

6.5.1　鼓肚变形

如图 6-41 所示，带液心的铸坯在运行过程中，于两支撑辊之间，高温坯壳在钢液静压力作用下，发生鼓胀成凸面的现象，称之为鼓肚变形。板坯宽面中心凸起的厚度与边缘厚度之差叫鼓肚量，用以衡量铸坯鼓肚变形程度。鼓肚量的大小与钢水静压力、夹辊间距、冷却强度等因素有密切关系，液相穴深度越深，钢水静压力越大，鼓肚越严重；二冷区夹辊间距越大、辊子弯曲变形或者发生塌辊，都容易产生鼓肚；冷却强度小，铸坯坯壳薄，承受不住钢水静压力容易产生鼓肚变形。图 6-42 是某钢厂 400mm 厚连铸坯窄边鼓肚照片。

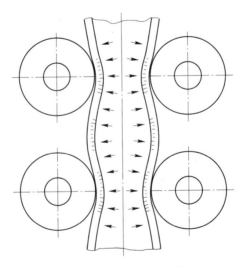

图 6-41　铸坯鼓肚示意图

防止铸坯鼓肚的措施包括：

（1）降低连铸机的高度，降低液相穴深度，减小钢液对坯壳静压力。

图 6-42　某钢厂 400mm 厚连铸坯窄边鼓肚

（2）二冷区采用小辊距密排列；铸机从上到下辊距应由密到疏布置。

（3）支撑辊要严格对中。

（4）加大二冷区冷却强度，增加坯壳厚度。

（5）防止支撑辊的变形，板坯的支撑辊最好选用多节辊。

6.5.2　菱形变形

菱形变形也叫脱方，是方坯特有的一种缺陷，是指铸坯的一对角小于 90°，另一对角大于 90°。方坯两对角线长度之差称为脱方量，用两对角线长度之差除以对角线平均长度表示菱形变形的程度 R。当 $R>3\%$ 时，方坯钝角处导出热量少，角部温度高，坯壳较薄，在拉力作用下容易产生角部裂纹；当 $R>6\%$ 时，在加热炉内推钢或者轧制时会发生咬入孔型困难，所以要控制 $R<3\%$。

脱方发生的主要原因是在结晶器中坯壳冷却不均匀，所生成的坯壳厚度也不均匀，从而引起收缩不均匀，厚坯壳角部收缩量大，薄坯壳角部收缩量小；在冷却强度大的两个面之间形成锐角，冷却强度小的两个面之间形成钝角。在结晶器内，由于结晶器四壁的限制，铸坯仍能保持方形，但是一旦出了结晶器，由于坯壳厚度不均匀，造成坯壳温度不均匀，坯壳的收缩不均匀，菱形变形会进一步发展，如果二冷强度不均匀，会进一步加剧菱形变形程度。

防止菱形变形，需要关注以下几方面：

（1）选用合适锥度的结晶器，并考虑钢种、拉速等参数不同。高碳钢锥度大一些，低碳钢锥度小一些。

（2）结晶器用软水冷却，避免结晶器水缝结垢，影响冷却均匀性。

（3）保持结晶器内腔正方形，以使凝固坯壳为规规正正的形状，内腔形状发生变形时，及时更换。

（4）结晶器以下的 600mm 距离要严格对弧；并确保二冷区的均匀冷却。

6.5.3　圆坯变形

圆坯变形成椭圆形或不规则多边形。圆坯直径越大，变成椭圆的倾向越严重。形成椭圆变形的原因有：

（1）圆形结晶器内腔变形；

（2）二冷区冷却不均匀；

（3）连铸机下部对弧不准；

（4）拉矫辊的夹紧力调整不当，过分压下。

可采取相应措施：及时更换变形的结晶器；连铸机要严格对弧；二冷区均匀冷却；可适当降低拉速，增加坯壳厚度和强度，避免变形。

圆坯变成不规则多边形的原因主要有：结晶器变形使凝固坯壳与铜壁不均匀接触，造成优先冷却；二次冷却不均匀。

生产中可以通过保持结晶器锥度、检查结晶器磨损状态、保证二次冷却喷嘴布置和喷水均匀性，防止圆坯变成不规则多边形。

课后复习题

6-1　名词解释

连铸坯的洁净度；外来夹杂物；内生夹杂物；塑性夹杂物；脆性夹杂物；点状不变形夹杂；二冷幅切；3D 喷淋；中间裂纹；中心裂纹；三角区裂纹；中心偏析；中心疏松；鼓肚；脱方。

6-2　填空题

（1）连铸坯质量含义包括 _____、_____、_____、_____。

（2）按照夹杂物来源可划分为 _____、_____。

（3）按照夹杂物的化学成分分为 _____、_____、_____。

（4）按照夹杂物的变形能力分为 _____、_____、_____。

（5）根据 GB/T 10561—2005，钢中夹杂物按其成分和形态可以分为 _____、_____、_____、_____、_____ 五类。

（6）A、B、C、D 类夹杂物可按其直径分为 _____、_____ 两组。

（7）弧形连铸机夹杂物含量比立弯式连铸机夹杂物含量 _____。

（8）表面纵向裂纹多出现在板坯 _____。

（9）连铸坯角部裂纹缺陷主要包括 _____、_____。

（10）连铸板坯角部纵向裂纹主要是由于 _____ 不合理导致的。

（11）对于存在表面裂纹、皮下气泡、表面划伤、夹渣等缺陷的连铸坯，可以通过 _____ 方式进行处理。

（12）对于角部裂纹，由于靠近连铸坯的角部，可以通过 _____ 方式去除。

6-3　判断题

（1）钢的洁净度有一个固定的标准，达到标准就是洁净钢，否则就不是洁净钢。　　（　　）

（2）弧形连铸机夹杂物含量容易在铸坯的外弧聚集。　　（　　）

（3）连铸坯表面纵裂纹、横裂纹可以在轧制过程中焊合，不影响钢材表面质量。　　（　　）

（4）采用高振频、低振幅的非正弦振动可以减轻振痕深度。　　（　　）

（5）轻微的中间裂纹，在轧制过程中可以被焊合而不影响钢材的质量，但是严重的中间裂纹无法焊合。　　　　　　　　　　　　　　　　　　　　　　　　　　　　　（　　）

6-4　选择题

（1）下列夹杂物属于复杂氧化物的是（　　）。
　　　A. SiO_2　　　　　B. $MgO\text{-}Al_2O_3$　　　　C. $2MnO\text{-}SiO_2$　　　　D. FeS

（2）下列夹杂物属于硫化物夹杂的是（　　）。
　　　A. SiO_2　　　　　B. AlN　　　　　　C. $2MnO\text{-}SiO_2$　　　　D. FeS

（3）FeS、MnS 夹杂属于（　　）。
　　　A. 塑性夹杂　　B. 脆性夹杂　　　　C. 点状不变形夹杂

（4）Al_2O_3 夹杂属于（　　）。
　　　A. 塑性夹杂　　B. 脆性夹杂　　　　C. 点状不变形夹杂

（5）SiO_2 夹杂属于（　　）。
　　　A. 塑性夹杂　　B. 脆性夹杂　　　　C. 点状不变形夹杂

（6）硫化物类 FeS、MnS 属于（　　）。
　　　A. A 类夹杂　　B. B 类夹杂　　　　C. C 类夹杂　　　　D. D 类夹杂

（7）氧化铝类夹杂属于（　　）。
　　　A. A 类夹杂　　B. B 类夹杂　　　　C. C 类夹杂　　　　D. D 类夹杂

（8）硅酸盐类夹杂属于（　　）。
　　　A. A 类夹杂　　B. B 类夹杂　　　　C. C 类夹杂　　　　D. D 类夹杂

（9）板坯大量生产实践也表明，当碳含量在（　　）范围钢种，板坯的表面纵裂发生率高于其他碳含量钢种。
　　　A. $0.10\% \sim 0.14\%$　　　　　　　　B. $0.02\% \sim 0.06\%$
　　　C. $0.15\% \sim 0.18\%$　　　　　　　　D. $0.40\% \sim 0.50\%$

（10）倒角结晶器技术是为了控制（　　）。
　　　A. 表面纵裂　　B. 表面横裂　　　　C. 角部横裂　　　　D. 中间裂纹

6-5　问答与计算

（1）简述减少连铸坯夹杂物的方法。
（2）简述连铸坯裂纹形成基本机理。
（3）控制表面纵裂的措施有哪些？
（4）如何控制角部横裂纹？
（5）连铸坯皮下气泡是如何形成的？
（6）连铸坯表面划伤是如何产生的？如何预防与控制？
（7）简述中心偏析产生原因以及控制措施。

能量加油站 6

二十大报告原文学习：新时代的伟大成就是党和人民一道拼出来、干出来、奋斗出来的！

【人物志】

荣彦明　全国劳模，作为首钢京唐一名精轧操作工，轧最好的钢，以自己的技能报国，是荣彦明矢志不渝的追求。2008 年，荣彦明从河北工业职业技术大学（原河北工业职业技术学院）毕业，14 年的时光转瞬而过，当时的年轻人变成了坐在操控台前的"老师傅"。与轧机生产线朝夕相伴的时光，淡去了最初的兴奋与惶恐，化成一座座奖杯、一项项荣誉——

22 岁被评为首钢京唐公司"青年创新标兵";

25 岁获得"首钢技术能手"称号;

27 岁当上"首钢劳动模范";

28 岁成了"北京市劳动模范";

33 岁当选"全国劳动模范";

35 岁代表钢铁人站在了北京国家体育场的中央……

面对光灿灿却又沉甸甸的荣誉,荣彦明深有感触:"毕业参加工作,恰逢其时,正赶上首钢搬迁调整、走出北京,成为了京津冀协同发展的先锋队。首钢京唐公司是渤海湾的一颗明珠,被业界专家称为中国钢铁工业的梦工厂。在这里体现人生价值,岗位圆梦,就要苦心志、劳筋骨,长本领、精操作,赶先进、超先进,轧出最好的钢。"

懂行的人都知道,浇铸好的钢坯通常有 230 毫米厚,通过粗轧轧到 29 到 60 毫米,精轧工要将粗轧后的钢进一步轧制到 25.4 毫米以下的厚度。基于此,业内人士有个共识,热轧生产有两难:一厚一薄,都是难啃的硬骨头。轧厚板材,表层和中部金属结构组织难均匀;轧薄板材,板型难控易轧废。

中石油中俄东线 X80 管线钢,厚度为 21.4 毫米,技术参数十分苛刻,需要在 -30℃以下的环境里进行落锤冲击实验,要求冲击力为 4500 吨时不发生脆裂。生产操作中,荣彦明严格控制精轧入口板坯温度,细致调整,使轧制力、电流等达到设备设计的最佳极限值,轧制的板材内外部金属结构组织均匀,达到了国内先进水平。

某薄规格防爆钢,厚度仅 1.6 毫米,宽度却达到 1175 毫米——宽厚比越大,轧制时板坯越容易跑偏,轧制的精准度越难控制。荣彦明和团队成员通过控制板坯头、板坯尾温度,采用快冷技术、增大变形抗力等组合拳,避免了板材轧制跑偏、起浪、甩尾和堆钢等问题,轧制实验一举成功,填补了国内同型号热轧产品生产的空白。

工作越久,荣彦明在同事间的名声越响亮,哪里有难轧的钢,哪里就有荣彦明的身影。他的技能也越来越精湛,高强度汽车用钢、集装箱板、汽车外板……多种规格产品的首次亮相,都经自他的手,有的产品还拿下中国冶金钢铁企业特优质量奖。

在荣彦明的信念里,不仅要轧出最好的钢,还要轧好每一块钢,挑好每一个重担。

马口铁冷轧板薄如蝉翼,用于制作可口可乐等饮料易拉罐,被世界冶金业内人士誉为"钢铁之花"。该产品对板面质量要求十分严格,哪怕出现针尖大的细眼,厂家都要退货罚款。这个任务交到了 2250 热轧生产线上,几经努力,生产团队将成材率逐步稳定在了 98% 左右。成材率攀升到 98%,已是国内先进水平,再往上提升,就像在优秀运动员 100 米冲刺成绩上再提高 0.1 秒,难度可想而知。在荣彦明和团队成员的共同努力下,轧制薄规格马口铁冷轧基料的操作日渐精进,成品卷轧废率、质量缺陷率、客户不满意等锐减,成材率再次爬坡上升 0.29%,每年可增加效益 1260 万元,制造成本降低到每吨 178 元,达到国内钢厂领先水平。

十四年如一日,荣彦明一直在不懈地努力。就像他在冬奥开幕式中做的那样,在追逐用科技创新点燃首钢高质量发展引擎的钢铁梦,实现中华民族伟大复兴中国梦的道路上,一定有他手中传递出去的一份力量。

项目七　连铸耐火材料

本项目要点：

（1）了解钢包用耐火材料的要求，掌握钢包内衬的组成及材质种类；

（2）了解中间包耐火材料的要求，掌握中间包内衬的组成及材质种类；

（3）掌握连铸长水口、塞棒、浸入式水口、滑动水口及透气砖的材质特点。

任务 7.1　钢包用耐火材料

扫码获取

数字资源

7.1.1　钢包耐火材料的要求

现代钢铁工业生产中，钢包不仅仅是钢液的运输容器，更承载了越来越多的冶金精炼功能，这些冶金功能的开发对钢包耐火材料的要求提出了更高的要求，其主要要求见表 7-1。

表 7-1　工艺过程改进对钢包耐火材料的要求

工艺过程改进	对耐火材料的要求
出钢温度提高	热稳定性高
钢液在钢包中的停留时间延长	热机械稳定性高
钢液在钢包中进行剧烈搅拌	抗冲刷性、抗腐蚀性高
各种侵蚀性熔渣	抗渣性高
脱氧、合金化	热化学稳定性高
真空脱气	抗侵蚀性高
加热（电加热或化学加热）	抗热稳定性和抗渣性高
各种不同的工艺和过程	具有在不同条件下应用的灵活性

选用钢包耐火材料时要考虑以下因素：

（1）钢包工作条件：如出钢温度、钢水停留时间、钢种、精炼方式等；

（2）钢包渣碱度；

（3）钢包内衬部位；

（4）钢包砌筑、拆装、烘烤工艺条件；

（5）钢包内衬各部位寿命的同步性。

7.1.2　钢包内衬材质

7.1.2.1　钢包内衬组成

钢包包衬由保温层、永久层、工作层组成，由于各层的工作条件不同，因此耐火材料的选择及砌筑不同，见图 2-8 和图 2-9。

（1）保温层：作用是保温，以减少钢水的散热。保温层紧贴外壳钢板，厚 10~15mm，主要作用是减少热损失，常用石棉板砌筑。

（2）永久层：作用是当工作层厚度侵蚀到较薄时，防止钢水穿透钢包外壳产生漏钢事故。厚度为 30~60mm，一般由具有一定保温性能的黏土砖或高铝砖砌筑，有的采用铝镁尖晶石浇注料整体浇注而成。

（3）工作层：工作层直接与钢液、炉渣接触，受到化学侵蚀、机械冲刷和急冷急热作用影响，随着包龄增加，不断变薄，当损坏到一定程度时，必须进行拆修、更换。工作层直接与钢液和炉渣接触，可根据钢包的工作环境砌筑不同材质、厚度的耐火砖，使内衬各部位损坏同步，这样从整体上提高钢包的使用寿命。对于渣线部位，需要选用耐熔渣侵蚀、耐剥落的镁炭砖；对于包壁和包底可砌筑高铝砖、铝镁炭砖和铝尖晶石炭砖，耐蚀性能好，不容易挂渣。目前也有钢包采用铝镁浇注料整体浇注。

7.1.2.2　钢包内衬材料的种类

（1）黏土砖：Al_2O_3 含量一般在 30%~50% 之间，价格低廉。主要用于钢包永久层和钢包底。

（2）高铝砖：主要原料是铝矾土，高铝砖 Al_2O_3 含量为 45%~80%，具有很强的抵抗高温钢水熔蚀和炉渣侵蚀的能力，主要用于工作层。化学成分及理化性能见表 7-2。

（3）镁炭砖：主要由高纯镁砂、优质石墨和一些添加剂制成。该砖主要用于钢包渣线部位。砖中 MgO 含量一般在 76% 左右，C 含量在 15%~20% 之间。其特点是熔渣侵蚀性小，耐侵蚀、耐剥落性好。其性能与砖中石墨含量有很大关系。随着石墨含量的增加，砖的强度降低、热膨胀率减小、残余膨胀率增大。因此，应控制砖中石墨含量在 15%~20% 范围内。化学成分及理化性能见表 7-2。

（4）铝镁炭砖和铝尖晶石炭砖：采用高铝矾土、镁砂和鳞片状石墨为原料制成的，具有较高的抗渣性、抗热震性以及良好的结构稳定性。化学成分及理化性能见表 7-3。

（5）镁钙系钢包砖：不仅具有良好的抗渣性、抗热震性和高温化学稳定性，而且其中的 CaO 还对钢水有良好的净化作用，是精炼钢包理想的耐火材料。化学成分及理化性能见表 7-4。

（6）锆英石砖：主要原料是纯锆英石砂，具有较好的耐侵蚀性，用于砌筑钢包的渣线部位，可以较大幅度地提高钢包的使用寿命。但是价格比较昂贵，很少使用。

（7）铝镁尖晶石浇筑料：以高铝熟料做骨料，以铝镁细粉作基质，以水玻璃作结合剂制成铝镁浇筑料，用于浇筑钢包内衬。在高温钢水作用下，Al_2O_3 与 MgO 作用生成尖晶石（$MgO \cdot Al_2O_3$），熔点高达 2135℃，使包衬具有良好的抗渣性和热稳定性。但是由于浇筑料中添加了 MgO，会使高温状态下的包衬产生收缩而出现收缩裂纹，从而降低其使用寿命。化学成分及理化性能见表 7-2。

表 7-5 列举了几种典型的钢包内衬耐火材料的设计方案。图 7-1 所示为国内某钢厂砌筑图，可供参考。

表 7-2 钢包用耐火材料的化学成分及理化性能对比

项目		不烧高铝砖		烧成高铝砖	不烧铝镁砖	铝镁尖晶石浇筑料		渣线部分用砖	
						Ⅰ级	Ⅱ级	镁炭砖	锆英石砖
化学成分（质量分数）/%	SiO₂	9.3	4.6	33.6	14	—	—	—	31.03
	Al₂O₃	85.4	91.3	63	68	72	62	—	3.5
	MgO	—	—	—	12	≥8	≥8	77	0.19
	CaO	—	—	—	—	—	—	—	微量
	ZrO₂	—	—	—	—	—	—	—	59.82
	Fe₂O₃	—	—	—	—	≤3	≤3	—	—
	C	—	—	—	—	—	—	19	—
体积密度/kg·m⁻³		2920	3130	2700	2950	>2650	>2450	2880	3540
显气孔率/%		16.9	14	14.5	9	<24（110℃烘干）	<25（110℃烘干）	3.7	19
耐压强度/MPa		79.6	81	51	110(常温)	>32（200℃烘干）	>30（200℃烘干）	42.2	76
耐火度/℃					1710~1730	>1770	>1770		
荷重软化点/℃					1420	>1250（开始点） >1330（变形4%）	>1250（开始点） >1300（变形4%）		1630
抗折强度/MPa 室温下		3.53	5.1	11.17					
1000℃		1.66	0.98	7.94					
线膨胀率（1500℃）/%		+0.01 +3.11	+0.77 +1.22	+0.88 +3.09	0.83 （1300℃）				

表 7-3 铝镁炭砖和铝尖晶石炭砖的化学成分及理化性能

项目		铝镁炭砖			铝尖晶石炭砖		
		A	B	C	D	E	F
化学成分（质量分数）/%	Al₂O₃	61.28~62.28	74	65.2	59.97	74	69.1
	MgO	13.22~13.34	8~10	10.72	16.59	8~10	19.3
	C	9.78	5~8	9.93	6.67	5~9	
体积密度/g·m⁻³		2.81~2.84	3.14	2.9	2.69	3.09	2.69
显气孔率/%		6.7~8.7	4	6~10	1.2	3	8.1
耐压强度/MPa		48~65	94	66.4~114.1	46.8	92.2	74
荷重软化点/℃		1620	>1700	>1700	>1700	1510	
高温抗折强度（1400℃，1h）/MPa			7.1			7.8	
热膨胀率（1600℃，3h）/%			+2.10		+0.71	+1.50	+0.17

表 7-4 精炼钢包用 MgO-CaO 系耐火材料化学成分及理化性能

材料名称		化学成分（质量分数）/%			物理性能		
		MgO	CaO	C	体积密度/g·m⁻³	耐压强度/MPa	抗折强度/MPa
烧成油浸镁白云石砖		73~76	15~20	3.1~3.2		60~80	
电熔镁白云石砖		66.5	27.32		3.13	102.8	
镁白云石砖	A	71.9	9.8	10.8	3.08	43.5	
	B	78.1	7.5	7.6	3.14	51.5	
不烧镁钙炭砖		82.38	5.29		3.12	33.6	17.8
轻烧油浸镁钙炭砖		75.12	9.31	9.7	3.00	35.2	

表 7-5　几种典型的钢包内衬耐火材料的设计方案

类　型	渣　线	包　壁	包　底
高铝型 I	MgO-C 砖	高铝砖	铝尖晶石预制作
	(w(C) = 5% ~ 15%)	(w(Al_2O_3) = 60% ~ 85%)	
高铝型 II	MgO-C 砖	Al_2O_3-C 砖	Al_2O_3-C
	(w(C) = 10% ~ 15%)	(w(Al_2O_3) = 60% ~ 91%)	
整体衬 I	Al_2O_3（尖晶石）	高铝耐火浇筑料	Al_2O_3（尖晶石）
	耐火浇筑料	（铝质黏土）	耐火浇筑料
整体衬 II（脱硫）	MgO-C 砖	Al_2O_3（尖晶石）	Al_2O_3（尖晶石）
	(w(C) = 10% ~ 15%)	耐火浇筑料	耐火浇筑料
白云石型 I（脱硫）	MgO-C 砖	炭结合白云石砖	炭结合白云石砖
	(w(C) = 5% ~ 15%)		
白云石型 II（不锈钢）	白云石砖（烧成）	炭结合白云石砖	炭结合白云石砖
MgO 型	MgO-C 砖	MgO-C 砖	炭结合高铝砖
	(w(C) = 10% ~ 15%)	(w(C) = 10% ~ 15%)	
MgO-Cr_2O_3 型（VOD）	MgO-Cr_2O_3 砖	MgO-Cr_2O_3 砖	MgO-Cr_2O_3 砖

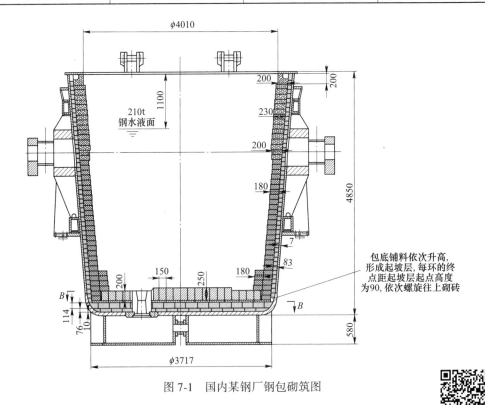

图 7-1　国内某钢厂钢包砌筑图

任务 7.2　中间包用耐火材料

7.2.1　中间包耐火材料要求

中间包是连铸过程中钢水凝固前与耐火材料接触的最后一个容器，它承受的钢水温度远低于钢包内钢水温度，所采用的耐火材料有所不同，具体要求如下：

（1）耐钢水和熔渣侵蚀，具有足够长的使用寿命，确保连浇炉数提高；

（2）良好的抗热震性，与钢水接触时不炸裂；

（3）低热导率和微小线膨胀性，使中间包包衬具有良好保温性和整体性；

（4）要求内衬材料在浇注过程中，对钢水污染性小，以保证钢水质量；

（5）要求内衬材料的形状和结构，要便于砌包和拆卸。

7.2.2　中间包内衬材质

7.2.2.1　中间包内衬组成

（1）保温层：紧贴中间包钢壳，通常采用石棉板、保温砖或轻质浇注料，主要作用是保温。

（2）永久层：与保温层紧贴，材料一般为黏土砖。

（3）工作层：与钢水直接接触，条件比较恶劣。常用的材料主要有砌砖类（高铝砖、碱性镁砖）、绝热板（硅质、镁质、镁橄榄石）、涂料（镁质、镁铬质）以及浇注料。

（4）座砖：镶嵌于中间包包底，用于安装中间包水口，一般为高铝质。

（5）包底：材料与工作层相当。

（6）包盖：材料一般为黏土砖或浇注料。

（7）挡渣墙：材料通常是高铝质，可以用砖砌筑在中间包内，也可以制成预制块，安装在中间包内。

7.2.2.2　中间包绝热板

中间包内衬用绝热板镶砌代替耐火砖，称为"冷中间包"，使用前可以不烘烤。使用绝热板的中间包具有以下优点：

（1）清理和砌筑方便，节省烘烤时间和燃料；

（2）加快中间包的周转，周转周期可以由 16 小时降低为 8 小时；

（3）提高中间包的使用寿命，减少了永久层的耐火材料消耗；

（4）保温性能好，可降低出钢温度 10℃ 左右，但中间包水口必须经过烘烤。

绝热板的材质有硅质、镁质和镁橄榄石质，结合剂有无机结合剂和有机结合剂。

硅质绝热板以石英砂为主要原料，价格便宜，应用广泛。但硅质绝热板不能耐碱性渣的侵蚀。硅质绝热板适用于浇注普碳钢、碳钢结构和普通低合金钢等。

镁质绝热板的主要原料是镁砂，其导热系数比硅质绝热板大，而且是树脂结合的，砌筑后不宜烘烤，使用时开浇温度低。镁质绝热板适用于浇注特殊钢及质量要求较高的钢种。

我国硅质、镁质绝热板的理化性能见表 7-6，板形由中间包形状决定，板厚一般为 30~40mm，冲击板厚度大于 50mm。

如使用绝热板砌筑，在绝热板与永久层之间可填充河砂，其主要目的是缓冲中间包内衬受热的膨胀压力，其次可起到一定的绝热作用，并便于拆卸内衬。

表 7-6　硅质、镁质绝热板的理化性能

项　目	硅质绝热板		镁质绝热板	
	衬板	冲击板	衬板	冲击板
$w(SiO_2)/\%$	≥85	≥85	—	—
$w(MgO)/\%$	—	—	85	85
体积密度/$g \cdot m^{-3}$	1200~1450	1500~1650	1400~1600	≥1600
显气孔率/%	—	—	35~40	30~35
抗折强度/MPa	≥3	≥3.5	4	5
残余水分/%	≤0.5	≤0.5	0.7	0.5
耐火度/℃	≥1600	≥1600	—	—
导热系数/$W \cdot (m \cdot K)^{-1}$	0.28~0.35	0.35~0.5	0.35	—

7.2.2.3　涂料

中间包内衬采用涂料的优点：

（1）清理更换方便，浇注完毕后，翻倒中间包，残钢、残渣随涂料层一起脱落，砖衬几乎不被破坏，在砖衬上涂抹新的涂料层可再次使用。

（2）耐钢液和钢渣的侵蚀，使用寿命长。

（3）施工方便，更换迅速。

涂料层的厚度一般为 15~20mm，使用涂层的中间包在使用前需要烘烤。

材质有高铝质、镁质和铬镁质，以磷酸盐为结合剂，其化学成分及物理性能见表 7-7。

表 7-7　高铝质、镁质涂料的化学成分及物理性能

材料名称		化学成分(质量分数)/%		物　理　性　能			
				体积密度 /$g \cdot m^{-3}$	显气孔率 /%	断裂系数 /MPa	热导率 /$W \cdot (m \cdot K)^{-1}$
高铝质	普通	Al_2O_3 61	SiO_2 31	2200	37	6.6	1.28
	改进后	Al_2O_3 65	SiO_2 28	1800	40	2.6	0.81
镁质	普通	MgO 87	SiO_2 8	2200	31	5	1.39
	改进后	MgO 78	SiO_2 7	1700	48	1	0.7

此外，还有轻质涂料，具有良好的绝热性能，它是在现有涂料中添加发泡剂制成的。由于在制成过程中卷入大量空气，轻质涂料中含有球状气泡，体积密度减小，涂料单耗降低。

国内某钢厂使用的镁质中间包涂料成分和性能要求如表 7-8 所示，使用寿命大于 800min，供参考。

表 7-8　国内某钢厂镁质涂料的化学成分及物理性能

项　目	指标	项　目	指标
$w(MgO)/\%$	≥81	高温抗折强度(1500℃×4h)/MPa	≥6
$w(SiO_2)/\%$	≤8	低温体积密度(220℃×3h)/$g \cdot cm^{-3}$	≥2
低温抗折强度(220℃×3h)/MPa	≥5	高温体积密度(1500℃×4h)/$g \cdot cm^{-3}$	≥2.1

任务 7.3　连铸用功能耐火材料

7.3.1　长水口

长水口、整体塞棒和浸入式水口，称为连铸用耐火材料"三大件"。长水口用于保护从钢包注入中间包的钢流，防止钢水直接与空气接触发生二次氧化。

长水口主要有两种类型，见图 7-2，一种是如图 7-2a 所示带有吹氩环的长水口；一种是如图 7-2b 所示带有透气材料的长水口。其中带有透气材料的长水口保护浇注效果较好。

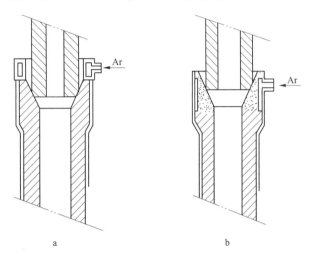

图 7-2　长水口类型

a—带有吹氩环；b—带有透气材料

目前长水口的材质有熔融石英质和铝碳质两种。熔融石英质长水口的主要成分 SiO_2，这种长水口导热系数小，有较高的机械强度和化学稳定性，耐酸性渣的侵蚀，可以免烘烤。其用于浇注一般钢种，浇注锰含量高的钢种则不宜使用。铝碳质及 Al_2O_3-SiO_2-C 质长水口是以刚玉和石墨为主要原料制作的，其主要成分是 Al_2O_3，具有良好的抗热震性，对钢种的适应性较强，耐侵蚀性能好，对钢液污染小。目前连铸中广泛采用 Al_2O_3-C 质长水口，在渣线部位复合 ZrO_2-C 层，用于提高耐侵蚀性，如图 7-3 所示。表7-9 是国内某钢厂长水口耐火材料的化学成分及性能。

图 7-3　长水口实物照片

表 7-9　国内某钢厂长水口耐火材料的化学成分及性能

项　目	指标	项　目	指标
$w(Al_2O_3)/\%$	≥50	显气孔率/%	≤17
$w(C)/\%$	≥28	常温耐压强度/MPa	≥25
$w(ZrO_2)/\%$	≥4.5	热震稳定性/次	≥10
体积密度/g·cm^{-3}	≥2.3		

7.3.2　塞棒

中间包用塞头与水口相配合来控制注流，由于塞棒长时间在高温钢液中浸泡，容易软化、变形，甚至断裂。为提高塞棒使用寿命，一般用厚壁钢管作棒芯，浇注时在芯管内插入直径稍小的钢管引入压缩空气进行冷却，见图 7-4a，这对延长塞棒寿命有一定效果。也可以将塞棒作为中间包吹氩棒，见图 7-4d、e，这样不仅可以控制注流，还可以在一定程度上起到净化钢液的作用。

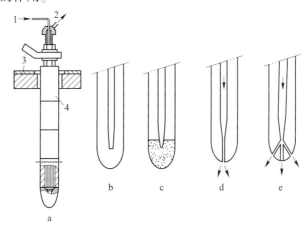

图 7-4　塞棒类型示意图

a—塞棒空气冷区图；b—普通型；c—复合型；d—单孔型；e—多孔型
1—空气入口；2—空气出口；3—中间包盖；4—塞棒

目前大多数中间包塞棒采用铝碳质复合型整体塞棒，如图 7-5 所示，塞棒头部复合一层耐高温耐侵蚀的材料，如锆碳层。表 7-10 国内某钢厂塞棒化学成分及性能，可供参考。

塞棒使用前要与中间包一起烘烤，快速升温至 1000～1100℃，安装好的塞棒不能垂直对准水口砖中心，棒头顶点应偏向开闭器方向，留有 2～3mm 的哨头，关闭塞棒时，塞棒头切着水口内表面向水口中心方向滑动，最终把水口堵严。

图 7-6 是塞棒机构的结构图，由操纵手柄、升降滑杆、横梁、塞棒芯杆、支架调整装置、扇形齿轮等组成，操纵手柄与扇形齿轮连成一体，通过环形齿轮条拨动升降滑杆上升和下降，带动横梁和塞棒芯杆，驱动塞棒做升降运动。

图 7-5　复合整体塞棒

表 7-10　国内某钢厂塞棒化学成分及性能

项　目	棒头	本体	项　目	棒头	本体
$w(Al_2O_3)/\%$	≥70	≥50	常温耐压强度/MPa	≥26	≥25
$w(C+SiC)/\%$	≥13	≥25	常温抗折强度/MPa	≥8	≥7
体积密度/g·cm^{-3}	≥2.60	≥2.3	热震稳定性/次	≥8	≥5
显气孔率/%	≤17	≤18			

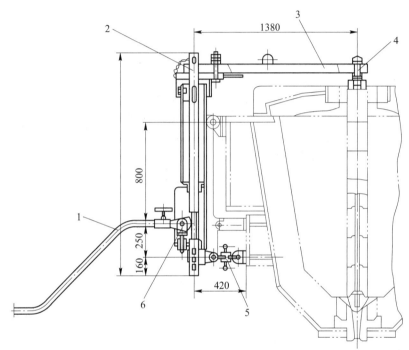

图 7-6　中间包塞棒机构的结构简图

1—操纵手柄；2—升降滑杆；3—横梁；4—塞棒芯杆；5—支架调整装置；6—扇形齿轮

7.3.3　浸入式水口

7.3.3.1　材质要求

（1）具有良好的抗热震性；

（2）具有良好的抗钢水和熔渣的侵蚀性；

（3）具有良好的机械强度和抗振动性；

（4）浸入式水口连接处必须有密封装置；

（5）不易与钢水反应生成堵塞物。

浸入式水口大多采用熔融石英质或 Al_2O_3-C 质。目前大多数钢厂采用 Al_2O_3-C 质水口，石英水口作为异常情况下的备用，因为其可以不用烘烤直接使用。表 7-11 列出国内某钢厂使用浸入式水口的成分及性能。

表 7-11　国内某钢厂浸入式水口化学成分及性能

项 目	指 标		项 目	指 标	
	本体	渣线		本体	渣线
$w(Al_2O_3)/\%$	≥50	—	显气孔率/%	≤18	≤16
$w(C)/\%$	≥25	≥12	常温耐压强度/MPa	≥23	≥23
$w(ZrO_2)/\%$	—	≥75	常温抗折强度/MPa	≥6	≥6
体积密度/g·cm^{-3}	≥2.3	≥3.5	热震稳定性/次	≥10	—

铝碳质浸入式水口渣线部位侵蚀最为严重，图 7-7 为侵蚀实物照片。为了提高铝碳质浸入式水口渣线部位抵抗侵蚀的能力，可在渣线部位复合一层 ZrO_2-C 质耐火材料。

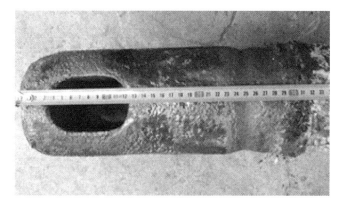

图 7-7　浸入式水口侵蚀实物照片

薄板坯连铸所用的薄壁浸入式水口材质，一般采用含氮化硼和氧化锆的高铝碳质。

7.3.3.2　浸入式水口类型

浸入式水口按安装形式可分为 4 种，如图 7-8 所示。内装式、外装式、组合式（由中间包水口和浸入式水口组合而成）和滑动水口式。目前国内大部分工厂采用组合式。

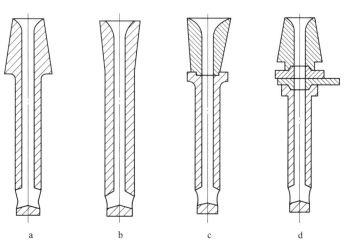

图 7-8　浸入式水口安装形式
a—外装式；b—内装式；c—组合式；d—滑动水口式

如图 7-9 所示，按浸入式水口内钢水流出的方向，浸入式水口有单孔直筒形和双侧孔式两种。双侧孔浸入式水口其侧孔有向上倾斜、向下倾斜和水平状三类。如图 7-10 所示国内某钢厂使用的双侧孔浸入式水口实物。

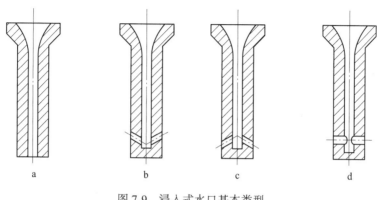

a　　　　　　b　　　　　　c　　　　　　d

图 7-9　浸入式水口基本类型

7.3.3.3　浸入式水堵塞

堵塞的原因有两大类：一类是冻流；一类是套眼。冻流原因是钢水温度低、水口未烤好；而套眼是浸入式水口内壁附着沉积物导致，如图 7-11 所示，堵塞物主要是 Al_2O_3。

图 7-10　国内某钢厂使用的
双侧孔浸入式水口

图 7-11　浸入式水口内壁堵塞物

Al_2O_3 来源有以下几方面：钢水中 Al 与耐火材料发生反应产物；保护浇注不好，氧气与钢水中 Al 反应；钢水在冶炼过程中脱氧产物，未去除干净；钢水温度降低而析出产物。

可以采取的措施是：选择合适水口材质；气洗水口；塞棒吹氩；钙线处理，夹杂物变性+软吹；连铸过程全程保护浇注，控制增 N 量<5×10^{-6}等。

7.3.4　滑动水口

7.3.4.1　滑动水口结构

滑动水口从结构上划分可以分为二层式滑动水口和三层式滑动水口。

（1）二层式滑动水口：主要用于钢包滑动水口，其组成图如图 7-12 所示。包括上水口（图 7-13a）、上滑板（固定板）（图 7-13b）、下滑板（滑动板）（图 7-13c）、下水口（与下滑板相连，图 7-13d）。

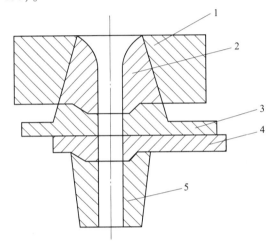

图 7-12　钢包滑动水口安装示意图

1—座砖；2—上水口砖；3—上滑板砖；4—下滑板砖；5—下水口砖

（2）三层式滑动水口：主要用于中间包滑动水口，其组成如图 7-14 所示，包括上水口、上滑板（固定板）、中间滑板（滑动板）、下滑板（固定板）、下水口（与下滑板相连）。

7.3.4.2　滑动水口使用

滑动水口安装在钢包或中间包底部，借助机械装置采用液压或电动使活动滑板（二层式的下滑板；三层式的中间滑板）做往复直线或旋转运动，根据上、中、下滑板的浇注孔的相对位置，即浇注孔的重合程度来控制注流大小，如图 7-15 所示。

7.3.4.3　滑动水口材质

滑板砖是影响钢水流量控制的关键部位，材质有高铝质、铝碳质、铝锆碳质和镁质。多数钢厂使用高铝质滑板。在选用滑板砖的材质时需考虑浇注的钢种，如浇注一般钢种时，可采用高铝质滑板砖；而浇注锰含量高的钢种和氧含量高的低碳钢时，因钢中锰和氧对滑板侵蚀会使滑板注口孔径扩大，缩短其使用寿命，因而应选用耐侵蚀性强的镁质、铝碳质、铝锆碳质滑板砖。表 7-12 列出国内滑动水口用耐火材料的化学成分及性能。表 7-13 和表 7-14 是国内某钢厂使用的中包上水口和滑板材质及性能，供参考。

图 7-13　钢包滑动水口各组成部分实物照片

a—上水口；b—上滑板；c—下滑板；d—下水口

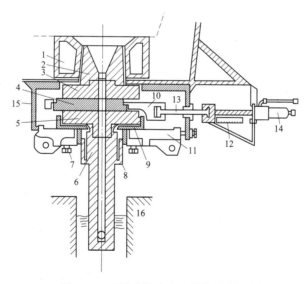

图 7-14　三层式滑动水口结构示意图

1—座砖；2—上水口；3—上滑板；4—滑动板；5—下滑板；6—浸入式水口；7—螺栓；8—夹具；
9—下滑套；10—滑动框架；11—盖板；12—刻度；13—连杆；14—油缸；15—水口箱；16—结晶器

此外，滑板表面的加工精度要求极高，应有理想的粗糙度和平行度，以保证滑板砖在承受钢水静压力及高速钢流冲刷时，上下滑板之间紧密配合不漏钢。

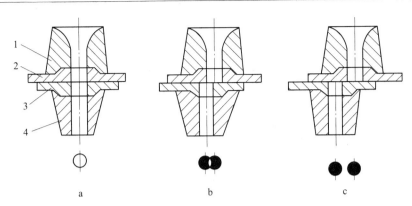

图 7-15　滑动水口控制原理图

a—全开；b—半开；c—全闭

1—上水口；2—上滑板；3—下滑板；4—下水口

表 7-12　国内滑动水口用耐火材料的化学成分及性能

项　目	刚玉质上水口	高铝质下水口	二等高铝质滑板	铝碳质滑板	铝锆质滑板	锆质滑板
$w(Al_2O_3)/\%$	93	60	81.7	66.72	>70	—
$w(ZrO_2)/\%$	—	—	—	—	>6	≥63
$w(C)/\%$	—	—	1.85	10.08	>70	—
耐火度/℃	1800	1700	—	—	—	—
耐压强度/MPa	70	20	108.2	158.8	169~190	≥50
显气孔率/%	23	15	17	2	5~6	≤22
体积密度/kg·m⁻³	2900	2450	2890	2700	3140~3150	≥3400
抗折强度/MPa	—	—	—	46.9	—	—

表 7-13　国内某钢厂中间包上水口化学成分及性能

项　目	本体	碗部	渣线
$w(Al_2O_3)/\%$	≥50	≥70	—
$w(C)/\%$	≥20	≥13	≥12
$w(ZrO_2)/\%$	—	—	≥75
体积密度/g·cm⁻³	≥2.3	≥2.6	≥3.5
显气孔率/%	≤18	≤17	≤16
常温耐压强度/MPa	≥23	≥23	≥23
常温抗折强度/MPa	≥10	≥10	—

表 7-14　国内某钢厂中间包滑板化学成分及性能

项　目	指标	项　目	指标
$w(Al_2O_3)/\%$	≥70	体积密度/g·cm⁻³	≥2.9
$w(C)/\%$	≥10	显气孔率/%	≤5
$w(ZrO_2)/\%$	≥6	常温耐压强度/MPa	≥50

7.3.5　透气砖

从钢包底部向钢水中吹氩气用的透气砖有如图 7-16 所示的 4 种类型。

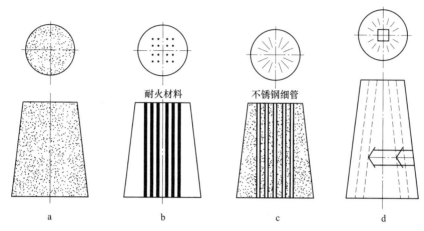

图 7-16　钢包底吹透气转

a—弥散型；b—狭缝型；c—直通孔型；d—迷宫型

（1）弥散型。氩气通过砖本身气孔形成的连通气孔通道吹入钢包。但气孔孔径很难控制，流量不易调节，抵抗钢水冲蚀的能力差，使用寿命短。

（2）狭缝型。狭缝型透气砖是将数片致密耐火砖层叠起来，在片与片之间放入隔片再用钢套紧固封闭，这样在片与片之间形成气体通道；或是在制造耐火材料时埋入片状有机物质，烧成后形成直通狭缝或气孔通道。这种透气砖的强度比弥散型强，耐侵蚀性好，透气性能好。其主要缺点是吹入气体的可控性较差。

（3）直通孔型。直通孔型透气砖是将数量不等的细钢管埋入砖中而制成的定向型透气砖，或在制造耐火材料时埋入定向有机纤维，烧成后形成直通气孔通道。直通孔型透气砖的气体流量取决于气孔的数量和孔径的大小，孔径一般在 0.6～1.0mm 之间。这种透气砖抗冲蚀性强，使用寿命一般比非定向型高。使用中透气度不改变，从而使吹入氩气气泡的大小及分布均匀，是实际应用中最好的一种。

（4）迷宫型。在原来不规则狭缝型透气砖的基础上改进而成的，通过狭缝和网络圆孔向钢包吹气，其安全可靠性高、供气量恒定。

国产透气砖的材质有刚玉质、铬刚玉质、高铝质和镁质等。目前主要采用直通孔型和狭缝型透气砖。透气砖的化学成分及物理性能见表 7-15。

表 7-15　透气砖的化学成分及物理性能

材质	化学成分（质量分数）/%							显气孔率/%	体积密度/g·cm^{-3}	常温耐压度/MPa
	MgO	Al$_2$O$_3$	SiO$_2$	CaO	ZrO$_2$	Fe$_2$O$_3$	Cr$_2$O$_3$			
铬刚玉质		90.67	1.8				1.45		3.22	107.3
电熔镁质	94.32	0.26	1.36	1.81		0.47		19.00	2.90	40.9
锆-莫来石质		75.94	11.78		6.29	1.78		28.00	2.56	42.1
刚玉质		96.01	2.91			0.13		23.00	2.99	130.6
高铝-刚玉质		82.08	11.64			1.83		22.00	2.65	87.3

课后复习题

7-1　填空题

（1）钢包包衬由 _____ 、 _____ 、 _____ 组成。

（2）钢包保温层常用 _____ 砌筑。

（3）黏土砖的 Al_2O_3 含量，高铝砖的 Al_2O_3 含量，镁碳砖 MgO 含量，碳含量应控制在 _____ 。

（4）绝热板的材质有 _____ 、 _____ 、 _____ 。

（5）连铸用耐火材料"三大件"是指 _____ 、 _____ 、 _____ 。

（6）目前长水口的材质有 _____ 、 _____ 两种。

（7）目前连铸中广泛采用 Al_2O_3-C 质长水口，在渣线部位复合 _____ 层，用于提高耐侵蚀性。

（8）目前大多数中间包塞棒采用 _____ 塞棒，塞棒头部复合一层耐高温耐侵蚀的 _____ 。

（9）浸入式水口大多采用 _____ 、 _____ 。

（10）浸入式水口堵塞的原因有两大类 _____ 、 _____ 。

（11）滑动水口从结构上划分可以分为 _____ 、 _____ 。

（12）从钢包底部向钢水中吹氩气用的透气砖有四类，分别是 _____ 、 _____ 、 _____ 、
_____ 。

7-2　判断题

（1）镁碳砖性能与砖中石墨含量有很大关系。随着石墨含量的增加，砖的强度增加、热膨胀率增加、残余膨胀率减小。　　　　　　　　　　　　　　　　　　　　　　　　　（　　）

（2）中间包内衬用绝热板镶砌代替耐火砖，称为"冷中间包"，使用前需要烘烤。　（　　）

（3）铝碳质长水口是以刚玉和石墨为主要原料制作的，其主要成分是 SiO_2。　（　　）

（4）塞棒使用前要与中间包一起烘烤，快速升温至 1000~1100℃，安装好的塞棒要垂直对准水口砖中心，不可偏移。　　　　　　　　　　　　　　　　　　　　　　　　　　（　　）

（5）熔融石英质浸入式水口使用前要进行烘烤，而铝碳质水口可以免烘烤。　　（　　）

7-3　选择题

（1）常用作钢包保温层的材料是（　　　）。

　　A. 黏土砖　　　　B. 高铝砖　　　　C. 镁碳砖　　　　D. 石棉板

（2）黏土砖常用作砌筑钢包的（　　　）。

　　A. 保温层　　　　B. 永久层　　　　C. 工作层　　　　D. 渣线部位

（3）镁碳砖常用做砌筑钢包的（　　　）。

　　A. 保温层　　　　B. 永久层　　　　C. 工作层　　　　D. 渣线部位

（4）锆英石砖用作砌筑钢包的（　　　）。

　　A. 保温层　　　　B. 永久层　　　　C. 工作层　　　　D. 渣线部位

（5）中间包的永久层一般采用（　　　）。

　　A. 黏土砖　　　　B. 高铝砖　　　　C. 镁碳砖　　　　D. 绝热板

（6）座砖，镶嵌在中间包包底，用于安装中间包水口，一般为（　　　）。

　　A. 黏土砖　　　　B. 高铝质　　　　C. 镁质　　　　D. 绝热板

7-4　问答与计算

（1）选用钢包耐火材料时要考虑哪些因素？

（2）简述中间包耐材要求。

（3）中间包内衬采用涂料的优点有哪些？缺点是什么？

（4）浸入式水口对材质有哪些要求？

能量加油站 7

百炼成钢的内涵与意义

百炼成钢。古代以来"百炼之钢"来比喻久经锻炼，坚强不屈的优秀人物。在西汉时代我国劳动人民就创造出了炼钢方法，把熟铁放在木炭中加热，一边加热一边进行渗碳，使其碳含量达到一定百分比，然后经过上百次的冶炼和锻打将磷、硫、气体以及杂质去除，最终就炼成了钢，古代称其为"百炼钢"。《钢铁是怎样炼成的》是苏联作家尼古拉奥斯特洛夫斯基所写的一部著名的长篇小说，讲述的就是保尔·柯察金在革命中艰苦战斗，把自己的追求和祖国人民连在一起，锻炼出了钢铁般的意志，成为钢铁战士。小说中有大量激人奋进的经典语录，如，人最宝贵的是生命，生命对于每个人只有一次，人的一生应该这样度过：当回忆往事的时候，他不会因为虚度年华而悔恨，也不会因为碌碌无为而羞愧；在临死的时候，他能够说："我的生命和全部精力都献给了世界上最壮丽的事业——为人类的解放事业而斗争"。

项目八 连铸工艺新技术发展与应用

本项目要点：

    （1）了解薄板坯连铸连轧技术的发展历程，掌握其工艺特点和关键技术；

    （2）了解薄带铸轧及发展现状，掌握其工艺特点；

    （3）了解H型钢连铸机的特点以及工艺技术特点；

    （4）了解大型连铸装备技术；

    （5）了解连铸轻压下及重压下技术；

    （6）掌握连铸电磁搅拌的原理、分类、白亮带的产生原因及控制措施；

    （7）掌握连铸坯热装和直接轧制的工艺流程和关键技术。

任务 8.1 薄板坯连铸连轧技术

扫码获取
数字资源

薄板坯连铸连轧是 20 世纪 80 年代末开发成功的一项新技术，是继氧气转炉炼钢、连续铸钢之后钢铁工业最重要的革命性技术之一。薄板坯连铸连轧是将传统的炼钢厂和热轧厂紧凑地压缩并流畅地结合在一起，该技术以其流程短、投资省、成本低等优势，受到国内外各大钢铁企业重视，并得到快速发展。

从直观上看，从连铸到热卷的产线长度缩短了 60%～80%。从成本上来讲，热轧吨钢能耗能够降低 30%，如果实现"以热代冷"，那么连铸连轧+酸洗的吨钢能耗能够比传统热轧+冷轧+退火的吨钢能耗下降 70%。

8.1.1 薄板坯连铸连轧技术特点

薄板坯连铸连轧是一种近终成型技术，技术上的显著特征包括：

    （1）快速凝固：采用薄铸坯后，凝固速度提高 10 倍，凝固时间缩短为原来的十分之一。

    （2）大变形：最终产品厚度低至 0.7mm，变形量达到 98%。

    （3）温度均匀：由于产线紧凑，作业时间短，加上采用半无头或全无头轧制，头尾温度波动更小。

在以上工业特点基础上，获得的组织特点包括：

    （1）铸坯偏析小。

    （2）晶粒细小。

    （3）析出物更加弥散。

8.1.2 薄板坯连铸连轧的发展历程

早期国际薄板坯连铸连轧技术开发的目标是为小型钢厂（mini-mill）生产板带材开发

出一条经济、实用的紧凑式生产流程。从 1989 年美国纽柯公司世界第一条薄板坯连铸连轧产线投产至今，已有 30 年时间。从薄板坯生产线建设的时间阶段和特点来看，大体可分为 3 个阶段，第一代薄板坯连铸连轧技术是以美国 Nucor Crawfordsville 工厂、Nucor Hickman 工厂的生产线为代表，其主要生产装备特点是：采用电炉+LF 炉炼钢，连铸坯厚度为 50mm，铸机通钢量为 2.5~3.0t/min，生产线产能双流通常约为 160 万吨/年。品种以中、低档产品为主。第二代薄板坯连铸连轧技术以 1999 年德国蒂森–克虏伯的 CSP 产线为代表，注重了高附加值产品，包括低合金高强度钢、深冲用钢以及硅钢等的开发，结晶器最大厚度达到 90mm，冶金长度相应增加，同时，采用了漏钢预报、电磁制动、液芯压下等新技术，铸机通钢量最大达到 3.7t/min。第三代薄板坯技术的开发以 2009 年意大利 Arvedi 公司 ESP 技术为代表，以超高速连铸、无头轧制为特征，将薄板坯技术推上了一个新的高峰。POSCO 的 CEM 技术、达涅利的 DUE 技术也相继得到工业化应用，并迅速在中国推广。日照钢铁相继引进了 5 条 ESP 产线，另外，首钢京唐 MCCR、河北东华全丰 S-ESP、福建鼎盛 ESP 等产线也都陆续建设投产。目前，全球已建和在建的全无头轧制产线达到 11 条，产能超过 2100 万吨。截至 2019 年，中国已建成或在建 21 条（36 流）薄板坯连铸连轧生产线，年生产能力约 5000 万吨（表 8-1）。中国已成为全球拥有薄板坯连铸连轧生产线最多、产能最大的国家。

表 8-1　中国薄板坯连铸连轧生产线建设状况

序号	钢铁公司	工艺类型	铸机流数	铸机规格（厚×宽）/mm×mm	产品厚度/mm	设计年产量/万吨	轧机	投产期时间
1	珠钢	CSP	2	（50~60）×（1000~1380）	1.2~12.7	180	6CVC	1999-8-1
2	邯钢	CSP	2	（60~90）×（900~1680）	1.2~12.7	247	1+6CVC	1999-12
3	包钢	CSP	2	（50~70）×（980~1560）	1.2~12.0	200	7CVC	2001-8-1
4	唐钢	FTSR	2	（70~90）×（1235~1600）	0.8~12.0	250	2+5PC	2002-12
5	马钢	CSP	2	（50~90）×（900~1600）	0.8~12.0	200	7CVC	2003-9-1
6	涟钢	CSP	2	（55~70）×（900~1600）	0.8~12.7	240	7CVC	2004-2
7	鞍钢	ASP	2	（100~135）×（900~1550）	1.5~25.0	240	1+6ASP	2000-7
8	鞍钢	ASP	2	（135~170）×（900~1550）	1.5~25.0	500	1+6ASP	2005
9	本钢	FTSR	4	（70~85）×（850~1605）	0.8~12.7	280	2+5PC	2014-11-1
10	通钢	FTSR	2	（70~90）×（900~1560）	1.0~12.0	250	2+5PC	2015-5-1
11	酒钢	CSP	2	（52~70）×（850~1680）	1.2~12.7	200	6CVC	2005-5-1
12	济钢	ASP	2	（135~150）×（900~1550）	1.5~25.0	250	1+6ASP	2006-11
13	武钢	CSP	2	（50~90）×（900~1600）	1.0~12.7	253	7CVC	2009-2-1
14	日钢	ESP	1	（70~110）×（900~1600）	0.8~6.0	222	3+5	2014-11-1
15	日钢	ESP	1	（70~110）×（900~1600）	0.8~6.0	222	3+5	2015-5-1
16	日钢	ESP	1	（70~110）×（900~1600）	0.8~6.0	222	3+5	2015-9-1
17	日钢	ESP	1	（70~110）×（900~1600）	0.8~6.0	222	3+5	2018-3-1
18	日钢	ESP	1	（70~110）×（900~1600）	0.8~6.0	222	3+5	2019
19	首钢	MCCR	1	110/123	0.8~12.7	220	3+5	2019
20	唐山全丰	节能型 ESP	1	（70~100）×（900~1600）	0.8~4.5	200	3+5	2019
21	福建鼎盛	ESP	1	（70~110）×（900~1600）	0.8~6.0	220	3+5	2019
合计			36			5040		

　　根据中国薄板坯连铸连轧技术发展不同时期的技术和产业特征，可将中国薄板坯连铸连轧技术的发展划分为以下 4 个阶段：1984~1999 年为探索引入期，1999~2002 年为消化吸收期，2002~2008 年为推广应用期，2008 年至今为稳定发展期。

　　（1）探索引入期（1984~1999 年）：中国"七五"重点攻关研究课题"薄板坯连铸技术研究"与国家"八五"重点科技攻关项目"中宽带薄板坯连铸连轧成套技术研究"，由原冶金部钢铁研究总院牵头，兰州钢厂和原冶金部自动化院等单位参加。1990 年，国内第一台薄板坯连铸坯试验机在兰钢建成，同年 10 月拉出中国第一块 50mm×900mm 铸坯。项目成功研制出薄板坯连铸保护渣、浸入式水口和椭圆双曲面内腔的变截面结晶器三大关键技术。1992 年 9 月，国家计委批准珠钢建设年产 80 万吨的薄板坯连铸连轧产线；1994 年原冶金部提出计划珠钢、邯钢和包钢以项目捆绑的方式一次购买 3 条薄板坯连铸连轧产线。采用第一代 CSP 技术，主要技术特征是：采用单坯轧制技术，精轧机组采用 6 个机架，恒速轧制，产品最薄厚度为 1.2mm，均热炉长度约为 200m，最高轧制速度为 12.6m/s，轧机主电机容量为 4.0~5.5 万千瓦。这一时期标志性的事件是 1999 年 8 月 26 日珠钢电炉—薄板坯连铸连轧产线成功热试，顺利生产出中国第一个采用薄板坯连铸连轧技术生产的热轧板卷。

　　（2）消化吸收期（1999~2002 年）：珠钢、邯钢和包钢 3 条 CSP 产线的相继建成投产拉开了中国对薄板坯连铸连轧技术和装备消化、吸收、再创新的序幕。国内相关院校、设备制造企业、关键材料供应商等围绕薄板坯连铸连轧技术的基础理论、工艺技术、重大装备和关键材料等展开了系统的研究工作。先期投产的 3 条薄板坯连铸连轧产线 3 年的生产实践表明，中国不仅能够驾驭薄板坯连铸连轧产线，而且主要关键工艺技术指标和达产速度均达到或超过国际先进水平。

　　（3）推广应用期（2002~2008 年）：逐步认识到薄板坯连铸连轧技术所特有的优势，对薄板坯连铸连轧技术的要求不仅是生产中、低档次产品，而是从品种、质量和产量等方面提出更高的要求。在此期间，中国共建设了 9 条 20 流具有第二代薄板坯连铸连轧技术特征的产线，其主要技术特征是采用半无头轧制技术，精轧机组采用 7 个机架，升速轧制，产品最薄厚度为 0.8mm，均热炉长度约为 250~315m，最高轧制速度为 22.0m/s，轧机主电机容量为 6.7~7.0 万千瓦。

　　（4）稳定发展期（2008 年至今）：薄板坯连铸连轧技术经过近 30 年的发展、完善，薄板坯连铸连轧技术已步入稳定发展期，工艺技术、设备配置的基本框架已经形成。各企业不再追求产能扩大，转向以成本、质量和品种优化为目标。珠钢、涟钢、唐钢以及武钢先后开发并批量生产中高碳复杂成分钢系列产品。武钢和马钢开始大批量生产无取向电工钢。涟钢采用半无头轧制技术生产的超薄规格的比例在不断扩大。日照钢铁相继引进 5 条 ESP 产线，主要技术特征是采用无头轧制技术，3+5 个机架，恒速轧制，产品最薄厚度为 0.8mm，在线感应均热技术（整条生产线更加紧凑高效，全长仅 125m），80mm 铸坯最高拉速为 6.0m/min，单流年产量 200 万吨。

　　把轧制工艺的连续性作为划分薄板坯连铸连轧技术先进性的标志，第一代技术采用单坯轧制技术，第二代技术采用半无头轧制技术，无头轧制技术无疑是第三代技术的标志，技术特征如表 8-2 所示，工艺布置图如图 8-1 所示。

表 8-2　薄板坯连铸连轧技术特征

技术特征	第一代	第二代	第三代
标志性特征	单坯轧制	半无头轧制	全无头
铸坯厚度/mm（未考虑 conroll、QSP 及 ASP）	45~65	55~80	80~120
1300mm 钢通量/t·min^{-1}	3~3.5	3.5~4.5	5.0~6.5
铸坯软压下方式	液芯压下	液芯压下/凝固末端动态软压下	液芯压下+凝固末端动态软压下
加热模式	200m 辊底炉	200~315m 辊底炉	10m 电磁感应加热；80m 辊底炉+10m 电磁感应加热
轧机架数	6	7	8
轧制速度制度	恒速轧制	变速轧制	恒流量轧制
最小厚度规格/mm	1.2	0.8	0.8
生产线长度/m	170~360	390~480	170~290

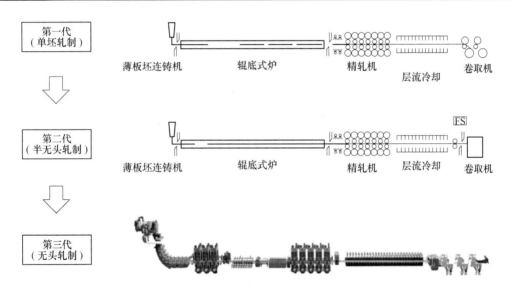

图 8-1　薄板坯连铸连轧工艺布置

首钢 MCCR 多模式连铸连轧产线已于 2019 年 3 月份投产，The Multi-mode Continuous Casting & Rolling plant（MCCR），所谓多模式包括无头轧制模式、半无头轧制模式以及单坯轧制模式。

无头轧制：轧机与连铸形成连铸连轧，摆剪不进行剪切，轧速与拉速匹配。带卷的切分是通过卷取前高速飞剪来实现；适应于薄规格批量生产。辊期的长度主要取决于工作辊的磨损情况。

半无头轧制：由摆剪将板坯剪切定尺长坯，每块板坯轧制、卷取成 2~4 个钢卷。开始板坯头部入炉，与连铸拉速匹配。摆剪剪切后，提速与后续板坯拉开间距，板坯出炉同步于轧机速度。用于调试无头、轧制 2.0~4.0mm 规格，有节能优势。

单坯轧制：连铸的摆剪将板坯剪切成长坯定尺，拉开 1m 间距，暂存于加热炉中，轧机在轧制时不与连铸构成直接连铸连轧，没有秒流量的匹配关系，带卷的切分通过卷取前高速飞剪实现。适宜较厚规格，换辊期间，快节奏生产创造缓冲时间。

主要技术参数和配置如表 8-3 所示，工艺布置如图 8-2。

表 8-3　MCCR 主要技术参数和配置

项　目	参　数	项　目	参　数
产线生产能力	200~220 万吨/年	最大在线调宽量	无限制；700mm
铸机类型	直弧型；R5.5m	设计最大拉速	6.0m/min
钢包和中间包容量	200~250t；70t	加热炉类型、长度	辊底式隧道炉；长度 79.2m
结晶器类型	长漏斗或短漏斗型；出口 130mm	感应加热功率	4.3MW×9 组
铸坯规格范围	（900~1600mm）×（110~123）mm	轧机布置	粗轧 3 架+精轧 5 架
		层流冷却类型及冷却段长度	24 段加强型层流冷却；55.68m
液芯压下能力	液芯压下/动态软压下"双模式"；20mm	生产线总长度	286m

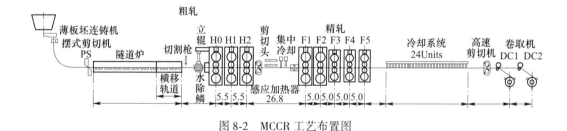

图 8-2　MCCR 工艺布置图

8.1.3　薄板坯连铸连轧的关键技术

8.1.3.1　结晶器及其相关装置技术

（1）薄板坯连铸结晶器：传统板坯连铸采用平行板结晶器，然而薄板坯结晶器厚度小，为便于放置 SEN，以及确保弯月面区域有足够的空间熔化保护渣，薄板坯结晶器设计须满足如下要求：结晶器流动稳定，无卷渣；结晶器有足够钢容量，钢水温度分布均匀，有利化渣；结晶器内初生坯壳在拉坯变形过程中承受的应力应变最小；SEN 与铜板壁有足够的距离，不至于结冷钢。如图 8-3 所示，典型的薄板坯结晶器类型有德马克公司 ISP 工艺立弯式结晶器（图 8-3a）、西马克 CSP 所采用的漏斗形结晶器（图 8-3b）、达涅利 FTSC 所采用的双高结晶器（图 8-3c）、奥钢联 CONROLL 工艺平板型结晶器（图 8-3d）。目前，漏斗形结晶器技术主要有两个发展方向。首先是以提高产品质量为目的，对漏斗形曲面及背面冷却水槽形式优化；其次是以增加铜板通钢量（使用寿命）为目标的表面镀层和铜板材质的开发。从薄板坯引进国内至今，随着铜板制造工艺的不断完善，国产结晶器铜板的质量也逐步提高，目前，已经可以替代进口，部分指标甚至超过进口。

（2）大通量浸入式水口：薄板坯要求高拉速为 6~7m/min，通钢量可达到 3~4t/min。为使铸机产量能与轧机相匹配，无头轧制条件下通钢量更要求达到 5~7t/min。因此，浸

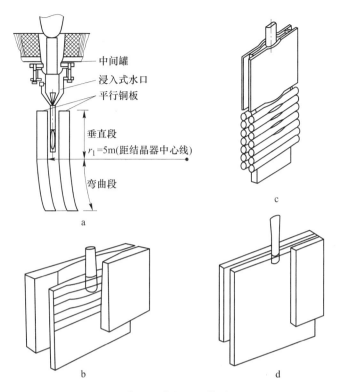

图 8-3　典型的薄板坯连铸结晶器

a—德马克公司 ISP 工艺立弯式结晶器；b—西马克 CSP 所采用的漏斗形结晶器；
c—达涅利 FTSC 所采用的双高结晶器；d—奥钢联 CONROLL 工艺平板型结晶器

入式水口设计要满足以下几个条件：

一是水口直径要有足够的流通量；

二是要求浸入式水口与铜板之间有一定间隙而不结冷钢；

三是水口壁要有足够的厚度，能够耐受 14h 以上钢水和熔渣侵蚀而不发生穿孔。

为延长水口的使用寿命，开发了薄壁扁平状的大通量浸入式水口，其水口上部为圆柱形，下部逐渐过渡为扁平状，主体材质为铝碳质，采用等静压成形，渣线处为碳化锆质。最为典型的两种浸入式水口为 CSP 工艺所采用的"牛鼻子"形浸入式水口和 ESP 工艺所采用的"鸭嘴"形浸入式水口，如图 8-4 所示，浸入式水口寿命可达到 700min 以上，可连浇 15 炉以上。唐钢与相关高校合作，开发新型四孔浸入式水口，使用新型浸入式水口的结晶器内流场更加合理，液面波动大幅度减小，裂纹发生率和漏钢率显著降低，有力促进了薄板坯连铸高效化生产技术的进步。

（3）结晶器温度分布可视化与漏钢预报系统技术：结晶器温度场可视化系统是通过多个预埋在结晶器铜板背面的热电偶检测结晶器内温度，并拟合成热像图，实现温度场的可视化。再通过检测各点温度的变化，分析各点的温度梯度，从而预报该点是否有漏钢风险，同时联动漏钢紧急降速程序，避免漏钢发生。温度场可视化技术有效地弥补了漏钢预报系统单纯的数据判断的不足，使操作人员可根据热像图的变化提前做出相应的补救措施，降低了漏钢率。

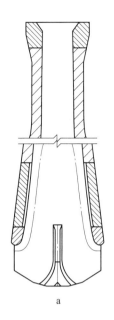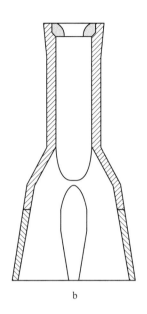

图 8-4　典型的薄板坯浸入式水口

a—CSP 工艺用浸入式水口；b—ESP 工艺用浸入式水口

（4）薄板坯专用保护渣技术：在结晶器钢液面上需保持足够的液渣层厚度，才能连续渗漏到坯壳与铜板之间，起到良好的润滑作用，从而防止粘结漏钢和表面纵裂纹。薄板坯拉速高，结晶器内空间有限，因此，很难获得恒定的液渣层，渣耗量比传统板坯明显减少。为解决这一问题，通常薄板坯保护渣采用低熔点、低黏度控制策略，相同品种钢薄板坯连铸连轧与常规板坯的保护渣成分也有明显区别（表 8-4）。

表 8-4　低碳钢结晶器保护渣成分及理化性能指标

理化指标	$w(\mathrm{CaO})/\%$	$w(\mathrm{SiO_2})/\%$	$w(\mathrm{Al_2O_3})/\%$	碱度	熔点/℃	1300℃黏度/Pa·s
常规板坯	36	32	5	0.89	105~1100	0.2
薄板坯	32	30	4.3	0.96	1030	0.12

8.1.3.2　液芯压下技术

德马克公司首先将液芯压下技术应用于 ISP 工艺，现在已为多种薄板坯连铸工艺采用。该技术对薄板坯连铸连轧的意义还在于，提供灵活的铸坯厚度，以满足后工序轧钢的工艺要求。液芯压下可以起到降低成分偏析、减轻中心疏松、细化凝固组织等改善铸坯内部质量的效果。对于热轧薄材的生产，可减薄铸坯，降低轧制负荷，提高生产的灵活性，增加连铸轧钢之间的柔性化。现用的液芯压下技术，通常在出结晶器的第一段完成，最新一代的液芯压下技术，液芯压下拓展到Ⅱ段或下面多段一起匹配进行机械开口度调整，其优点是单段液芯压下量小，不易产生压下裂纹，而总的压下量大，最大压下量可达 30mm 以上。单段液芯压下与多段液芯压下如图 8-5 所示。

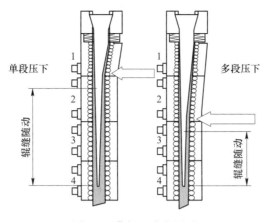

图 8-5　薄板坯液芯压下

8.1.3.3　电磁制动技术（EMBr）

电磁制动对高拉速时的结晶器流场有显著影响，对比有无电磁制动条件下的结晶器流场可知，采用电磁制动情况下：（1）降低冲击深度，有利于夹杂物上浮；（2）降低流动能，防止造成坯壳冲刷，有利于坯壳均匀生成，避免纵裂纹；（3）减轻结晶器液面波动，防止卷渣。有研究表明，拉速为 5m/min 时，采用电磁制动与不采用电磁制动技术相比，卷渣缺陷发生率降低了 90%，纵裂纹减少了 80%。

薄板坯连铸拉速不断提高，目前，全无头产线的铸机最大拉速已达到 7.0m/min，为提升薄板坯连铸连轧产线的经济效益提供了重要支撑。随着薄板坯连铸连轧技术对产能需求的提高，尤其是无头轧制技术的出现，对铸机效率提升的需求更为迫切，极大地促进了以提高薄板坯连铸机拉速为目标系统技术的开发，然而，单台铸机的通钢量还远远满足不了热连轧机组的产能需求。为了实现薄板坯连铸连轧的高效化，将有更多先进的技术投入应用，推动铸机拉速向着更高的方向发展。

任务 8.2　带钢铸轧技术

2019 年 3 月 31 日，沙钢集团正式宣布由其引进的纽柯 CASTRIP 双辊薄带铸轧技术成功实现工业化生产，这是国内首条，世界第三条工业化的超薄带生产线。薄带铸轧技术是钢铁近终形加工技术中最典型的高效、节能、环保短流程技术，是 21 世纪冶金及材料研究领域的前沿技术，其生产流程将连续铸造、轧制甚至热处理等整合为一体，省去了加热和热轧工序。目前研究最多的是双辊式薄带连铸技术。

8.2.1　双辊薄带铸轧工艺及特点

双辊薄带铸轧是将液态钢水直接铸造成薄带材的技术，它将液态钢水直接浇铸成厚度在 5mm 以下的薄带坯，经过在线一机架或两机架热轧机轧制成薄钢带，经冷却后卷曲成带卷。轧制过程中使用两个铜制、水冷反向旋转的轧辊，将钢液均匀注入上述两辊中间，钢水接触轧辊后开始凝固，随轧辊的转动向下运动，逐渐形成一个连续的带材。此钢带在通过夹送辊和热轧机架的过程中厚度尺寸不断减少，最终达到设计尺寸，再经过水喷雾冷却降低至卷取温度。薄带铸轧工艺大幅度缩短热轧带钢的生产流程，是目前流程最短的热轧带钢生产技术。典型生产线由钢水包、中间包、等径铸辊、夹送辊、在线轧机、层流冷却装置、分段飞剪、卷取机等主要设备组成。

8.2.1.1　双辊薄带铸轧技术

由两支轴线相互平行，以相反方向旋转的结晶辊与置于结晶辊两端的陶瓷侧封板构成熔池，形成一个移动式的结晶器，结晶辊通冷却水进行冷却。钢水浇注到熔池中，由液面开始钢水逐渐在结晶辊的表面结晶，随着结晶辊的转动，结晶层逐渐增厚。在临近结晶辊出口之上的某个位置，两辊表面的结晶层相遇。相遇点称为 Kiss 点。在 Kiss 点与结晶辊出口之间，结晶层经历一个极短暂的固相轧制过程。由于这一过程是连续铸造与轧制的结合，故将薄带连铸过程称为薄带铸轧（见图8-6和图8-7）。

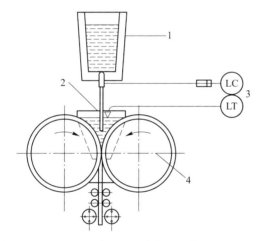

图8-6　水平双辊式带钢连铸机
1—中间包；2—水口；3—液位自动控制；
4—辊式结晶器中心线

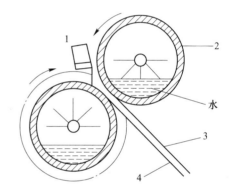

图8-7　倾斜双辊式带钢连铸机
1—钢包；2—水冷钢辊；3—薄带坯；4—支承板

8.2.1.2　双辊薄带铸轧技术特征

双辊薄带铸轧技术特征主要有：

（1）铸轧一体化大大简化了热轧带钢的生产工序，是目前流程最短的热轧带钢生产技术，整条轧线长度为50m左右，符合绿色经济发展方向，可以大幅度减少资源和能源消耗，减少排放，环境友好。

（2）近终形制造带钢厚度薄，拉速高，从钢水到成品生产时间短，不需要中间过渡厚度规格，产品厚度规格按照设计要求一次实现。

（3）亚快速凝固效应薄带铸轧的冷却速率为$10^2 \sim 10^4 ℃/s$，属于亚快速凝固，细化组织，扩大固溶度，可获得普通凝固无法得到的细晶组织、特殊织构与过饱和固溶体。

8.2.2　薄带铸轧技术发展现状

直接把钢水浇铸成钢带的设想是由英国著名冶金专家 Henry Bessmer 于1857年首次提

出的。此后美国人 Norton 以及 Hazelett 对其设想进行了实践，但是并未成功。此后，此设想一度被搁浅，直到 20 世纪 70 年代的能源危机，薄带连铸技术属于节能型生产技术，再次被人们所重视。美国的 Nucor、澳大利亚 BHP+日本 IHI、德国的 KTN、意大利的 ILVA 集团和 CSM、英国的 Davy、日本新日铁+三菱重工、韩国浦项+RIST 开始研究开发薄带铸轧工艺技术，国内的宝钢及东北大学 RAL 实验室等也先后进入该领域进行研究应用。近几年双辊式薄带铸轧技术得到快速发展，目前发展比较成熟的技术包括纽柯的 Castrip、浦项的 Postrip 和欧洲 Eurostrip、宝钢 Baostrip、东北大学自主研发的 E2Strip 薄带连铸技术也已进入工业化实施阶段。

（1）美国纽柯钢铁公司 Castrip 生产线：2000 年美国的纽柯钢铁公司与澳大利亚必和必拓（BHP）、日本石川岛播磨重机（IHI）合作成立 Castrip 公司，共同开发薄带铸轧工艺，并将该生产线命名为 Castrip 薄带铸轧生产线，2002 年 5 月改造后的 Castrip 生产线热试车（铸机宽度 1345mm），该产线主要生产低碳钢，年设计产能为 50 万吨（见表 8-5）。2009 年在阿肯色州又建成了一条 Castrip 生产线（铸机宽度 1680mm），主要生产低碳钢。Castrip 是目前唯一实现商业化生产的双辊薄带铸轧技术。Castrip 以第二条为例，工艺流程：电炉+VTD+LF-钢包-中间包-缓冲装置-铸辊-单机架四辊轧机-层流冷却段-高速飞剪-两台地下卷取机。该轧线占地面积 150m×200m，由回转台至卷取机长度仅 49m，布置紧凑（见图 8-8）。

（2）沙钢工业化超薄带生产线：沙钢的超薄带工艺是引进美国纽柯公司所属的 Castrip LLC 公司的 Castrip 生产线，该生产线是 Castrip 在国内建的第一条超薄带生产线。沙钢集团超薄带生产线规划设计总长度为 50m，能够生产热轧带厚度为 0.7~1.90mm、最大产品宽度为 1590mm 的品种规格产品，年产量 50 万~60 万吨。相对于传统的生产线，整条超薄带生产线的设备布局紧凑，投资成本大大降低。

表 8-5　Castrip 生产线主要技术参数配置

项　　目	首条 Castrip 产线	第二条 Castrip 产线
铸轧线长度/m	58.68	49.0
钢水运转	钢包运转	钢包运转
钢包容量/t	110	110
中间包容量/t	18	18
铸机类型	500mm 双辊	500mm 双辊
铸机宽度/mm	1345（Max）	1680（Max）
钢种	低碳钢	低碳钢
产品厚度范围/mm	0.76~1.8	0.7~2.0
产品宽度/mm	1345（Max）	1680（Max）
浇注速度/m·min^{-1}	80（典型），120（最大）	80（典型），120（最大）
卷重/t	25（Max）	25（Max）
在线轧机	单机架四辊带液压弯辊和自动平直度控制	单机架四辊带液压弯辊和自动平直度控制，工作辊窜辊控制和冷却控制
工作辊直径×辊长/mm	ϕ475×2050	ϕ560×2100
支承辊直径×辊长/mm	ϕ1550×2050	ϕ1350×1900
轧制力/MN	30（Max）	27.5（Max）
主传动电机功率/kW	3500	—

项　目	首条 Castrip 产线	第二条 Castrip 产线
冷床	上／下 10 组	上／下 10 组（气雾喷嘴）
卷取机	2×40t 带打捆机	2×32t 带打捆机
卷筒外径/mm	φ762	φ762
设计年产量/万吨	54.0	67.4

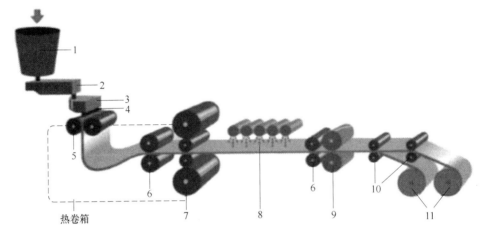

图 8-8　Castrip 生产线工艺流程图

1—钢包；2—中间包；3—缓冲装置；4—水口；5—铸辊；6—夹送辊；
7—热轧机；8—水冷装置；9—剪切机；10—导向辊；11—卷取机

（3）宝钢 Baostrip 工业化生产线：宝钢薄带铸轧技术历经 15 年的持续研发，经历从实验室机理研究阶段、核心技术突破，到小批量应用验证的中试阶段，以及工业示范线三个完整的研发阶段。在 2011 年自主集成建设了国内第一条薄带连铸连轧示范线，简称 NBS 项目，于 2014 年 4 月成功进行热负荷试车，形成了整套具有自主知识产权的生产与工艺装备技术（见图 8-9 和表 8-6）。

表 8-6　Baostrip 生产线主要参数

项　目	参　数	项　目	参　数
铸轧线长度/m	45~50	在线轧机	单机架四辊 PC 热轧机，带液压弯辊，压下率达 40%
钢包容量/t	180	飞剪形式	连杆式
中间包容量/t	27	飞剪最大剪切厚度/mm	5
铸机类型	800mm 双辊	冷却方式	层流冷却
铸机宽度/mm	1200~1430	卷重/t	28(最大)，卡罗赛尔卷取机
钢种	低碳钢及低碳微合金钢	单位宽度卷重/kg·mm⁻¹	17.7
产品厚度/mm	0.8~3.6	钢卷内径/mm	762
产品宽度/mm	1430（最大）	钢卷外径/mm	2000（最大）
浇筑速度/m·min⁻¹	80（典型），135（最大）	设计年产量/万吨	50

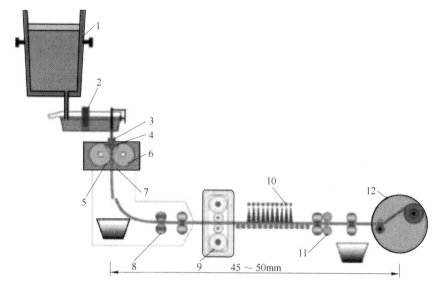

图 8-9 Baostrip 生产线工艺流程图

1—纳米材料保温钢包 180t；2—感应加热中间包 27t；3—布流器系统；4—侧封系统；5—N_2 气保护气氛；

6—高强高导热铜合金结晶器；7—液位、带钢、铸轧力、速度控制技术，最大浇注 130m/min；8—带钢张力控制；

9—单机架超薄规格轧制技术；10—带钢雾化冷却技术；11—带头剪切跟踪技术；

12—热轧卡鲁塞尔卷取，最大卷重 28t

Baostrip 工艺流程：电炉+VOD+LF—钢包—中间包—铸辊—单机架四辊轧机—层流冷却段—高速飞剪卡罗赛尔卷取机。

（4）东北大学 E2Strip 薄带连铸：在实验室条件下，东北大学轧制技术及连轧自动化国家重点实验室（RAL）彻底改变了传统硅钢的生产工艺和成分设计，利用其薄带连铸试验设备开发出不同硅含量性能优异的无取向硅钢、取向硅钢和高硅钢，为以更低的成本和更高的质量生产硅钢的产业化开辟了一条新路。这一系列创新技术被命名为 E2Strip（ECO，Electric Steel Strip Casting），即绿色化薄带连铸电工钢技术。2016 年 5 月 26 日，东北大学与河北敬业集团正式签订技术转让合同，这也标志着东北大学具有我国完全自主知识产权的 E2Strip 薄带连铸技术正式步入工业化实施阶段。E2Strip 产品定位为以硅钢为代表的特殊钢，可全面满足高磁感无取向硅钢、高牌号无取向硅钢、普通取向硅钢及高磁感取向硅钢的生产，产品宽度可达 1050~1250mm，设计产能 40 万吨/年。

任务 8.3　H 型钢连铸技术

8.3.1　H 型钢连铸机的特点

8.3.1.1　中间包及钢液的导入方式

钢液的导入方式是 H 型钢连铸的关键。H 型钢连铸每流可以用两个水口（见图8-10），也可以用单水口浇注（见图 8-11）。H 型钢连铸可以采用浸入式水口+保护渣浇注，也可以采用半敞开开式+保护渣浇注，如图8-12 所示。

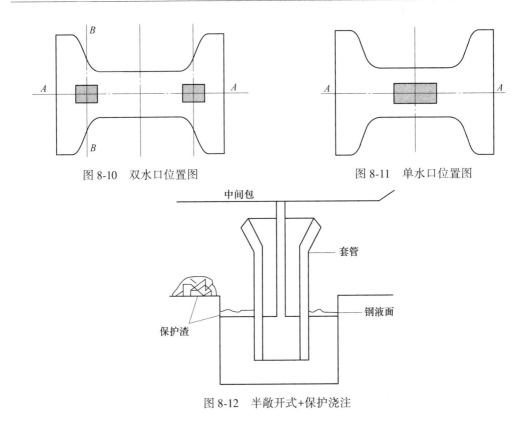

图 8-10　双水口位置图　　　　　　　　　图 8-11　单水口位置图

图 8-12　半敞开式+保护浇注

由于 H 型钢的腹板和翼缘板板壁较薄，若注流冲击动能过大，则会冲刷初生环壳，导致拉裂而漏钢。因此，要求中间包水口的钢液注尽量靠近结晶器钢液面，以减小注流的冲击作用。

8.3.1.2　H 型坯结晶器

H 型钢连铸结晶器主要有两种：组合式结晶器和管式 H 型坯结晶器。组合式结晶器由四块铜板组成，铜板通过螺栓固定在兼作冷却水套的支承框架上，其中外弧支承框架呈 U 形，其余 3 边用可调节夹持力的夹紧装置连接在 U 形框架上。内外弧在铜板上钻有冷却水孔，两侧铜板上开水缝冷却，如图 8-13 所示。另一种是管式 H 型坯结晶器，其结构如图 8-14 所示。该结晶器经爆炸成型，其规格已达到 432mm×204mm×102mm。管式 H 型坯结晶器制造成本低，修复比较容易，可以制造出各种锥度。结晶器内壁材质采用含磷脱氧铜板，表面覆以 Cr+Ni 复合镀层。结晶器的倒锥度以多锥度为宜，两窄边侧翼的倒锥度最大为 (0.8~1.2)%/m，其他各部位为 0.8%/m，腹板与翼缘板相交的圆弧面几乎没有锥度。目前管式 H 型坯结晶器已成为发展的主流。

8.3.1.3　二次冷却方式及二次冷却导向支撑装置

二冷段一般采用气-水喷雾冷却。为了快速冷却刚拉出结晶器的铸坯，在足辊处可采用喷水强冷，冷却水量占二冷区冷却水量的 20% 以上。H 型坯的断面形状复杂，冷却面积大，而且断面各种散热条件不同，所需的冷却强度也不一样，为使铸坯冷却均匀，需要设

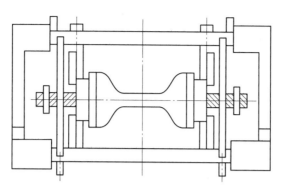

图 8-13 　可调式结构结晶器

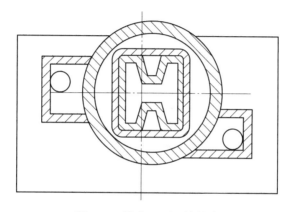

图 8-14 　管式 H 型坯结晶器

计一种合理的冷却方式。

为了防止铸坯出结晶器下口发生鼓肚变形，在铸坯的翼缘端部和两侧以及腹部都装有支撑辊。在铸坯四周安装喷嘴以使铸坯各表面冷却均匀。H 型钢铸坯的腰部呈凹槽状，所喷淋雾化水的未蒸发部分沿铸坯腰部凹槽的内弧面下流，并在其表面滚动，造成铸坯表面局部的过冷，恶化了铸坯表面质量。为此，安装了吹水装置，用压缩空气吹扫流下的冷却水，以保持铸坯各表面的均匀冷却。该设备是普通连铸机上所没有的，而对 H 型钢连铸机则是必不可少的。二冷比水量为 0.6~1.1L/kg。

关于结晶器振动装置、结晶器液面控制调节装置、二冷喷水系统及切割装置等，H 型钢连铸机与普通连铸机大致相同。

8.3.2 　H 型钢连铸工艺的特点

H 型钢连铸工艺具有如下特点：

（1）中间包至结晶器采用浸入式水口浇注或半浸入式水口浇注，采用半浸入式水口浇注可以改善铸坯的卷渣现象。

（2）选择适用于 H 型钢连铸的保护渣，其比一般方坯连铸用保护渣的黏度稍高，以便能均匀地流入铸坯的各个冷却面，起到良好的润滑和传热作用。日本水岛厂用保护渣的碱度 $w(CaO)/w(SiO_2) = 0.9$，1300℃时渣的黏度宜控制在 1.0~1.5Pa · s。

目前马钢重型 H 型钢产线已于 2019 年 12 月 20 日投产，它是我国第一条热轧重型 H

型钢生产线，设计年产量 79 万吨，产品主打目前国内所缺的重型系列、厚壁系列、宽翼缘系列等高附加值 H 型钢产品。

任务 8.4　大型连铸装备技术

8.4.1　特大断面连铸机

1996 年、1998 年，特厚板坯连铸机分别在日本新日铁名古屋制铁所（设计浇铸厚度为 400mm、600mm，但未见浇铸 600mm 厚度的报道）和德国迪林根钢厂（设计浇铸厚度为 400mm，2010 年又改造为 450mm）相继投产。

2010 年 6 月 29 日，奥钢联技术总负责并提供主要设备的首钢原首秦公司 400mm×2400mm 单机单流直弧形特厚板坯连铸机投产。该连铸机与 3 座 100t 转炉（冶炼周期 36min）匹配，中间包钢液容量 46t，配置了几乎全部连铸的最新技术，见表 8-7，它打破了直弧形连铸机在此前不能浇铸 400mm 厚度板坯的禁忌。此台连铸机已经迁建至首钢京唐公司二期工程，于 2019 年 3 月投产。

表 8-7　首钢（原首秦公司）400mm 厚连铸机主要技术参数

序号	项　目	指　标	序号	项　目	指　标
1	铸机机型	直弧型，带液芯连续弯曲，连续矫直，上装引锭杆	9	铸坯厚度/mm	250、300、400
			10	铸坯宽度/mm	1600~2400
			11	拉速/m·min⁻¹	0.52~1.1
2	铸机台数×流数	1×1	12	定尺/mm	2500~4100
3	基本弧半径/m	11	13	冶金长度/m	45
4	结晶器长度/mm	800	14	浇注平台标高/m	+14.21
5	垂直段长度/mm	3571	15	出坯辊道标高/m	-0.515
6	弯曲区（投影长度）/mm	1700，8 对辊子	16	生产准备时间/min	90
7	矫直区（投影长度）/mm	4500，包括 13 对辊子	17	浇注时间/min	47~53
8	扇形段/个	19	18	铸机年生产能力/万吨	110

2011 年 2 月 14 日，奥钢联技术总负责并供货的韩国浦项 400mm×2200mm 特厚板坯连铸机（双机双流直弧形板坯连铸机）投产。该连铸机采用固态矫直，与 300t 转炉相匹配，垂直段高度 4000mm（奥钢联标记），圆弧半径 R16m，采用拉坯矫直机。冶金长度为 24m，结晶器长度为 800m，铸坯断面（250、400）mm×（1000~2200）mm，浇铸 400mm 厚度板坯，拉速控制在 0.40~0.45m/min，浇铸 250mm 厚度板坯，拉速控制在 0.9~1.0m/min，设计年产量 130 万吨。这台连铸机的特点就是在凝固后矫直。

中冶京诚工程技术有限公司在江阴兴澄特钢公司，把 2009 年建成的 370mm×2600mm 断面、圆弧半径 R11m 的直弧形板坯连铸机，改造成为能够浇铸 450mm×2600mm 断面的连铸机。2014 年 10 月 15 日，浇铸了 450mm×1900mm 模具钢板坯，它可以浇铸高速钢、锅炉钢、工具模具钢、耐候钢、机械工程钢、船板钢、压力容器钢、管线钢等钢种。

8.4.2　板坯厚度不小于 300mm 的板坯连铸机

进入 2000 年以后，板坯厚度不小于 300mm 的板坯连铸机在我国增加迅速，特别是

2005 年以后，我国完全国产化的这类连铸机，基本由中冶京诚工程技术有限公司、中国重型机械研究院股份公司、中冶赛迪工程技术有限公司设计并供货；其余引进的此类连铸机主要由奥钢联和达涅利–戴维公司设计并供货。截止到 2015 年底，我国正在生产和建成的厚度不小于 300mm 的板坯连铸机共计 31 台 31 流。新建的板坯连铸机绝大部分为直弧形，因为直弧形连铸机浇铸铸坯夹杂物指数明显低于弧形连铸机。

8.4.3 宽度最大的厚板坯连铸机及特宽板坯连铸机

2010 年 10 月 30 日，南京钢铁有限公司中厚板卷厂投产了 1 台 320mm×2800mm 单机单流直弧形连续弯曲、连续矫直板坯连铸机，由西门子奥钢联设计，这是宽厚板坯连铸机中浇铸板坯最宽的连铸机。该连铸机主半径 R10.0m，与 120t 转炉配合，最大出钢量 135t。前工序配置 LF、VOD、RH 等钢液精炼设施，铸坯断面（220、260、320）mm×（1600～2800）mm，拉速 0.65～1.35m/min，设计年产量 160 万吨，浇铸钢种为管线钢、锅炉钢、压力容器钢、桥梁钢、汽车大梁钢等。

特宽板坯连铸机见表 8-8。

表 8-8 2001～2009 年新建的特宽板坯连铸机

序号	钢铁公司名称	连铸机半径/mm	铸坯断面/mm×mm
1	加拿大省际钢和钢管公司 Mobile 厂		150×3075
2	南京钢铁有限公司中厚板卷厂	R6.5	150×(1650～3250)
3	宝钢集团广东韶关钢铁转炉炼钢部	R6.5	150×(1500～3250)
4	安阳钢铁集团有限责任公司二炼钢厂	R6.67	150×(1600～3250)
5	江阴兴澄特钢特板炼钢分厂	R6.5	150×(1600～3250)

8.4.4 大型不锈钢板坯连铸机

2000 年以来，世界不锈钢产量迅速增长，中国不锈钢粗钢产量由 2001 年的 73 万吨增加到 2015 年 2156.22 万吨，占到 2015 年全球不锈钢产量的 52%，中国的不锈钢产能利用率 65% 左右。不锈钢连铸机论数量，方坯连铸机居多；论技术集成度，板坯连铸机最高。世界上两台最大的不锈钢板坯连铸机是如下两台。

（1）浦项 300mm×1650mm 不锈钢板坯连铸机：由西门子奥钢联为韩国浦项公司（POSCO）建造，它能够浇铸出全球最厚不锈钢板坯的单流不锈钢板坯连铸机，于 2013 年 7 月投入运行，应用于 POSCO 的 SSCP4 不锈钢厂。该设备可浇铸厚度为 250mm 和 300mm 的奥氏体和铁素体不锈钢坯，宽度范围从 800～1650mm，拉速可达 1.1m/min，年产量为 70 万吨。该弧形连铸机装备了 Smart Mold 直结晶器，Lev Con 结晶器液位控制、Dyna Flex 结晶器振动器和 Dyna Width 宽度调节装置。连铸机的弧形半径为 11m，冶金长度为 26.9m。由于采用了 Dyna Gap Soft Reduction 3D 轻压下技术，因而能够极为精确地确定连铸坯的最终凝固位置，以便精确控制辊缝，提高板坯内部质量。由 Dyna cs3D 冷却模块、Dyna Jet 喷淋冷却和内部冷却的 I-Star 辊相结合的冷却方式有效地保证了二次冷却，确保了板坯表面质量。

（2）安米 355mm×2200mm 不锈钢板坯连铸机：这台连铸机建立在比利时安赛乐米塔

尔 INDUSTEEL 钢厂，是世界最厚奥氏体不锈钢板坯连铸机，由达涅利供货，2015 年 10 月成功生产出 355mm 厚不锈钢连铸板坯。改造后的钢厂生产碳锰钢 HIC-S355、A387 铬-钼锅炉用钢、高限弹力钢、奥氏体不锈钢 304、316、双相钢等，连铸机设计最大厚度 355mm、最大宽度 2200mm。设备主要由满足生产 355mm×2200mm 规格板坯的结晶器、零号扇形段和 12 个扇形段组成。

在中国大陆，到目前为止生产应用的共有 20 台 22 流宽度大于 1200mm 的不锈钢板坯连铸机，其中引进的有 8 台 8 流，国产的有 12 台 14 流；中国的不锈钢板坯连铸机浇铸板坯最大厚度 220mm，宽度 2150mm 的只有 2 台，其余 18 台宽度均在 1630mm 以下。20 台 22 流不锈钢板坯连铸机设计产能为 1445 万吨/年，能够浇铸各种不锈钢。

8.4.5　直径 ϕ500mm 以上特大圆坯连铸机

从 2006 年以后，直径 ϕ500mm 以上的特大圆坯连铸机发展迅速（见表 8-9），在此之前大圆坯连铸机多为全弧形多个矫直点逐渐矫直，圆弧半径在 R12m 至 R17m 之间。每台连铸机流数为 1~6 流。大多浇铸高碳钢和合金钢。据不完全统计，至 2016 年中国特大圆坯连铸机已达 31 台共计 119 流，其中只有 1 台是立式，其余全是弧形。

表 8-9　2006 年以后直径 ϕ500mm 以上特大圆坯连铸机

序号	钢铁公司名称	连铸机主半径/m	流数	投产时间/年
1	江苏沙钢集团淮钢特钢有限公司转炉厂	R14	6	2006
2	石钢京诚装备技术有限公司炼钢车间	R14	4	2008
3	大冶特殊钢股份有限公司四炼钢厂	R16	3	2009
4	天津钢管集团有限公司炼钢厂	R14	5	2009
5	唐山汇杭钢铁公司	R14.5	2	2009
6	江阴兴澄特钢公司滨江钢厂特炉工程	R17	3	2009
7	大冶特殊钢股份有限公司四炼钢厂	R12	4	2009
8	山东西王特钢有限公司	R12	4	2009
9	唐山文丰山川轮毂有限公司	R14	3	2010
10	衡阳钢管（集团）有限公司炼钢厂	R17	1	2010
11	承德建龙特殊钢有限公司	R14	5	2011
12	江阴西城华润制钢公司炼钢厂	R12	3	2011
13	新冶钢特种钢管有限公司转炉厂	R12	6	2011
14	苏南重工	R16	4	2011
15	东北特钢集团北满基地北兴特殊钢公司	R14	3	2011
16	东北特殊钢集团有限公司	R16.5	2	2012
17	联峰钢铁（张家港）有限公司电炉厂	R17	4	2012
18	马鞍山钢铁公司	R14	5	2012
19	天津荣程	R12	6	2012
20	中天钢铁集团有限公司三炼钢厂	R14	5	2013

序号	钢铁公司名称	连铸机主半径/m	流数	投产时间/年
21	河北达力普石油专用管有限公司	$R15$	3	2013
22	江苏张家港永钢集团	$R17$	4	2013
23	河南济源钢铁	$R14$	3	2013
24	江苏常州中天	$R14$	5	2013
25	山东莱钢	$R16.5$	5	2013
26	山东济南新纪元重工	$R15$	2	2013
27	山东寿光	$R14$	3	2014
28	河南省济源市中原特钢	立式	2	2015
29	安徽芜湖新兴铸管	$R17$	4	2016
30	天津江天重工	$R12$	4	
31	山东鲁丽	$R12$	6	
	合　　计		119	

8.4.6　大方坯连铸机

日本神户制钢 1966 年就建设了 1 号、2 号全弧形 $R15$m 大方坯连铸机，铸坯断面 300mm×400mm；1980 年 12 月投产的 3 号直弧形大方坯连铸机，主半径 $R15.0$m，铸坯断面 380mm×550mm，实际拉速 0.6m/min，缓冷的比水量为 0.21L/kg；2006 年 9 月建设了 5 号直弧形大方坯连铸机，能够浇铸 380mm×550mm。1985 年 4 月，神户制钢承接了澳大利亚 BHP 公司 4 机 4 流大方坯连铸机，与 225t 转炉配合，年产量 200 万吨。连铸机主半径 $R15$m，浇铸最大断面 400mm×630mm，稳定拉速 0.8m/min。

据不完全统计，中国厚度大于 250mm 的大方坯连铸机有 61 台 249 流，大部分都是进入 2000 年后投产的，有少量连铸机为方圆坯兼用。

8.4.7　特种连铸机的发展方向

目前，虽然连铸机机型以直弧形为主，但是立式连铸机在连铸坯质量控制方面具有得天独厚的优势，并没有完全被淘汰。

（1）2004 年，日本大同特殊钢公司知多厂开发的一种新的 2 机 2 流大断面 PHC 连铸机投产，机长 9.8m，浇铸铸坯断面 650mm×（470～850）mm，拉速 0.1m/min，一炉 80t 钢液需浇铸 5h，有等离子加热装置，拉坯不用拉坯辊，用钢丝绳升降。

（2）2009 年 1 月 20 日，奥钢联提供技术和主要设备、宝钢工程设备配合并进行工厂设计的宝钢集团上海特钢公司 1 机 1 流立式板坯连铸机投产，连铸机高度大约 40m（地上 12m，地下 28m），浇铸板坯断面（150、200）mm×（600～1300）mm，下装引锭，定尺长度 12.6m，拉速 0.5～1.0m/min。浇铸钢种有镍基合金、精密合金、高温合金、双相不锈钢、特殊不锈钢等，设计年产量 25 万吨。

（3）日本山阳特殊钢公司立式连铸机由神户制钢设计，宝钢工程技术集团宝菱重工制造，于 2012 年 6 月 1 日热试车，主要用于生产轴承钢等特殊材质的钢坯。连铸坯断面为厚度 400mm、宽度 530mm。

（4）2014 年 10 月 21 日，由西马克-康卡斯特公司设计供货的美国俄亥俄州铁姆肯钢材公司 Faircrest 钢铁厂一台 3 流（预留第 4 流）大矩形坯立式连铸机投产，代替 80% ~ 85% 的模铸生产工艺，设计年产量 99.8 万吨。该立式连铸机从钢包回转台顶端到设备最底端总高度 60m，流间距 2500mm，浇铸大矩形坯为 460mm×610mm、280mm×430mm，拉速分别为 0.34 ~ 0.4m/min 和 0.75 ~ 0.85m/mm，最大冶金长度 30m，配备 M-EMS，最大轻压下量 25mm，配备一个垂直两个水平火焰切割机，在垂直火焰切割机前配备淬火装置，有难度较大的立式切割粒化水的供给，切断的钢坯靠倾翻车接受并在轨道上运行出坯，自动化配置水平较高。生产的钢种包括普碳钢、低合金高强度钢、钼铬镍钢、合金工具钢、高质量轴承钢、马氏体不锈钢等。

（5）中原特钢股份有限公司由西门子奥钢联设计了 1 台高 48.9m（从钢包回转台顶部至地坑底部高度），冶金长度为 23m，铸坯直径为 ϕ400mm、ϕ600mm 和 ϕ800mm，流间距 3500mm，最大拉坯速度 0.55mm/min，铸坯定尺长度在 2.5 ~ 6m 的重型钢坯双机双流立式连铸机。2015 年 6 月投产，年生产能力 37 万吨。浇铸钢种有：结构钢、工具钢、轴承钢、耐热不锈钢等。该立式连铸机配备了 Dia Mold 直管式结晶器和可对振动参数进行灵活调整的 Dyna Flex 振动装置，并集成了诸如 LevCon 结晶器液位控制系统和确保浇铸工作无故障进行的 Mold Expert 漏钢预报和结晶器监测系统等先进技术。西门子奥钢联提供了全套工艺设备，包括 Dyna Speed 冶金冷却模型和 Dyna Jet 冷却喷嘴在内的二次冷却系统，以及整套基础自动化和过程自动化系统。

（6）2015 年 10 月投产的德国迪林根 6 号特厚板坯连铸机。该立式连铸机为双机双流，钢包容量 185t，浇铸板坯厚度 300 ~ 500mm（预留 600mm），板坯宽度 2200mm，浇铸平台高度+15m，地坑深度-39m，结晶器长度 700mm，冶金长度 17.4m，扇形段 1 机械夹紧，扇形段 2 ~ 9 液压夹紧，有二冷水边部控制系统和动态轻压下。300mm 厚度板坯拉速 0.6m/min，500mm 厚度板坯拉速 0.22m/min，年产量 120 万吨。

任务 8.5　连铸轻压下技术及凝固末端重压下技术

连铸过程铸坯形成的偏析与疏松等凝固缺陷，目前普遍采用凝固末端轻压下（soft reduction，简称 SR）技术改善。但随着质量和产品的要求不断增加，常规的 SR 变形量（板坯不小于 3%，方坯不小于 5%）所能达到的冶金效果已不能满足要求，增加连铸坯凝固末端变形量将成为解决问题行之有效的手段。连铸坯凝固结束前后在其表面至心部形成了天然的温度梯度（≥500℃），若在此时对其进行大变形量压下（重压下，见图 8-15），压下量向心部的渗透效率要远高于粗轧过程（粗轧过程铸坯为均温坯），从而达到焊合凝固缩孔，细化心部奥氏体晶粒的工艺效果，效果图见 8-16。凝固末端重压下技术（heavy reduction，简称 HR）是基于凝固末端轻压下技术、适用于大断面连铸坯的下一代连铸新技术，可以根除连铸坯的中心偏析与疏松缺陷，全面提高致密度，突破轧制压缩比的严格限定，替代超厚板坯连铸、真空复合焊接轧制、模铸等工艺流程，实现低轧制压缩比条件下厚板与大规格型材的生产。

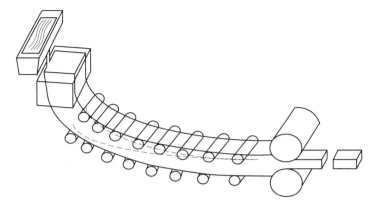

图 8-15　连铸坯凝固末端重压下示意图

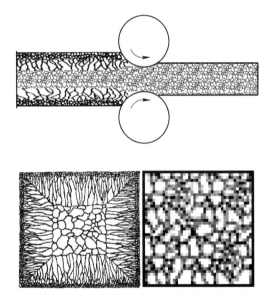

图 8-16　连铸坯凝固末端重压下效果图

日本川崎制铁和新日铁分别通过在凝固末端安装一对砧板或一对类似粗轧机的凸型辊来实施大方坯的重压下。日本住友金属通过在凝固末端安装一对轧辊，即板坯缩孔控制（porosity control of casting slab，简称 PCCS）技术，实现板坯的大压下量；韩国浦项通过两个扇形段实施凝固末端的压下，其中后一个扇形段可实现 5~20mm/m 的压下，即浦项铸坯重压下工艺 PosHARP（POSCO heavy strand reduction process，简称 PosHARP）技术。

近年来，东北大学与国内设计院所及企业合作，结合宽厚板、大方坯连铸生产的具体特点，以精准压下、高效压下、有效压下、安全压下的理念，从理论研究、装备设计、工艺开发、控制技术集成等方面开发形成了具有自主知识产权的连铸坯凝固末端重压下技术，并分别在攀钢与唐钢实现了大方坯连铸机与宽厚板连铸机的重压下装备、工艺、控制系统的全面应用。

任务 8.6　电磁搅拌技术

电磁搅拌技术简称 EMS（Electromagnetic Stirring），采用电磁搅拌不仅能促进等轴晶生长，而且放宽了对注温的要求。它有助于净化钢液、改善铸坯凝固结构，能提高铸坯的表面质量和内部质量，可扩大品种，操作也很方便，因此获得快速发展，在方坯、圆坯和板坯连铸上取得广泛应用，具体应用场景见图 8-17 所示。

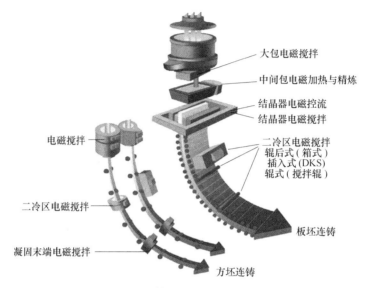

图 8-17　电磁搅拌在连铸工艺中应用场景

8.6.1　连铸电磁搅拌技术的优越性

（1）通过电磁感应实现能量无接触转换，不与钢水直接接触就可以将电磁能转换成钢水的动能，其中也有一部分转变为热能。

（2）电磁搅拌器的磁场可以人为控制，因而电磁力可以人为控制，也就是说，钢水流动方向和形态也可以控制。钢水可以做旋转运动、直线运动或螺旋运动，可根据连铸坯钢种的要求，调节参数获得不同的搅拌效果。

（3）电磁搅拌是改善连铸坯质量、扩大连铸品种的一种有效手段。

8.6.2　连铸电磁搅拌的原理与作用

8.6.2.1　连铸电池搅拌原理

当磁场以一定的速度切割钢液时，钢液中产生感应电流，载流钢液与磁场相互作用产生电磁力，从而驱动钢液运动。

电磁搅拌器产生磁场，穿透铸坯壳，并在钢水中感应生成涡流，电磁密度 J 与电磁感应强度 B 相互作用，产生电磁力 F。该电磁力在结晶器内的液相或铸坯液相穴的整个断面上造成一转矩，使得凝固壳内钢液产生旋转运动。改变搅拌线圈的电工参数，可以调整钢液的旋转速度。

8.6.2.2　连铸电磁搅拌作用

（1）抑制树枝晶长大，促进等轴晶生长。在电磁力的驱动作用下结晶器内钢液产生旋转运动，如图 8-18 所示。产生的电磁力打碎树枝晶并将其作为等轴晶核心，从而阻止柱状晶长大，加速柱状晶向等轴晶过渡，如图 8-19 所示。

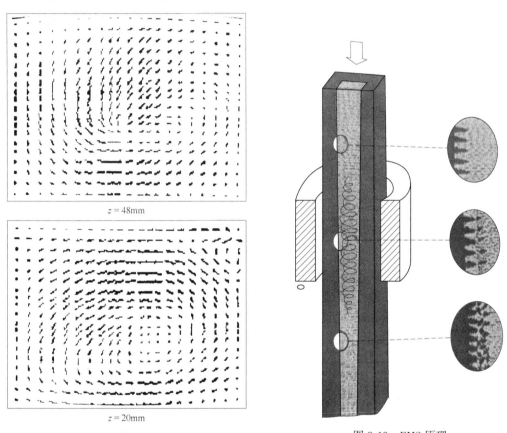

图 8-18　结晶器横断面上钢流示意图
z—距离结晶器弯月面距离

图 8-19　EMS 原理

　　另外，根据传热理论，电磁搅拌造成的旋转运动加速了铸坯中心高过热度的钢水向凝固坯壳对流传热，液相穴内钢液过热度 ΔT 消失，使钢水处于液-固两相区，等轴晶与钢液共存，随着温度降低，等轴晶生长下沉并充满整个液相穴，柱状晶停止生长。图 8-20 所示为液相内凝固示意图（L 为液相区，M 为液-固两相区，S 为固相区）。由图 8-20 可知，钢水过热度低，液固两相区内等轴晶多。

　　（2）改善连铸坯内部质量。结晶器采用 EMS 使钢液旋转运动，由于离心力的作用，夹杂物聚集到中心，被保护渣吸收，如图 8-21 所示。

　　实验表明，当结晶器内钢液旋转速度 $v = 100\text{r/min}$（10Hz）时，$\phi 90 \sim 130\text{mm}$ 圆坯的洁净度得到明显改善。因此，M-EMS 具有足够的搅拌强度，可以消除弧形连铸机内弧夹杂物聚集带，提高铸坯的洁净度。

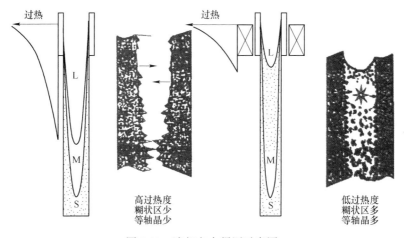

图 8-20   液相穴内凝固示意图

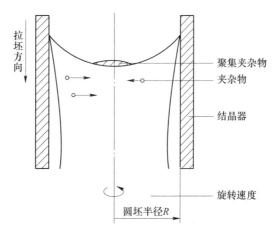

图 8-21   M-EMS 结晶器内夹杂物聚集示意图

另外，在电磁力作用下，钢液在凝固前沿液相做对流运动，使母液和树枝晶间的富集溶质液体互相冲刷混合稀释，使浓度更加均匀，减轻了铸坯中心偏析。

（3）改善铸坯表面质量。如图 8-22 所示，采用 M-EMS 后，结晶器内弯月面区的钢液

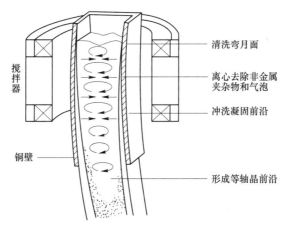

图 8-22   结晶器 EMS 效果示意图

旋转冲刷初生坯壳，坯壳表面很干净。受惯性力的影响，钢液连续运动对枝晶的冲刷作用可一直延续到弯月面以下 2m，促进气体的逸出，防止形成皮下气孔或针孔，使铸坯皮下组织致密。

8.6.3 电磁搅拌的分类

（1）从原理上分，电磁搅拌装置的感应方式分为基于异步电动机原理的旋转搅拌（见图 8-23a）和基于同步电动机原理的直线搅拌（见图 8-23b）。这两类搅拌方法可叠加得到螺旋搅拌（见图 8-23c）。螺旋搅拌既能使钢液在水平方向旋转，也可以使钢液做上下垂直运动，搅拌效果最好，但其机构复杂。目前生产中小方坯多使用旋转搅拌，而生产板坯时直线搅拌和螺旋搅拌都使用。

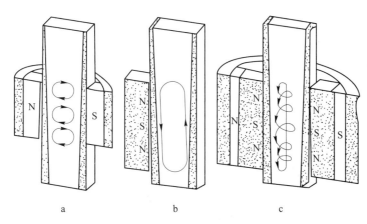

图 8-23 电磁搅拌形式

a—旋转搅拌；b—直线搅拌；c—螺旋搅拌

（2）从安装位置上分，电磁搅拌分为三种，即结晶器电磁搅拌（M-EMS）、二冷区电磁搅拌（S-EMS）和凝固末端电磁搅拌（F-EMS），如图 8-24 所示。

8.6.3.1 结晶器电磁搅拌

M-EMS 的搅拌器安装在结晶铜壁与外壳之间，通常在结晶器弯月面下 150mm 处。为了防止旋转钢流将结晶器表面浮渣卷入钢中，线圈上安装一个能使钢流向相反方向转动的制动线圈。为保证足够的电磁力穿透结晶器壁，使用低频（2～10Hz）电流，采用奥氏体不锈钢等非铁磁性材料制作结晶器水套。结晶器一般采用旋转搅拌的方式。

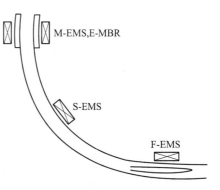

图 8-24 电磁搅拌器安装位置

结晶器电磁搅拌可以产生如下冶金效果：

（1）改善铸坯表面质量。方坯表面缺陷（夹渣、气孔等）减少 90%，皮下针孔减少 70%。

（2）扩大中心等轴晶区。铸坯中心等轴晶区达 40% 以上，中心疏松孔减少 50% 以上。

（3）减少铸坯中心偏析。

（4）加速过热度的消除，平均可提高拉速 0.2m/min。

（5）加速液相穴夹杂物的上浮。弧形连铸机内夹杂物的聚集带基本消失，提高了铸坯的洁净度。

（6）促进洁净器内凝固坯壳均匀生长，有利于减少铸坯角部裂纹。

8.6.3.2　二冷区电磁搅拌

S-EMS 的搅拌器安装在二冷区铸坯柱状晶"搭桥"之前，即坯壳厚度为铸坯厚度 1/4~1/3 的液芯长度区域，其搅拌效果最好，也有利于减少中心疏松和减轻中心偏析。通常小方坯电硅搅拌器安装在结晶器下口 1.3~1.4m 处，采用旋转搅拌方式较多；大方坯和厚板坯搅拌器可装在离结晶器下口 9~10m 处，采用直线搅拌或旋转搅拌方式。当采用旋转搅拌时，为了减轻铸坯中产生负偏析白亮带，可采用正转—停止—反转的间歇式搅拌技术。

如图 8-25 所示，板坯 S-EMS 搅拌器有三种类型，即箱型（BOX 型）、辊间型（NSC型）和辊内型（IRSID-CEM 型）。S-EMS 的冶金效果取决于搅拌力、钢水过热度、板坯断面和搅拌器安装位置。

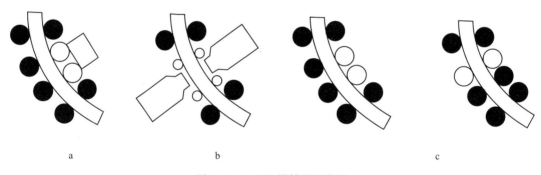

图 8-25　S-EMS 搅拌器的类型

a—箱型；b—辊间型；c—辊内型

S-EMS 可以产生如下冶金效果：电磁力驱动钢液流动打断正在生长的柱状晶，阻止凝固桥的形成，打断的碎枝晶作为等轴晶的核心，等轴晶长大沉积在液相穴底部，阻止柱状晶生长，增加了中心等轴晶区，减少中心偏析和疏松。另外，夹杂物在横断面上分布也变得均匀，铸坯内部质量得到改善。

8.6.3.3　凝固末端电磁搅拌

通常在液相穴长度的 3/4 处安装搅拌器，称之为 F-EMS。可以根据液芯长度计算出其具体安装位置。

采用 F-EMS 虽然可以分散凝固两相区溶质元素的聚集，减少中心偏析；改善中心凝固组织，减轻中心疏松等效果，但是 F-EMS 单独使用效果不明显，必须与 M-EMS 联合使用才有效果。

F-EMS 的安装位置与钢种、拉速、二冷强度和铸坯断面都有关。F-EMS 应安装在液-固两相区，搅拌器安装在太高或太低的位置都不好，实施凝固末端电磁搅拌最大的问题就是凝固末端位置不容易精确判断，而且不能根据生产实际情况进行调节搅拌位置，适应性差。

8.6.4 白亮带

经过电磁搅拌的方坯，取一块横断面试样做低倍结构检查，发现铸坯外表面与铸坯中心之间的某一位置观察到呈白亮色的方圈，其宽度为 2~10mm，称为白亮带。白亮带中的碳、硫、磷元素含量比周围金属中的要少，故其又称为负偏析白亮带。如图 8-26 所示。

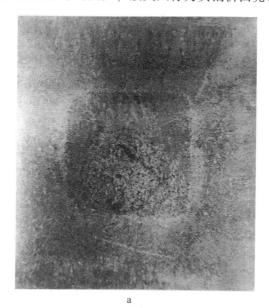

a

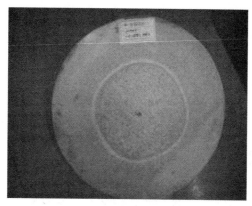

b

图 8-26 铸坯低倍组织

a—方坯；b—圆坯

白亮带形成的原因是电磁搅拌产生的流股沿凝固前沿流体流动速度和凝固速度的突变加速了枝晶间液体的交换，改变了溶质元素的有效分配系数，形成负偏析。

$$K_{\mathrm{eff}} = 1 - 7 \times 10^{-4}(1 - K)\left(\frac{v}{v_{\mathrm{s}}}\right) \tag{8-1}$$

式中　K_{eff}——溶质元素的有效分配系数；

　　　　v_{s}——凝固前沿枝晶生长速度；

　　　　v——液体流动速度。

由式（8-1）可知，在凝固速度 v_{s} 一定时，当钢液进入电磁搅拌区域时，在电磁力作用下，钢液流动速度增加，K_{eff} 增大，负偏析严重。

白亮带的严重性取决于液体流动速度（搅拌功率），树枝晶间距，凝固速度和钢成分。采用 M-EMS 时，结晶器凝固速率大，初生坯壳为细小的等轴晶，实际上无负偏析。采用 S-EMS 时，搅拌功率达到 50%，负偏析就表现出来了；当搅拌功率达到 100% 时白亮带明显，负偏析达到 20%。

采用正反交替进行，或采用不同频率运行方式的电磁搅拌器，使磁场按设定的时间周期地交替变换运动方向，则钢水也周期性地改变流动方向，这样可以减轻或消除白亮带。

8.6.5　结晶器电磁制动

为了减小结晶器中钢流速度和减少钢流浸入深度，以利于夹杂物在结晶器中上浮，瑞典 ASEA 公司和日本川崎联合开发了一种电磁制动（EMBR）技术，并在板坯连铸机中应用。电磁制动的原理如图 8-27 所示。在结晶器宽边外部加一恒定磁场（见图 8-27a），当注流从浸入式水口侧孔流出时垂直切割外加磁场，在注流中产生感应电流，此电流方向垂直于注流方向（图 8-27c）；该电流与外加磁场相互作用，在注流中产生与注流方向相反的电磁力，此电磁力对注流产生制动作用而使注流减速（见图 8-27b）。此外，制动区中注流被分裂还引起搅拌作用。在制动的搅拌作用下，注流速度降低，注流深度减小，从而使铸坯中的夹杂物也相应减少。

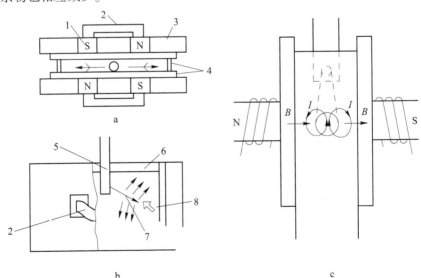

图 8-27　电磁制动原理图

1—绕组；2—磁轭；3—宽边冷却水箱；4—窄边铜板；5—浸入式水口；6—弯月面；7—注流；8—制动力

目前已成功开发了如下三种类型的电磁制动装置：EMBR 是局部区域磁场，目的是制动从浸入式水口侧孔流出的股流，主要适用于中厚板坯连铸；EMBR-Ruler 全幅一段磁场，目的是制动整个结晶器宽度上钢液上的流动，主要适用于薄板坯连铸；FC-mold 是全幅二段磁场，目的是上下两段磁场分别制动向上反转流股和向下侵入流股，可抑制液面波动，防止卷渣、降低注流的冲击力，上浮去除气泡、夹杂物，适用于厚板坯连铸。

任务 8.7　连铸坯热装和直接轧制

扫码获取
数字资源

8.7.1　连铸坯热装和直接轧制工艺流程

所谓热装指把热状态下的连铸坯直接送到加热炉，经过加热炉短时加热后轧制的一种工艺；所谓直接轧制是把高温无缺陷的连铸坯稍加补热或者不补热直接进行轧制的工艺。工艺流程图如图 8-28 所示。

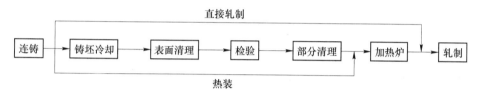

图 8-28　热装、直接轧制工艺流程与传统工艺流程图

连铸坯热装和直接轧制技术是正在发展中的新技术，其分类和具体特征如下：

（1）连铸坯无加热或补热直接轧制，简称 CC-FDR，连铸坯在不经任何形式的加热和补热，直接被送入轧机轧制。铸坯轧前未经过 $\gamma \rightarrow \alpha \rightarrow \gamma$ 相变再结晶过程，仍保留铸态粗大的奥氏体晶粒，微量元素 Nb、V 等无常规冷装炉的析出、再溶解过程，因而须开发新的轧制工艺得到晶粒细化的组织。

（2）连铸坯直接轧制，简称 CC-DR，连铸坯在 1100℃ 以上的条件下不经加热炉，仅仅在输送过程中通过边角补热装置对角部补热后，被直接送入轧机轧制。

（3）连铸坯直接热装轧制，简称 CC-DHCR，连铸坯温度 A_3 以上，金相组织未发生 $\gamma \sim \alpha$ 转变，铸坯被直接送加热炉加热后轧制。由于热装温度较高，也叫红送红装，加热炉在连铸机和轧机间起缓冲作用，协调生产节奏。

以上这两种模式要求铸坯温度较高，对于连铸机和轧机距离较远的钢厂实现起来非常困难。

（4）连铸坯热装轧制，简称 CC-HDR。连铸坯温度在 A_3 以下，A_1 以上，此时将处于 $\gamma + \alpha$ 两相区，铸坯送加热炉加热后轧制。

（5）连铸坯热装轧制，简称 CC-HCR，连铸坯温度在 A_1 以下、400℃ 以上，铸坯不放冷即被送保温设备（保温坑、保温车和保温箱等）中保温，再被送加热炉加热后轧制。保温设备在连铸机和加热炉之间起缓冲作用，协调生产节奏。

以上两种模式属于同一类型，统称为热装轧制，在较多钢厂已经得到应用。

（6）连铸坯冷装炉加热后轧制，简称 CC-CCR，这是常规冷装轧制工艺。

热装和直接轧制的工艺与传统的冷装工艺相比具有以下优势：

（1）可利用连铸坯的物理热，降低能耗。由于铸坯不经过加热炉或者经过短暂补热进行轧制，常规工艺下加热炉的全部或大部分消耗得以节省下来，其节能减排降成本的优势非常明显。

（2）提高了成材率，减少了金属消耗。传统工艺中，连铸坯在加热炉中生成的氧化皮约占其总重量的 $0.8\% \sim 1.5\%$，而热装和直接轧制工艺中连铸坯在加热炉中加热时间明显缩短，可最大限度的减少钢坯在加热过程中所带来的氧化皮损失。

（3）简化了生产工艺流程，缩短了生产周期。热装和直接轧制工艺省去了连铸坯下线、冷却、表面清理、检验等环节，加热炉加热时间大幅度减少，简化了生产工艺流程，缩短了生产周期。

8.7.2　连铸坯热装和直接轧制的关键技术

实现连铸坯热装和直接轧制工艺，必须具备以下关键技术。

8.7.2.1　无缺陷坯生产技术

所谓"无缺陷"，主要指连铸坯的表面质量和内部质量均要符合要求：连铸坯表面不存在通常需清理的缺陷，如裂纹、结疤、夹渣；连铸坯具有较高的洁净度、轻微的中心偏析，基本消除内部裂纹。"无缺陷"是一个相对概念，但一个钢厂的连铸坯质量水平达到无清理率超过 90%，可以认为是其无缺陷铸坯的生产达到了比较高的水平。

连铸坯热送热装和直接轧制工艺实施的先决条件是能否生产无缺陷的连铸坯，其无清理率达到 90% 以上；有能力将有缺陷的连铸坯挑出，处理后再送轧钢厂。

对于连铸坯各种质量缺陷的产生原因及控制措施在第 6 章已经做过详细阐述，在此不再赘述。

8.7.2.2　高温铸坯生产技术

为了保证足够的轧制温度，提高连铸坯温度是成功实施热装和直接轧制工艺的重要条件，为此应提高铸坯出坯温度、减少连铸坯运行过程温降和开发连铸坯角部补热工艺技术。

（1）铸坯提温技术：

连铸坯温度越高，对实施热装和直接轧制工艺越有利，尤其是直接轧制工艺，如果连铸坯温度仅有 $800 \sim 900 ℃$，即使直接送到轧机，也满足不了开轧温度的要求。所以必须把铸坯温度提高，才有可能实施直接轧制工艺。但如果铸坯温度过高，则拉坯过程中存在漏钢风险，所以要在不发生漏钢事故前提下，尽可能提高铸坯温度。

1）提高拉坯速度：提高拉速意味着减少了铸坯通过连铸区的时间，从而减少热量散失，导致温度提升。中国大板坯的实际工作拉速绝大多数在 1.8m/min 以下，150mm×150mm 方坯平均拉速尚未超过 3.0m/min。而日本 JFE 福山钢厂板坯的拉速为 2.3 ~ 2.5m/min，韩国浦项光阳钢厂的拉速为 2.5 ~ 2.7m/min，通钢量达到了 9t/min；意大利达涅利150mm×150mm 方坯连铸机拉速达到了 6m/min；韩国浦项薄板坯连铸机拉速稳定达到了 6m/min，我国在提高拉坯速度方面还有很大空间。有关研究表明在相同冷却条件下，拉速每提高 0.1m/min，铸坯表面温度可提升 8 ~ 10℃。

2）优化二次冷却工艺：一方面，连铸二冷实施弱冷工艺，提高铸坯表面温度；另一方面，采用复合二次冷却工艺，出结晶器以后铸坯冷却采用普通喷嘴强行冷却，使坯壳厚度快速增加。此后，二次冷却区域采用弱冷，或者干式冷却方式冷却铸坯，提高铸坯表面温度。

3）采用二次冷却幅切技术，铸坯边部冷却单独控制，减小角部冷却，提高铸坯角部温度。

（2）高速运坯及保温技术：

1）把切断后的铸坯迅速提速，把铸坯直接运送到粗轧机组进行轧制，保证铸坯送到粗轧机组时仍有较高的温度。

2）连铸机内保温：连铸机后部区域装设保温罩，实行机内保温。

3）切割区保温：在切割区设置移动保温罩，对铸坯实施保温。

4）铸坯运送过程保温。

（3）连铸坯角部温度补偿技术：

众所周知，由于二维冷却的原因，连铸坯角部是温度最低区域，成为不能进行直接轧制的限制性环节，为了弥补角部热损失，需要对铸坯角部进行加热补偿。目前角部加热的方式主要有煤气加热和电磁加热两种方式。

8.7.2.3　炼钢—连铸—轧钢生产一体化

对于常规生产工艺来说，炼钢连铸与轧钢是相对独立的两个生产单元，分属于两个不同的厂部，但是为实施热装和直接轧制工艺，炼钢—连铸—轧钢必须打破独立生产单元的概念，建立炼钢—连铸—轧钢生产一体化的管理思想，加强连铸—轧钢之间的协调与配合，这样才能从生产组织上为热装和直接轧制工艺创造良好的物流条件。

8.7.3　热装和直接轧制研究现状及发展趋势

随着轧钢行业的技术创新和转型发展，直接轧制已成为重要的绿色化、智能化生产技术之一。

8.7.3.1　棒线材热装和直接轧制

1979 年，美国纽柯钢铁公司实现了棒线材的 CCDR 工艺，设备上采用在线感应补偿加热器代替传统加热炉，铸坯切断后经感应补热后即送入轧机进行轧制；2000 年，意大利达涅利公司开发了棒线材无头连铸连轧（ECR）技术，高效连铸机与连轧机布置在同一直线上，之间设有 125m 长的辊底式隧道加热炉，连铸拉坯速度最高可达 6m/min，铸坯不必切断，实施"嘴对嘴"的无头轧制。20 世纪 90 年代，我国沈阳钢厂进行了棒材 CCDR 工艺生产试验，该厂连铸机与连轧机布置在同一车间内，车间布置紧凑，连铸坯剪切后通过感应加热将铸坯从 950℃左右加热到 1150℃左右，然后送往粗轧机进行轧制。CCDR 工艺节能效果显著，但受到当时技术水平和设备条件限制，并未得到大面积推广，我国大部分棒线材生产线仍采用热送热装工艺，铸坯入炉温度 400～800℃，通过加热炉加热到常规轧制温度后进行轧制。近年来，棒线材直接轧制工艺，在国内多家钢厂得到应用，节能效果显著，所以棒线材的免加热直接轧制工艺将是一个发展方向。

8.7.3.2　板坯热装和直接轧制

对于薄板坯，早在 20 世纪 80 年代，国外多家公司对薄板坯连铸连轧技术（薄板坯的直接轧制）进行了大量研发，目前已投入商业运行的主要有 CSP、FTSR、ISP、ESP、MCCR 技术。经过 30 余年不断发展，薄板坯连铸连轧技术已取得了重大进展和突破，第 8.1 节已经述及。而对于已经投产的非连铸连轧板坯生产线，尤其是中厚板传统生产线，基本还是以传统的冷装为主，热装比例也较低，免加热直接轧制工艺相关报道很少，成功应用的案例也未见报道，从绿色钢铁生产制造角度看，非连铸连轧板坯生产线的热装和直接轧制技术是未来一个发展方向。

课后复习题

8-1　名词解释

双辊薄带铸轧；凝固末端重压下技术；白亮带；热装；直接轧制技术。

8-2　填空题

（1）把轧制工艺的连续性作为划分薄板坯连铸连轧技术先进性的标志，第一代技术采用_____，第二代技术采用_____，第三代技术采用_____。

（2）通常薄板坯保护渣采用_____、_____控制策略。

（3）沙钢超薄带生产线设计总长度为 50m，能够生产热轧带厚度为_____mm。

（4）马钢重型 H 型钢产线已于 2019 年 12 月 20 日投产，它是我国第_____条热轧重型 H 型钢生产线。

（5）从原理上分，电磁搅拌装置的感应方式分为_____和_____。

（6）从安装位置上分，电磁搅拌分为三种：_____、_____、_____。

8-3　判断题

（1）相同品种钢的薄板坯连铸连轧与常规板坯的保护渣成分相同。　　　　　　（　　　）

（2）方坯连铸机 S-EMS，搅拌功率越大，负偏析越严重。　　　　　　　　　（　　　）

8-4　选择题

（1）截至 2019 年，中国已建成或在建（　　　）条薄板坯连铸连轧生产线。

　　　A. 16　　　　B. 31　　　　C. 21　　　　D. 36

（2）首钢京唐公司于 2019 年 3 月份投产的薄板坯连铸连轧产线是（　　　）。

　　　A. CSP　　　B. ISP　　　C. ESP　　　D. MCCR

（3）国内首条，世界第三条工业化的超薄带生产线是诞生于 2019 年 3 月的（　　　）。

　　　A. 首钢　　B. 宝钢　　C. 沙钢　　D. 日照

（4）带钢生产流程长度最短的是（　　　）。

　　　A. 中厚板坯常规生产线　　B. 薄板坯连铸连轧生产线

　　　C. 双辊薄带铸轧生产线

（5）目前，我国特大断面连铸机中，板坯连铸机厚度最大已经达到（　　　）mm。

　　　A. 300　　　B. 400　　　C. 450　　　D. 500

（6）宽厚板坯连铸机中浇铸板坯最宽的连铸机生产板坯最大宽度是（　　　）mm。

　　　A. 2400　　B. 2800　　C. 3000　　D. 2600

8-5 问答与计算

（1）简述薄板坯连铸连轧技术特点。

（2）简述双辊薄带铸轧技术特征。

（3）简述电磁搅拌的原理及优越性。

（4）简述热装和直接轧制的分类。

（5）热装和直接轧制的优势有哪些？

（6）实施连铸坯热装和直接轧制的关键技术有哪些？

能量加油站 8

二十大报告原文学习：加强基础研究，突出原创，鼓励自由探索。提升科技投入效能，深化财政科技经费分配使用机制改革，激发创新活力。加强企业主导的产学研深度融合，强化目标导向，提高科技成果转化和产业化水平。

笔尖钢的突破：提到笔尖钢，可能对其并不陌生，因为我们日常使用的圆珠笔和中性笔中，均使用了这一材料。可是曾经中国每年生产400亿支圆珠笔，占据全球60%的市场份额，大部分利润被提供特种钢材和设备的日德企业瓜分。

随后为了改变这种情况，中国太钢决定打破垄断，不再被日德企业卡脖子。根据记载，曾经在2011年，我国就开始重点攻克笔尖钢，经过五年的研发，在2016年成功炼了一炉笔尖钢，大规模生产之后，导致企业被迫下调25%左右的价格。这就意味着，中国太钢可以趁机夺取国内笔尖钢市场，甚至还能成功拿下全球市场。那么研发笔尖钢究竟难在哪里？要知道，研发笔尖钢并不难，最大的困难在于在球座壁体上，有五条供墨水流通的沟槽。更为重要的是，这些沟槽加工误差必须要控制在3微米左右，也就意味着误差不能超过0.003毫米。

这又是什么概念呢？要知道，一根头发丝的直径大约在100微米左右，而3微米就相当于一根头发丝直径的三十分之一左右，这就可以想象到加工一个笔尖钢，对于技术要求究竟有多高？如果加工误差过大，那么就会导致在书写过程中出现不流通的情况。而中国太钢生产的笔尖钢，可以确保连续书写800米左右不断线。也就是说，国产笔尖钢的质量已经丝毫不弱于日德企业，也就意味着中国终于解决了这一难题。此后日德企业很难继续瓜分中国圆珠笔利润，这也透露出，中国已经朝着高端制造领域发展。

项目九　连铸生产事故预防与处理

本项目要点：

(1) 了解钢包事故的种类以及预防控制措施；

(2) 了解中间包事故的种类以及预防控制措施；

(3) 了解结晶器事故的种类以及预防控制措施；

(4) 了解水系统故障的处理方法；

(5) 了解卧坯事故的处理方法；

(6) 了解切割区域事故的处理方法。

任务 9.1　钢包事故

9.1.1　钢包透红

钢包透红，一般情况下都是由于钢包内衬耐材脱落、侵蚀严重导致。

为了避免钢包透红，要加强对钢包使用前的检查确认，确认钢包内衬侵蚀情况，尤其是对于钢包寿命接近使用寿命的钢包，要重点检查确认。另外需要强调的是，要从转炉出钢开始对钢包运行的全流程实施监控，第一时间发现钢包是否发红，耐材是否脱落，及时发现及时处理。大多数情况下，钢包在浇注过程中透红，在精炼工序都已经存在，只是没有及时发现。

钢包在浇注过程中出现透红，要根据具体情况采取合理措施，在保证安全生产前提下，减少事故损失。总体处理原则，看透红位置，如果透红位置在钢包上部渣线部位，可以根据透红程度选择继续浇注，提高拉速，快速将钢包液面降低，可避免透红事故扩展；如果透红位置在中下部，上部还有较多未浇注钢液，此时必须果断采取以下措施：大包浇钢工必须立即关闭钢包水口，提醒并配合疏散现场人员，迅速启动事故旋转将钢包转到事故钢包上方。在透红钢包转出之前，浇铸位最多保留两名中间包浇钢工，在安全位置关注钢包后续状态变化。主控岗位立刻联系调度人员汇报情况，确认后续连浇钢水状态。如果后续钢水无法及时衔接，按正常停浇方式进行停浇处理。

9.1.2　钢包漏钢

浇注过程中要密切监控钢包包壁情况，发现透红等异常，及时采取措施，如果没有及时发现透红导致钢包漏钢事故，大包浇钢工必须立即关闭钢包水口，迅速启动事故旋转将钢包转到事故钢包上方，立刻撤离至安全位置并配合疏散现场人员。中间包浇钢工在保证安全的前提下，组织停浇；如果漏钢严重，浇注平台发生火灾等严重事故，应启动铸机事故急停后迅速撤离。主控岗位及时将事故情况通知调度。待事故钢包转出或钢水停止流动后迅速组织灭火，事故区域隔离。

对有毒、有害气体及易燃、易爆危险源的安全防护措施检查落实。及时疏散现场人员，避免发生人员伤亡和二次事故。

组织相关专业和操作人员清理残钢和卧坯，恢复生产。

9.1.3　钢包滑板失控

钢包滑板失控事故处理方法为：

（1）若中间包液面可控，继续维持浇铸。

（2）若中间包液面不可控，大包操作工及时卸下长水口，将钢包转出到接收位。

（3）主控操作人员通知热修包作业人员到现场确认滑板情况。

（4）将中间包内的钢水继续浇铸，按正常停浇操作模式处理。

（5）钢包旋转到接收位后，待包内钢水全部流出后才能将空包吊走。

（6）及时组织清理残钢，恢复设备。及时更换事故流槽和事故钢包。

9.1.4　钢包滑板间刺钢

钢包滑板间刺钢事故处理方法为：

（1）若在中间包开浇前发生钢包滑板刺钢，中间包严禁进行开浇作业。

（2）钢包滑板刺钢，浇钢（钢包）操作工应该立即关闭钢包滑动水口事故关闭按钮。提升大包，在确保安全的前提下，迅速卸下机械手。启动钢包事故旋转按钮，将钢包旋转到事故钢包上方。

（3）滑板刺钢和钢包旋转时，周围作业人员需保持安全距离，防止被钢水烧伤。钢包旋转到接收位后，通知修砌作业人员将事故包吊走。

（4）浇钢过程发生钢包滑板刺钢，钢包转出后，中间包钢水继续浇铸，按正常停浇模式处理尾坯。

（5）主控操作工应立即通知修砌作业人员到浇铸平台确认情况。

（6）如有失火及时扑救。及时组织清理残钢，恢复设备。及时更换事故流槽和事故钢包。

任务 9.2　中间包事故

9.2.1　中间包透红

中间包透红和钢包透红原因基本相同，大多都是由于内衬耐材脱落、侵蚀严重所致。同理，在浇注过程中，务必做好中间包包壁情况的监控，及时发现异常，及时采取措施。

（1）中间包在浇注过程中包壳出现透红情况，立刻通知大包操作工关闭大包水口，将钢包转出至接收位。

（2）中间包浇钢工关闭塞棒，疏散现场人员，尤其透红侧作业人员必须撤离且不得再次进入。

（3）中间包车迅速提升并开出，透红位置停止在事故渣箱上方，确保人员安全的情况下，引压缩风吹扫冷却透红位置。如出现漏钢，则按中间包漏钢事故处置。

（4）做好灭火准备，正确使用消防器材，组织灭火。

（5）铸机正常封顶拉出尾坯。

（6）中间包满包（达到工作液位）情况下，12h内禁止进行吊运。

9.2.2　中间包漏钢

如果浇注过程中没能及时发现透红现象，导致中间包漏钢事故：

（1）中间包浇钢工立刻关闭塞棒，启动铸机事故急停，疏散周围现场人员迅速撤离，尤其漏钢区域不得接近。

（2）同时通知大包操作工关闭大包水口，将钢包转出至接收位。

（3）保证人员安全的前提下，使用轴流风机或压缩风吹扫漏钢部位进行局部降温。

（4）在没有钢水喷溅危险的情况下，将中间包车迅速开出（如果无法行走则停留在原位），漏钢位置停止在事故渣箱上方，引压缩风吹扫冷却，严禁直接打水冷却。

（5）进行事故区域隔离。对易燃、易爆危险源进行安全检查和防护，避免发生人员伤亡和二次事故。做好灭火准备，正确使用消防器材，组织灭火。

（6）在没有钢水喷溅危险的情况下，如果允许，在铸机停机10min内可以尝试正常启车，采用无水封顶模式拉出尾坯。若铸坯无法行走，按卧坯情况处理。

9.2.3　中间包钢水喷溅事故

当中间包钢水发生喷溅时：

（1）大包工迅速关闭大包滑板，卸下长水口，钢包转到接收位。

（2）浇钢工将铸机拉速降至最低拉速后迅速躲避，防止喷溅出钢水造成伤害。确认钢水恢复平静后，回到原岗位进行抢救。

（3）班组长确认钢水喷溅程度，若已经引起设备着火，则按火灾预案处理，若没有任何设备损伤的情况，则立即停浇。

（4）若有人员伤害，班组长立即组织必要的紧急抢救。

（5）主控工通知调度、点检人员，并进行现场救急。

（6）如果可以捞渣和封顶，进行铸机封顶操作，铸坯正常拉出。

（7）如果由于平台上有钢渣而不能进行封顶操作，按无水封顶模式，将铸坯拉出连铸机。

（8）待中间包内钢水恢复平静后，操作人员返回处理现场。整个过程中，要随时注意出现二次喷溅。

（9）对尾坯进行检查，如果出现冒钢情况，检查扇形段内是否有残钢。

9.2.4　中间包塞棒失控

中间包塞棒失控事故处理方法为：

（1）操作工手动关闭塞棒，手动操作关闭盲板封堵，并将中间包车提升到高位，迅速开至事故位。

（2）如果事故关闭盲板失效，或盲板不能截断钢流，迅速疏散中间包车运行线上的人员，直接将中间包车带流开出至事故渣箱位置。

（3）消防器材准备就位，对中间包车及结晶器区域起火地方灭火。

（4）如果钢水没有溢出结晶器，按正常尾坯模式封顶操作，拉出铸坯。

（5）如果结晶器内钢水溢出结晶器，铸机紧急停机，降低二冷强度，组织清理溢出钢水。10min 内处理结束，则铸机启车。铸坯可以正常行走，按尾坯模式拉出；铸坯无法正常行走，按卧坯事故处理。如果 10min 内无法处理溢出钢水，则直接按卧坯事故处理。

任务 9.3 　结晶器事故

9.3.1 　结晶器下渣

结晶器下渣事故处理方法为：

（1）中间包浇注快结束时，用烧氧管持续检查中间包液面，以避免中间包渣流入结晶器。

（2）当有中间包渣流入结晶器时，应降低拉速或者停机处理，必须将钢渣清除干净。

（3）封顶正常后方可将铸坯拉出结晶器。

（4）浇铸完毕，要检查扇形段，清除可能的结瘤、残钢。

9.3.2 　浇注过程浸入式水口异常

浇注过程浸入式水口异常事故处理方法为：

（1）在浇铸过程中发现中间包水口突然折断、掉底，应该立即降低浇铸速度，将拉速降到最低拉速，捞出结晶器内水口残余。有条件组织换水口的情况下，应快速组织更换水口操作；若不能及时组织换水口，应立即停止浇铸，进行尾坯封顶作业。

（2）在浇铸过程中发现中间包浸入式水口出现裂纹、沙眼，或根据液面有明显偏流、漩涡、异常涌动等情况判定水口异常时，应尽快组织更换浸入式水口。

9.3.3 　结晶器溢钢

结晶器溢钢事故处理方法为：

（1）开浇过程中发生结晶器溢钢：

如果在开浇过程中发生结晶器内钢水溢出，立即停止拉坯，关闭中间包 SEN 盲板。开走中间包车到烘烤位，二次冷却水要减到最小量，冷却后打开结晶器铜板，从结晶器上口将铸坯顶出，用钢丝绳吊走。

（2）浇注过程中发生结晶器溢钢：

如果在浇注过程中发生结晶器内钢水溢出，拍事故急停按钮，关闭中间包 SEN 盲板。将中间包车开到烘烤位，清理溢出钢水，重新启车，将铸坯拉出，如果铸坯不走，按卧坯处理程序处理。

9.3.4　漏钢事故

漏钢事故处理方法为：

（1）发生漏钢时，紧急关闭中间包塞棒，切换盲板封堵。中间包浇钢工按下操作箱上的事故急停按钮。

（2）大包岗位关闭钢包水口，钢包转出至接收位。

（3）主控工及时通知调度、作业长及相关点检工程师。主控工按照卧坯事故处置方法开启二冷水程序。

（4）中间包浇钢工按照卧坯操作方案处理铸坯。

（5）铸坯出铸机后，班组生产负责人带领操作工检查设备状况。

（6）通知维检更换、维修损坏的设备。

9.3.5　停浇封顶渗钢事故

停浇封顶渗钢事故处理方法为：

停浇封顶操作时，发现坯壳发红、钢水渗出现象，中间包操作工应立即停机或延长爬行速度持续时间，增加坯尾顶部冷却强度。钢水完全凝固后，逐渐提高拉速直至以正常出尾坯拉速将铸坯拉出。

任务 9.4　水系统故障

水系统故障处理方法为：

（1）一冷水、二冷水、设备冷却水均配有相应的事故水水箱，水箱水位低于设定值，铸机开浇条件不满足，必须进行补水达到设定值后才具备开机条件。浇钢过程中，三路水无法满足生产使用时，相应事故水打开阀门注入管路以保证生产持续。事故水至少保证20min内有效供应相应水路。一旦任何一路事故水打开，会在HMI界面出现警报及报警，必须立刻组织铸机停浇。

（2）任何一路冷却水出现异常并已达到事故水打开条件，但事故水并未自动打开，铸机必须立刻组织停浇处理，并立刻安排人员手动打开事故水出水阀门。

（3）三路冷却水出现故障（不适合的压力、流量和水管泄漏），不允许开浇，浇注过程中出现上述问题，但未达到事故水打开条件，铸机降拉速浇注处理，并及时查找原因。

任务 9.5　卧 坯 事 故

卧坯事故包括铸坯不走和卧坯事故，处理方法如下：

（1）铸坯不走：

1）一旦发生铸坯停止不走，冷却水须减到最小。

2）查找导致铸坯不能行走原因并处理，重新启车，如果铸坯仍不走，停止浇铸。

3）铸坯正常移动，浇注速度必须控制在 0.6m/min 以下并维持 3min。

4）铸坯在机内最大允许停止时间 10min，停机时间小于 10min，可按热坯拉坯，二冷水适当减少，否则按卧坯处理。

（2）卧坯事故处理：

1）通知主控工对扇形段内铸坯强水量冷却，确认铸坯完全冷却。

2）班组生产负责人组织浇钢工在矫直段与水平段之间将铸坯切断。

3）在 0 号段与 1 号扇形段（或是垂直段与弯曲段）之间将铸坯切断。

4）先将结晶器吊走，再将 0 号段（垂直段）连同内部铸坯一起吊离。

5）将 1~7 号扇形段（弯曲段~7 号扇形段）打开。在主控室 HMI 画面上选择 1~7 号驱动辊高压压下，并以 0.2~1.0m/min 的速度将铸坯反送约 1.5m 左右停止。注意现场操作人员与主控工的联络及拉矫辊与开口度之间的配合。

6）在离 1 号扇形段（弯曲段）上口 1m 处的铸坯上割出吊运环扣。

7）选择专用钢丝绳，环扣与钢丝绳接合部用软物垫好，套好后人员注意退避，指挥天车用钢丝绳拴住板坯。

8）使用铸机驱动辊将滞坯反送，同时指挥天车上升。注意：天车提升速度与铸坯逆送要保持同步。

9）当铸坯送出 1 号扇形段（弯曲段）约 4m 时停止。

10）在 1 号扇形段（弯曲段）上口将铸坯切断。切断前应注意退避，密切注意天车吊钩与钢丝绳保持垂直，铸坯切断后勿使铸坯发生较大晃动，碰撞振动框架或周围作业人员。

11）指挥天车将切断铸坯吊离。

12）重复以上操作步骤，直至将 1~7 号扇形段（弯曲段~7 号扇形段）的铸坯全部送出、吊离为止。

13）将 8~12 号扇形段（8~17 号扇形段）完全打开，使用驱动辊按照 0.2~1.2m/min 的速度拉坯，将铸坯拉出。

14）卧坯处理完毕后，要进行机内检查，并调整恢复扇形段开口度和拉矫辊压力，将操作盘的操作开关复位，操作场所选择为远程并与主控进行联系。

任务 9.6　切割区域事故

切割区域事故及处理方法具体如下：

（1）引锭杆未挂上钩：

1）迅速联系切割跨天车启动，将钢丝绳准备好，预设在引锭杆经过的辊道旁。

2）切头动作结束，坯头正常掉入地沟，将引锭杆迅速开出，底部搭两条钢丝绳，挂到天车钩上。

3）将引锭杆吊起，迅速移出辊道，离地面 1m 处停止。

4）若坯头没有脱开，则坯头连引锭杆一块吊离辊道。

5）若坯头在行走的过程中卡住辊道，无法行走，则直接停浇处理。

6）若停浇 10min 后引锭杆仍卡在辊道上无法移动，按卧坯处理。

（2）引锭杆已经挂上，但引锭头无法脱开：

1）确认引锭头不能脱开时，切割工及时通知主控工，主控工通知中间包工降低拉速。

2）使用手动脱引锭杆方式脱引锭，脱开后，启车正常浇注。

3）若手动脱不开，则停止浇注，人工捅开引锭头和引锭杆之间的定位销。

4）无法捅开定位销，则停浇按卧坯处理，将引锭头与引锭杆连接处切断。

（3）铸坯切不断：

1）一切没有切断。通知设备维护人员迅速到位，检查处理故障，降低拉速处理，若在10min内无法处理，铸机停浇处理。

2）二切没有切断。通知设备维护人员迅速到位，查找处理故障，二切甩倍尺下线，待停浇后，进行反切处理。

能量加油站 9

钢中元素的利害辩证关系

碳是钢中仅次于铁的主要元素，影响着钢的强度、塑性、韧性和焊接性能。但是碳在钢中的含量是存在辩证关系的，当碳含量在0.8%以下时，随着碳含量的增加，钢材的强度和硬度提高，而塑性和韧性降低；但是当碳含量在1.0%以上时，随着碳含量的增加，钢的强度反而下降了。再如硫元素，在大部分情况下硫在钢中是有害的元素，容易造成钢的热脆，但在某种条件下，害处可以转化为益处，如在含硫易切钢中，就是提高其硫和锰的含量，形成较多的硫化锰（MnS）微粒，以改善钢的切削加工性。钢中的其他元素也都存在着利害的辩证关系，从而让学生懂得，在学习、生活和工作中，遇到问题都要辩证地看待错与对、利与害、得与失。有一篇题目为《要感谢曾经伤害过你的人》的文章中写道："感激欺骗你的人，因为他增进了你的智慧；感谢中伤你的人，因为他砥砺了你的人格；感谢鞭打你的人，因为他激发了你的斗志；感激斥责你的人，因为他提醒了你的缺点；感谢蔑视你的人，因为他觉醒了你的自尊；感激遗弃你的人，因为他教导你该独立……"

参 考 文 献

[1] 时彦林, 等. 连铸工培训教程 [M]. 北京: 冶金工业出版社, 2013.

[2] 王雅贞, 等. 新编连续铸钢工艺及设备 [M]. 2 版. 北京: 冶金工业出版社, 2007.

[3] 史宸兴, 等. 实用连铸冶金技术 [M]. 北京: 冶金工业出版社, 1998.

[4] 朱立光, 等. 现代连铸工艺与实践 [M]. 石家庄: 河北科学技术出版社, 2000.

[5] 蔡开科, 等. 连续铸钢原理与工艺 [M]. 北京: 冶金工业出版社, 1994.

[6] 张小平, 等. 近终形连铸技术 [M]. 北京: 冶金工业出版社, 2001.

[7] 蔡开科. 连铸坯质量控制 [M]. 北京: 冶金工业出版社, 2010.

[8] 余志祥. 连铸坯热送热装技术 [M]. 北京: 冶金工业出版社, 2002.

[9] 蔡开科, 等. 连铸结晶器 [M]. 北京: 冶金工业出版社, 2008.

[10] 姜锡山. 连铸钢缺陷分析与对策 [M]. 北京: 机械工业出版社, 2012.

[11] Flemming G, Hensger K E. Present and future CSP technology expands product range [J]. Steel technology, 2000, 77 (1): 53.

[12] Liu Heping, Yang Chunzheng, Zhang Hui. Numerical simulation of fluid flow and thermal characteristics of thin slab in the funnel-type molds of two casters [J]. ISIJ International, 2011, 51 (3): 392.

[13] Deng Xiaoxuan, Wang Qiangqiang, Wang Xinhua. Study on a novel submerged entry nozzle to reduce flux entrainment in funnel-shaped thin slab mold for high speed casting [J]. Metallurgical International, 2012, 17 (3): 53.

[14] 冯捷, 等. 连续铸钢生产 [M]. 北京: 冶金工业出版社, 2005.

[15] 冯捷, 等. 连续铸钢实训 [M]. 北京: 冶金工业出版社, 2004.

[16] 卢盛意. 连铸坯质量研究 [M]. 北京: 冶金工业出版社, 2011.

[17] 朱苗勇. 现代冶金工艺学——钢铁冶金卷 [M]. 北京: 冶金工业出版社, 2011.

[18] 蒋慎言. 连铸及炉外精炼自动化技术 [M]. 北京: 冶金工业出版社, 2006.

[19] 郭戈, 等. 连铸过程控制理论与技术 [M]. 北京: 冶金工业出版社, 2003.

[20] 干勇, 等. 连续铸钢过程数学物理模拟 [M]. 北京: 冶金工业出版社, 2001.

[21] 田乃媛. 薄板坯连铸连轧 [M]. 北京: 冶金工业出版社, 2004.

[22] 杨拉道, 等. 常规板坯连铸技术 [M]. 北京: 冶金工业出版社, 2002.

[23] 曹磊, 等. 轻压下帘线钢大方坯成分偏析特征及形成机制 [J]. 钢铁, 2010, 45 (8): 44~46, 60.

[24] 王建军, 等. 中间包冶金学 [M]. 北京: 冶金工业出版社, 2001.

[25] 曹磊. 宽厚板连铸动态轻压下工艺 [J]. 中国冶金, 2015, 25 (1): 45~49.

[26] 曹磊. 开浇第一炉连铸坯夹杂物形成原因与控制措施 [J]. 中国冶金, 2014, 24 (2): 9~13.

[27] 王国连, 等. 宽厚板连铸坯中间裂纹成因分析及控制 [J]. 中国冶金, 2017, 27 (10): 54~58, 69.

[28] 曹磊. 包晶钢连铸坯表面纵裂与保护渣性能选择 [J]. 钢铁, 2015, 50 (2): 38~42.

[29] 曹磊, 等. 板坯连铸机无水封顶技术的开发与应用 [J]. 炼钢, 2017, 33 (6): 47~50, 56.

[30] 张剑君, 等. 薄板坯连铸连轧炼钢高效生产技术进步与展望 [J]. 钢铁, 2019, 54 (5): 1~8.

[31] 朱苗勇. 新一代高效连铸技术发展思考 [J]. 钢铁, 2019, 54 (8): 21~36.

[32] 曹磊, 等. Nb-V-Ti 微合金低碳钢 Q550D250mm×1820mm 连铸板坯角部横裂纹的控制工艺 [J]. 特殊钢, 2017, 38 (5): 47~49.

[33] 曹磊, 等. 宽板坯连铸机保护渣性能要求及评价方法 [J]. 宽厚板, 2014, 20 (5): 26~30.

[34] 毛新平, 等. 中国薄板坯连铸连轧技术的发展 [J]. 钢铁, 2014, 49 (7): 49~60.

[35] 朱立光，等. 高速连铸保护渣结晶特性的研究 [J]. 金属学报，1999，（12）：1280~1283.

[36] 曹磊，等. 250mm 铸坯红送工艺生产 Nb-V-Ti 微合金钢表面裂纹分析 [J]. 特殊钢，2018，39（4）：784.

[37] 周书才，等. 电磁搅拌对马氏体不锈钢连铸坯组织和表面质量的影响 [J]. 铸造技术，2006，27（1）：1192.

[38] Kulkarni M S, Subash Babu A. A system of process models for estimating parameters of continuous casting using near solidus properties steel [J]. Materials and Manufacturing Processes, 2003, 18（2）：287~312.

[39] 贺道中. 连续铸钢 [M]. 2 版. 北京：冶金工业出版社，2013.

[40] 杨婷，等. 薄板坯连铸-连轧技术的发展 [N]. 世界金属导报，2017-1-24（B03）.

[41] 胡世平，等. 短流程炼钢用耐火材料 [M]. 北京：冶金工业出版社，2000.

[42] 许宏安. 让无加热不补热成为现实 [N]. 世界金属导报，2016-10-20（006）.

[43] 卢艳青，等. 中间包 CaO 质陶瓷过滤器滤除夹杂效果的研究 [J]. 冶金能源，2003，（6）：9~11.

[44] 王诚训，等. 钢包用耐火材料 [M]. 北京：冶金工业出版社，2003.

[45] 陈庆安. 棒线材免加热直接轧制工艺与控制技术开发 [D]. 沈阳：东北大学，2016.

[46] 戴斌煜. 金属液态成形原理 [M]. 北京：国防工业出版社，2010.

[47] 殷瑞钰. 新世纪炼钢科技进步回顾与"十二五"展望 [J]. 炼钢，2012，10（5）：1~12.

[48] 潘秀兰，等. 国内外连铸中间包冶金技术 [J]. 世界钢铁，2009，（6）：9~15.

[49] 于宏朋，等. 棒线材免加热连铸直接轧制线 [J]. 世界金属导报，2017-11-21（B06）.

[50] 李嘉牟. 双辊薄带铸轧技术 [J]. 一重技术，2019，（3）：1~6，17.

[51] 杨拉道，等. 国内外连铸技术的发展 [J]. 世界金属导报，2017-1-3（B03）.

[52] 王诚训，等. 炉外精炼用耐火材料 [M]. 2 版. 北京：冶金工业出版社，2007.

[53] 德国钢铁学会. 钢铁生产概览 [M]. 中国金属学会，译. 北京：冶金工业出版社，2011.

[54] 张金柱，等. 薄板坯连铸装备及生产技术 [M]. 北京：冶金工业出版社，2007.

[55] 杨拉道，等. 国内外大型连铸装备技术的发展 [J]. 世界金属导报，2017-1-10（B03）.